L'intérieur de la Terre et des planètes

BELIN sup

Géophysique

L'intérieur de la Terre et des planètes

Agnès DEWAELE et Chrystèle SANLOUP

Préface de Philippe Gillet

BELIN 8, rue Férou 75278 Paris cedex 06
www.editions-belin.com

La géologie aux Éditions Belin

Claude Allegre, *Géologie isotopique*, coll. « Belin sup sciences ».

Henri-Claude Nataf et Joël Sommeria, *La physique et la Terre*, coll. « Croisée des sciences ».

François Forget, François Costard, Philippe Lognonné, *La planète Mars. Histoire d'un autre monde*, coll. « Bibliothèque scientifique ».

Maurice Mattauer, *Ce que disent les pierres*, coll. « Bibliothèque scientifique ».

François Michel, *Roches et paysages*, coll. « Bibliothèque scientifique ».

Roland Trompette, *La Terre. Une planète singulière*, coll. « Bibliothèque scientifique ».

Pascal Richet, *Guide des volcans de France*, coll. « Guides savants ».

Christiane Sabouraud (sous la direction de), *Guide de la géologie en France*, coll. « Guides savants ».

Remerciements

À divers stades de la rédaction de ce livre, nous avons bénéficié de l'aide de collègues ou amis et c'est un plaisir de les remercier ici.

Nos collègues F. Albarède, A. Jambon et F. Restagno ont bien voulu relire des versions premières de cet ouvrage. Leurs commentaires nous ont aidé à lui donner sa forme actuelle. Par la suite, nous avons bénéficié des relectures attentives d'E. Gregoryanz, F. Rolandone et D. Sihachakr. Enfin, A. Jambon, L. Lemelle, M. Mézouar, A. Oganov et W. van Westrenen nous ont gracieusement fourni des illustrations originales ou des échantillons.

Nous remercions P. Gillet d'avoir bien voulu nous « parrainer » en nous encourageant et en nous conseillant lors de la conception de ce projet, puis en préfaçant cet ouvrage.

Nous avons bénéficié du soutien de la fondation des Treilles qui nous a accueilli lors d'un idyllique et très profitable séjour d'étude.

Mise en page : Publilog
Illustrations : Laurent Blondel/Coredoc
Photo de couverture : © George B. Diebold/Corbis

 ISSN 1158-3762 ISBN 2-7011-**4160**-5

Sommaire

Un cahier couleur, comprenant un certain nombre de schémas et de photos, est inséré entre les pages 64 et 65.

Préface

Il m'est vraiment agréable de préfacer ce livre, écrit par deux personnes que je connais bien et avec lesquelles j'ai eu plaisir à travailler. L'une géologue, l'autre physicienne, nous font partager leur double passion, la recherche et l'enseignement, sur des objets extraordinaires : les planètes.

L'étude de la Terre et des planètes n'est pas l'apanage des seuls géologues ou planétologues. Comme dans beaucoup de cas, seule une approche mariant les méthodes et les concepts de différentes disciplines fait avancer la connaissance et la compréhension du monde qui nous entoure. C'est l'un des messages de cet ouvrage. Comment comprendre la constitution et le fonctionnement de l'intérieur de la Terre et des planètes alors que nous n'avons pas la possibilité de visiter et d'observer les profondeurs de ces corps du système solaire ? Cette question est abordée par les deux auteurs au travers d'une approche expérimentale : celle des expériences qui visent à reproduire en laboratoire le comportement des matériaux sous les conditions de pression et de température – souvent dantesques – qui règnent dans les profondeurs planétaires.

Chrystèle Sanloup et Agnès Dewaele ont conjugué leurs efforts et marié leurs talents pour nous livrer un ouvrage qui, au fil des pages, nous invite à comprendre l'intérieur de la Terre, sa composition et sa structure, par le biais de résultats d'expériences et de mesures physiques menées parfois à des pressions et des températures qui flirtent avec celles du centre de la Terre : plus de trois millions d'atmosphères et plus de cinq mille degrés Celsius ! Cette géologie de l'extrême relève un défi, celui de faire le lien entre des mesures effectuées sur des échantillons de taille réduite, parfois quelques micromètres, des observations géophysiques qui révèlent des structures dont la taille peut atteindre plusieurs milliers de kilomètres et des matériaux que nous ne pourront probablement jamais toucher. C'est aussi une géologie qui fait appel aux développements les plus récents de la physique des hautes pressions et à l'utilisation des grands appareils comme les sources synchrotron de nouvelle génération.

Ce voyage vers le centre de la Terre nous montre que l'image idéale d'une planète à symétrie sphérique – c'est-à-dire dont les propriétés ne dépendraient que de la distance au centre, non pas de la latitude ou de la longitude – est certes une bonne approximation à grande profondeur, mais qu'elle ne reflète pas la richesse de sa dynamique interne. Les mesures sismologiques, gravimétriques ou magnétiques mettent en évidence des structures complexes qui traduisent des mouvements de grande échelle dans le manteau rocheux solide et dans le noyau métallique liquide. Le comportement des matériaux, la mesure de leurs propriétés à très hautes pression et température permettent d'interpréter ces observations en termes de changements d'organisation des atomes dans la matière, de différences de composition chimique ou encore de différences de température.

Une petite excursion vers les planètes géantes et leurs satellites nous montre que même ces mondes lointains ne pourront être compris qu'en passant par les expériences de laboratoire.

Agnès Dewaele et Chrystèle Sanloup nous font découvrir de manière concise et pédagogique l'apport essentiel de la physique des matériaux et de l'expérimentation à haute pression et température : ces dernières ont incontestablement modifié, ces trente dernières années, notre vision de l'intérieur de la Terre et des autres planètes.

Philippe GILLET
Directeur de l'École normale supérieure de Lyon

Introduction

Ce livre a pour but de montrer en quoi les sciences des matériaux contribuent à notre compréhension de la Terre interne et des planètes, de leur état et de leur dynamique. Il se fonde sur une démarche de recherche expérimentale qui est confrontée à l'ensemble des observations géophysiques et géochimiques disponibles. Il s'agit donc de présenter l'état actuel des connaissances vues depuis l'angle des expériences réalisées à haute pression et haute température, autrement dit, des expériences visant la reproduction en laboratoire des conditions qui règnent à l'intérieur d'une planète.

1. La structure du globe

Certaines caractéristiques de la Terre ont pu être décrites très tôt à partir de l'étude de sa surface et de ses mouvements. Son rayon fut estimé dès 205 avant J.-C. par le savant grec Erastothène, en utilisant la différence de hauteur du soleil à deux endroits de la surface terrestre au même instant. Cette estimation, fausse de seulement 15 %, a été affinée par les travaux de géodésie (la géodésie est la science qui étudie la forme et les dimensions de la Terre) plus récents : en moyenne, le rayon terrestre vaut 6 371 km. La masse de la Terre, elle, a été déduite de la loi de la gravitation (voir **encadré 1**) établie par Newton en 1687. L'accélération de la pesanteur à la surface terrestre était facile à mesurer, par exemple en étudiant un pendule, mais pour pouvoir en déduire la masse de la Terre, il fallait connaître la constante de gravitation universelle G. Cette constante fut mesurée expérimentalement par Cavendish en 1798. La masse de la Terre put alors être calculée (équation 2 dans l'encadré 1) : $M = 5,97 \times 10^{24}$ kg. La masse volumique moyenne de la Terre est donc de $5,52 \times 10^3$ $\mathrm{kg \cdot m^{-3}}$ (en unités du Système International SI), ou encore 5,52 $\mathrm{g \cdot cm^{-3}}$. Or, la masse volumique des roches de surface varie de 1,5-2,5 $\mathrm{g \cdot cm^{-3}}$ pour les roches sédimentaires à 2,7 $\mathrm{g \cdot cm^{-3}}$ pour les granites et 3,2 $\mathrm{g \cdot cm^{-3}}$ pour les rares roches mantelliques affleurant, c'est-à-dire toujours moins que la masse volumique moyenne de la Terre. Il y a donc des matériaux beaucoup plus denses cachés dans les profondeurs de la Terre.

Cette stratification du globe peut également être mise en évidence par le moment d'inertie de la Terre. Le moment d'inertie d'une sphère décrit la répartition des masses par rapport à son axe de rotation. Plus il est faible, plus les masses élevées sont proches de cet axe. Dans le cas d'une sphère homogène, il vaut 0,4 MR^2 (M : masse de la sphère, R : son rayon). Comme le champ de gravité d'une planète est fonction de ce moment d'inertie, il peut être déduit de l'étude de l'orbite de satellites artificiels autour de la planète. Dans le cas de la Terre, il vaut 0,331 MR^2, attestant la concentration de matériaux denses vers le centre de la Terre.

Point de repère

1. Loi de l'attraction universelle (ou de la gravitation universelle)

La loi de l'attraction universelle décrit les forces d'attraction réciproques qui règnent entre les corps du fait de leur masse. Considérons, par exemple, deux astres 1 et 2 de masses respectives M_1 et M_2, ayant pour distance entre leur centre r_{12} (**figure 1**).

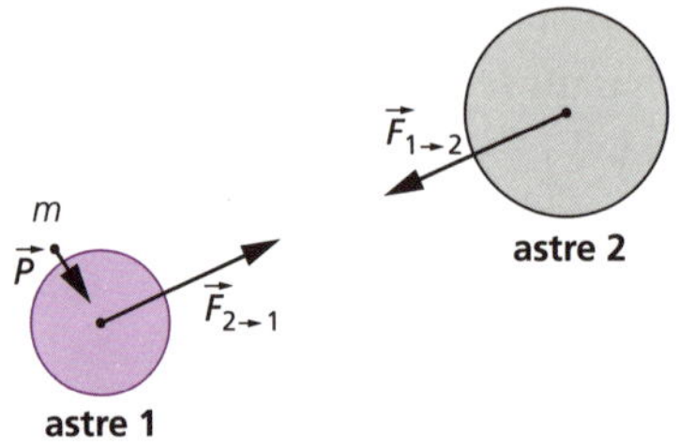

Fig. 1. Forces d'attraction entre deux corps.

La force $\vec{F}_{1\to 2}$ exercée par l'astre 1 sur l'astre 2 sera dirigée suivant l'axe reliant les centres de gravité de l'astre 1 et de l'astre 2 (leur centre s'il s'agit d'objets à symétrie sphérique), de 2 vers 1, et aura pour module :

$$||\vec{F}_{1\to 2}|| = G\frac{M_1 M_2}{r_{12}^2}. \qquad (1)$$

G est nommée la **constante de gravitation universelle** et vaut :

$$6{,}6732 \times 10^{-11}\ \mathrm{N\cdot m^2\cdot kg^{-2}}.$$

Si un corps de masse m se situe à la surface de l'astre 1, il subira de même de la part de cet astre la force $\vec{P}$ dirigée vers son centre et de module : $||\vec{P}|| = GmM_1/R^2$. On peut définir une accélération $\vec{g_1}$, **accélération de la pesanteur** à la surface de l'astre 1 telle que $\vec{P} = m\vec{g_1}$; on a alors :

$$g_1 = \frac{GM_1}{R_1^2}. \qquad (2)$$

On verra plus loin une généralisation de cette définition (équation 7) qui permet de calculer l'accélération de la pesanteur à l'intérieur des astres.

La **masse volumique** moyenne de l'astre 1 est :

$$\rho_1 = \frac{M_1}{V_1}, \qquad (3)$$

V_1 étant son volume.

Sa **densité** moyenne est définie par :

$$d_1 = \frac{\rho_1}{10^3\ \mathrm{kg\cdot m^{-3}}}, \qquad (4)$$

$10^3\ \mathrm{kg\cdot m^{-3}}$ étant la masse volumique de l'eau dans les conditions ambiantes. La densité est donc un nombre sans dimension.

Le **volume massique**, appelé aussi **volume spécifique**, de l'astre 1, est l'inverse de la masse volumique :

$$v_1 = \frac{V_1}{M_1} = \frac{1}{\rho_1}. \qquad (5)$$

2. Au début du XXe siècle : un modèle de la Terre à deux enveloppes, le manteau et le noyau

À partir de ces deux données, masse et moment d'inertie, on peut élaborer un modèle simple de Terre sous la forme de deux enveloppes de densité différente, le **manteau** et le **noyau** qu'il entoure, comme représenté sur la **figure 2**. On décrit la Terre comme la somme d'une coquille sphérique de rayon R et de masse volumique ρ_M, le manteau, et d'une sphère de rayon R_N et de masse volumique ρ_N, le noyau. Les deux inconnues de ce modèle sont la masse volumique moyenne du manteau (ρ_M) et celle du noyau (ρ_N).

Le rayon du noyau R_N a pu être évalué à 3 485 km d'après les travaux sismologiques de Gütenberg en 1912. Manteau et noyau étant considérés comme homogènes, la masse de la Terre est :

$$M = \rho_M V_M + \rho_N V_N,$$

où V_M et V_N sont les volumes respectifs du manteau et du noyau.
On a alors :

$$M = \rho_M \times \left(\frac{4\pi R^3}{3} - \frac{4\pi R_N^3}{3}\right) + \rho_N \frac{4\pi R_N^3}{3}.$$

Son moment d'inertie est : $I = I_M + I_N$.
D'où :

$$I = 0,331\ MR^2 = 0,4\rho_M \left(\frac{4\pi R^5}{3} - \frac{4\pi R_N^5}{3}\right) + 0,4\rho_N \frac{4\pi R_N^5}{3}.$$

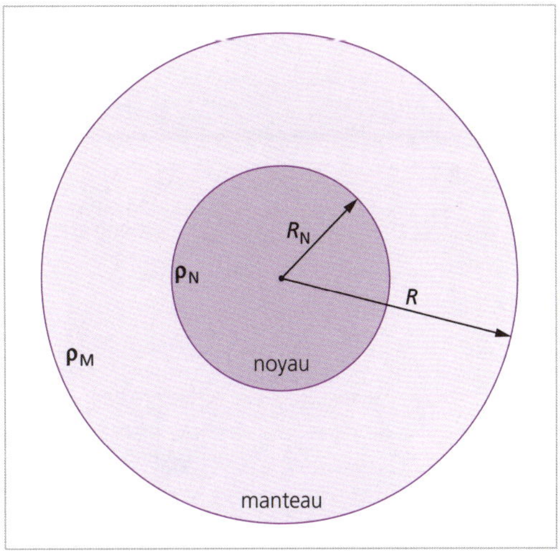

Fig. 2. Modèle de Terre à deux enveloppes. **On distingue le manteau (M) et le noyau (N).**

En résolvant ce système d'équations, avec $M = 5,97 \times 10^{24}$ kg et $R = 6\,371$ km, on trouve : $\rho_M = 4,16 \times 10^3$ kg·m^{-3} ; cela permet de déduire la masse relative du manteau par rapport à la masse de la Terre : $M_M = 0,63\ M$. Cela donne également accès à la masse volumique du noyau $\rho_N = 12,43 \times 10^3$ kg·m^{-3} et à sa masse $M_N = 0,37\ M$.

3. Le modèle actuel de la Terre

Le modèle à deux couches que nous venons de présenter est très simplifié. La densité d'une enveloppe homogène d'un point de vue chimique et minéralogique varie avec la profondeur, sous l'effet de la pression. En outre, la sismologie a permis de montrer que le noyau est composé d'une partie externe liquide et d'une partie interne solide (ou **graine**, de rayon de 1 220 km) en son centre, et que le manteau comprend également deux parties légèrement différentes, le **manteau supérieur** et le **manteau inférieur** . Les principales caractéristiques des enveloppes terrestres (masse, volume, profondeur) sont données dans l'annexe B.

La **figure 3** présente le modèle actuel de structure de la Terre. Elle permet de constater tout d'abord que les conditions de pression et de température varient sur plusieurs ordres de grandeur entre la surface et le centre du globe :

- la pression varie d'une atmosphère, soit environ 10^5 Pa, à 3,6 millions d'atmosphères, soit 360 GPa (1 GPa = 10^9 Pa ; prononcer gigapascal) ;
- la température varie de 14 °C à plus de 5 000 °C.

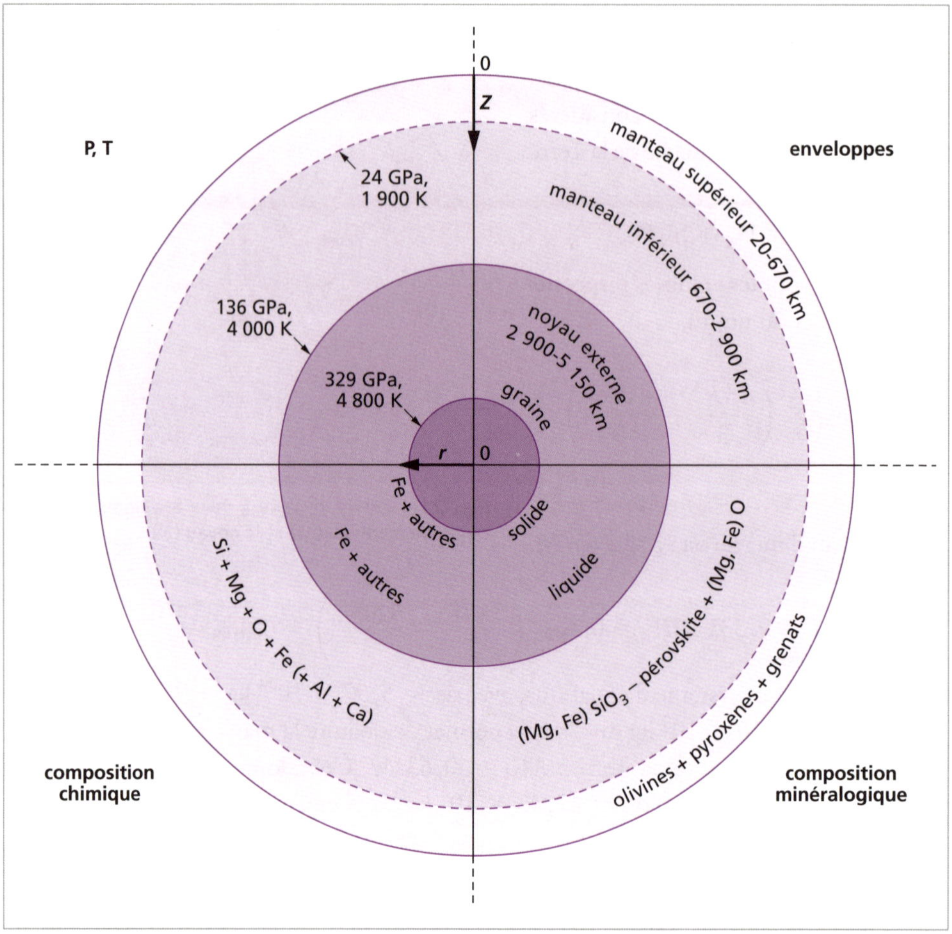

Fig. 3. Représentation schématique de la structure de la Terre profonde. **La croûte, qui repose sur le manteau supérieur, ne peut être représentée à cette échelle (son épaisseur moyenne est de 20 km et elle représente 0,5 % en masse de la Terre).**

Ce sont là des conditions que l'on peut qualifier d'extrêmes, en température et en pression, et qui conditionnent donc fondamentalement les propriétés des matériaux terrestres. On comprend dès lors que pour connaître la Terre interne, sa composition, son fonctionnement actuel et son évolution, il faut d'abord comprendre l'effet de ces conditions de pression et de température sur les propriétés physiques des matériaux terrestres. Pour illustrer l'importance de cet effet, remarquons par exemple que le fer, soumis à une pression de 360 GPa comme au centre de la Terre, a une masse volumique presque double de celle qu'il a dans les conditions ambiantes !

Un second constat est que pour l'essentiel, la Terre est constituée de deux enveloppes : un manteau silicaté entourant un noyau de fer. Ce sont donc ces matériaux, silicates du manteau d'une part et fer (et ses alliages) du noyau d'autre part, qu'il faut étudier pour décrire l'état actuel de nos connaissances sur la Terre interne.

Cette Terre interne est un monde totalement inaccessible : le sondage le plus profond réalisé dans la croûte n'est que d'une dizaine de kilomètres, à peine une griffure d'ongle par rapport à son rayon de 6 371 km ! Heureusement, certains phénomènes géologiques permettent la remontée à la surface d'échantillons provenant des zones supérieures du manteau. Mais au-dessous de 300 km, on ne dispose quasiment pas d'informations directes sur la composition ou l'état physique de la Terre. Comment est-on donc arrivé à la vision de la figure 3 ? En grande partie grâce à l'étude des séismes, qui génèrent des ondes qui parcourent l'ensemble du volume terrestre et permettent d'obtenir des informations capitales. Puisque l'essentiel des observations géophysiques sur l'intérieur de la Terre sont des données sismologiques, il convient de rappeler ici comment l'un des principaux modèles sismologiques de la Terre, le **modèle PREM** (Preliminary Reference Earth Model, voir Dziewonski et Anderson, 1981), a été établi et les informations qu'il permet d'obtenir.

4. Une sonde de la Terre profonde : la sismologie

Les séismes génèrent des ondes acoustiques du fait de la libération d'énergie élastique en leur foyer. Les ondes qui sondent le globe en profondeur sont des ondes de volume et sont de deux types : les ondes de compression (ondes P) et les ondes de cisaillement (ondes S) (voir **encadré 2**). Ces ondes se propagent à l'intérieur du globe et l'on peut détecter leur émergence à la surface grâce à des sismomètres. Grâce à des stations d'enregistrement réparties sur l'ensemble du globe, l'arrivée en surface d'ondes sismiques est enregistrée en permanence avec une assez bonne couverture spatiale. On peut donc, pour un séisme donné, construire la courbe exprimant le temps d'arrivée des ondes sismiques en fonction de la distance à la source. Ce travail permet d'abord l'identification de réflecteurs sismiques (sur lesquels les ondes P et S se réfléchissent et se réfractent) dans la Terre. Il permet aussi d'obtenir les profils moyens de vitesse de propagation des ondes sismiques dans la Terre, $v_P(z)$ et $v_S(z)$, z étant la profondeur.

Point de repère

2. Ondes P et ondes S

Dans un milieu isotrope, deux types d'ondes sismiques de volume existent. Les ondes P déforment le milieu dans lequel elles se propagent parallèlement à leur direction de propagation : la matière est essentiellement comprimée. Les ondes S le déforment perpendiculairement à cette direction de propagation (voir **figure 4**) : la matière est cisaillée.

Les vitesses des ondes P et S, v_P et v_S, dépendent des propriétés élastiques des matériaux (c'est-à-dire K_S, le module d'incompressibilité adiabatique et μ, le module de cisaillement) et de leur masse volumique ρ, de la manière suivante :

$$v_P = \sqrt{\frac{4\mu/3 + K_S}{\rho}} \quad \text{et } v_S = \sqrt{\frac{\mu}{\rho}}\,. \qquad (6)$$

Les équations ci-dessus montrent que dans un matériau donné, la vitesse des ondes P est toujours supérieure à la vitesse des ondes S :

lors d'un séisme, ce sont donc les ondes P qui arrivent en premier et les ondes S en second. Dans un liquide, les ondes S ne se propagent pas car les liquides ne présentent pas de résistance au cisaillement.

On verra une analyse plus générale des ondes acoustiques dans les sections 3.2 et 4 de l'annexe A. On trouvera des données concernant K_S dans l'encadré 2.9 du chapitre 2.

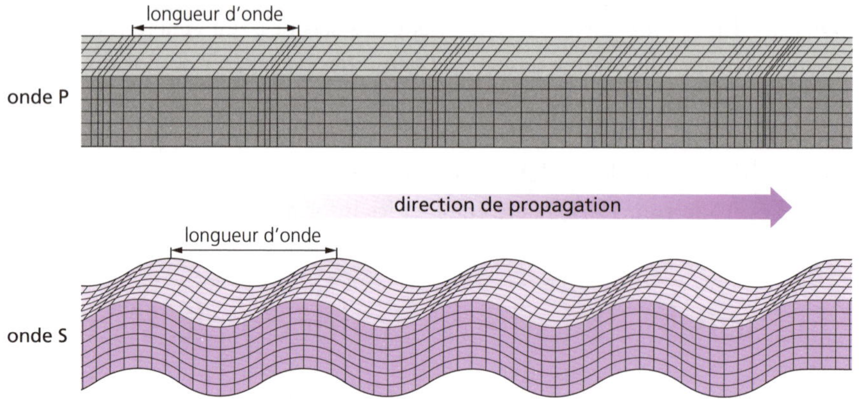

Fig. 4. **Déformations d'un milieu parcouru par une onde P ou une onde S.**

Les vitesses des ondes sismiques v_P et v_S augmentent avec la pression P (et donc avec la profondeur) pour un matériau donné, car dans les équations 6, K_S et μ augmentent avec la pression plus vite que ρ. Une fois que l'on a déterminé $v_P(z)$ et $v_S(z)$, on cherche à obtenir à $\rho(z)$ et $P(z)$.

Si l'on ne dispose que des deux équations 6 pour trois inconnues, K_S, μ et ρ, on ne peut pas déterminer $\rho(z)$. Une troisième information est déduite des modes de vibration propre de la Terre. Ces modes propres sont les fréquences à laquelle la Terre vibre sous l'effet des ondes sismiques de surface qui la parcourent. Une fois $\rho(z)$ obtenu, calculer $P(z)$ se fait par simple intégration de l'équation d'équilibre hydrostatique :

$$P(z) = \int_0^z \rho(z')g(z')dz',$$

où $g(z')$ est l'accélération de la pesanteur à la profondeur z' déduite elle aussi du profil de masse volumique (voir encadré 1) :

$$g(r) = \frac{G}{r^2}\int_0^r 4\pi\rho(r')r'^2dr' \ . \tag{7}$$

Ici r est le rayon, compté à partir du centre de la Terre, c'est-à-dire $r = 6\,371 \times 10^3 - z$.

Le modèle PREM donne, donc, dans l'hypothèse d'une Terre homogène radialement :

- $v_P(z)$, $v_S(z)$, profils de vitesse des ondes sismiques ;
- $\rho(z)$, profil de masse volumique ;

– $P(z)$, profil de pression.

Par contre, le modèle PREM ne donne pas le profil de température $T(z)$, aussi appelé **géotherme**. Les estimations du géotherme (voir section 3.2 du chapitre 2) reposent sur notre connaissance des modes de transport de la chaleur dans les différentes parties du globe et sur l'estimation de la température en certains points précis.

Les profils $v_P(z)$, $P(z)$ et $\rho(z)$ sont présentés sur les **figures 5 et 6**. Des extraits de ce modèle sont présentés dans l'annexe B.

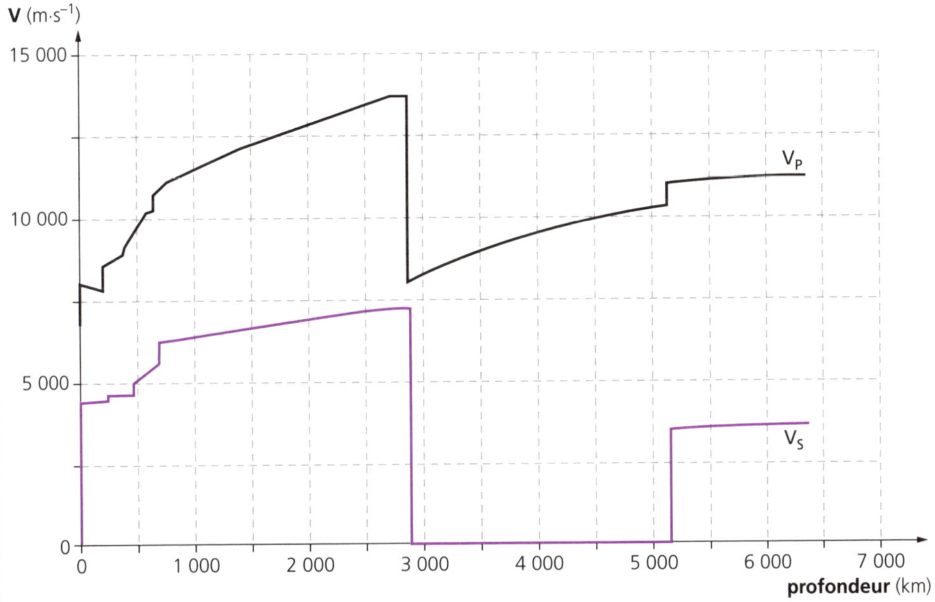

Fig. 5. Profils de vitesse d'ondes sismiques. **Les vitesses v_P et v_S sont représentées en fonction de la profondeur (modèle PREM).**

Le modèle PREM permet de constater que les différentes enveloppes terrestres sont séparées par des discontinuités des vitesses sismiques : discontinuité manteau supérieur/manteau inférieur à 670 km de profondeur, discontinuité manteau inférieur/noyau externe à 2 900 km (dite de Gutenberg) et discontinuité noyau liquide/graine à 5 150 km (dite de Lehman). Ces discontinuités traduisent des changements brusques des propriétés des matériaux qui constituent ces enveloppes. Le manteau inférieur, le noyau externe et la graine semblent homogènes puisqu'à l'intérieur de ces enveloppes, les variations de v_P et v_S sont continues : v_P et v_S augmentent régulièrement avec la profondeur. Ce n'est pas le cas du manteau supérieur où l'on peut observer plusieurs discontinuités des vitesses sismiques.

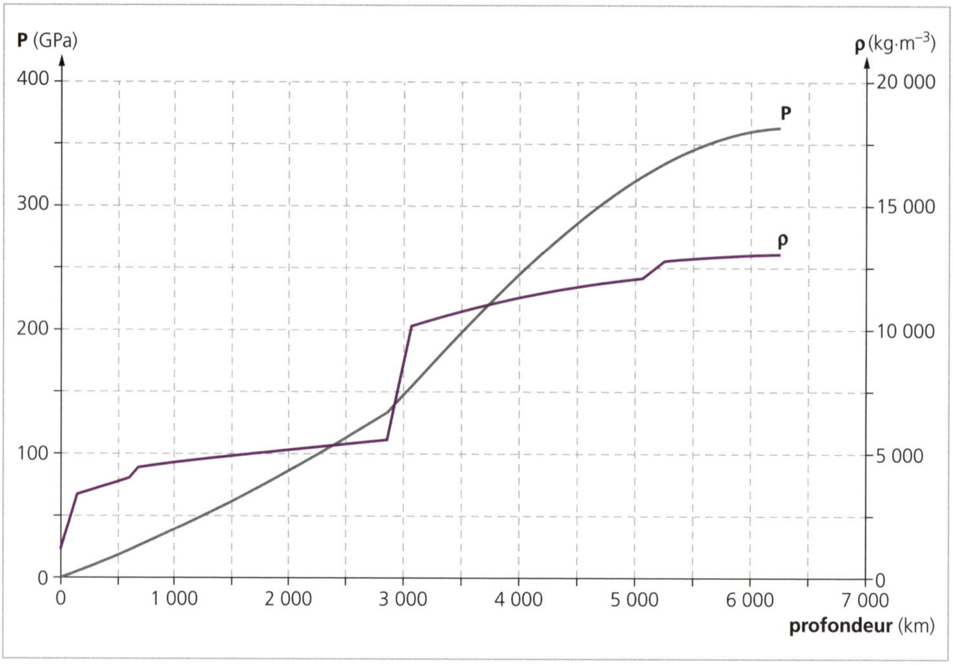

Fig. 6. Profils de masse volumique (ρ) et de pression (*P*). **P et ρ sont représentés en fonction de la profondeur (modèle PREM).**

Les profils de vitesse montrent que le noyau externe est liquide et que la graine est solide. Dans le noyau externe, les ondes S ne se propagent pas car un liquide n'oppose aucune résistance au cisaillement ($\mu = 0$ donc $v_S = 0$). La vitesse des ondes P décroît aussi fortement en passant du manteau au noyau liquide car ρ y est supérieur et μ y est nul. On pourrait s'étonner que des ondes S atteignent la graine et que l'on puisse y mesurer v_S, alors qu'elles ne peuvent traverser le noyau liquide qui l'entoure. L'explication à cet apparent paradoxe est que la source de ces ondes S se situe à l'interface noyau liquide/graine, où une partie des ondes P est transformée en ondes S. À chaque discontinuité, il y a des conversions S→P et P→S de même nature.

Ces données sur l'état de la Terre sont extrêmement précieuses pour comprendre son fonctionnement. Pour cela, il est nécessaire de les interpréter qualitativement (pourquoi ces sauts de vitesse ?) et quantitativement (pourquoi cette valeur de ρ ?). Ce travail a été initié dans les années 1950 par deux scientifiques qui sont maintenant considérés comme les pionniers de ce domaine : Francis Birch et Alfred Edward Ringwood (voir les **encadrés 3** et **4**).

Ces deux pionniers ouvrirent successivement deux voies vers la compréhension de la Terre et des planètes : l'étude des propriétés, physiques pour F. Birch et chimiques pour A. E. Ringwood, des matériaux qui les composent, sous haute pression et haute température. À eux deux, F. Birch et A. E. Ringwood ont donc initié la démarche de reproduction au laboratoire des conditions régnant à l'intérieur de la Terre et des planètes, pour mieux comprendre ce qu'il s'y passe. La pression et la température modifient, parfois drastiquement, les propriétés physiques et la réactivité chimique des matériaux, comme nous allons le voir dans la suite de cet ouvrage. Les avancées qui ont suivi les travaux des pionniers jusqu'à l'époque actuelle sont dues essentiellement à des progrès techniques. Les pressions et températures atteintes au laboratoire ont été multipliées d'un facteur 10 à 100 depuis 1950 et l'ensemble de la Terre profonde est désormais accessible aux expérimentateurs. Le **chapitre 1** présente ces techniques modernes. Par ailleurs, les techniques de caractérisation physique permettent maintenant d'étudier finement de minuscules échantillons soumis à de très hautes pressions et températures.

Un peu d'histoire

3. Francis Birch (1903-1992)

F. Birch fut l'élève de P. W. Bridgman, prix Nobel de physique en 1946 pour ses travaux sur l'effet de la pression sur les propriétés de la matière. En utilisant les outils expérimentaux développés par P. W. Bridgman, F. Birch montra en 1952 que c'est l'augmentation de pression qui explique quantitativement l'augmentation des vitesses sismiques en fonction de la profondeur observée dans la Terre, dans les zones homogènes comme le manteau inférieur. Sur la base de la comparaison entre l'effet de la pression sur les matériaux et des observations sismologiques, il établit trois conclusions majeures sur l'intérieur du globe, dans un même article (voir Birch, 1952) :

- le manteau terrestre est constitué de silicates ferro-magnésiens semblables à ceux des enclaves rocheuses parfois remontées à la surface par les éruptions volcaniques ;
- ces silicates doivent se transformer de manière radicale, par un mécanisme appelé « transition de phase », sous l'effet de la pression et de la température, entre 300 et 900 km, pour expliquer les discontinuités sismiques observées à ces profondeurs ;
- le noyau terrestre est constitué de fer solide pour la graine, de fer liquide pour sa partie externe, peut-être allié à une petite fraction d'éléments légers.

Birch institua ainsi une méthode, originale à l'époque et toujours fructueuse de nos jours, consistant à déduire la composition et la structure du globe à partir de la mesure des propriétés physiques des matériaux dans les conditions terrestres, c'est-à-dire à haute pression et haute température.

Un peu d'histoire

4. Alfred Edward (Ted) Ringwood (1930-1993)

Ted Ringwood poursuivit le travail de F. Birch et l'élargit en développant la discipline de la géochimie à haute pression, dans le but de comprendre la formation et la dynamique de la Terre. A. E. Ringwood était Australien et travailla avec F. Birch à l'Université de Harvard, aux États-Unis, en stage post-doctoral. Comme F. Birch, il utilisa les appareils dits « gros volume » comme outils de génération haute pression (piston-cylindre, presses multi-enclumes). Parmi son impressionnante production scientifique, on lui doit :

– la vérification expérimentale des prédictions de F. Birch : la pression de transition olivine $\alpha \rightarrow$ olivine β correspond bien à la discontinuité sismique à 400 km de profondeur (Ringwood, 1956) ;
– les premiers modèles de composition globale de la Terre et des planètes, réalisés à partir de l'étude de la composition des météorites qui ont formé ces astres et en imaginant un scénario physique de la différenciation des différentes enveloppes terrestres ;
– le modèle de composition chimique du manteau « pyrolitique ». Il s'agit de la composition d'une roche qui, si on la chauffe, fond partiellement en donnant un liquide dont la composition est celle d'un basalte semblable à celui formé aux rides océaniques (dorsales).

5. Les autres planètes du système solaire

Au cours des **chapitres 2 et 3**, nous fournirons quelques éléments concernant la structure interne des planètes de type terrestre, dites « telluriques ». Dans le **chapitre 4**, nous aborderons les planètes gazeuses géantes. Ces planètes offrent un tout autre champ de recherches que les planètes telluriques car leur composition chimique est très différente. Leur composition est beaucoup plus proche de celle du système solaire dans son ensemble. Leurs composants majeurs sont l'hydrogène, l'hélium, l'oxygène, le carbone et l'azote, qui se combinent pour former des molécules H_2, H_2O, NH_3 et CH_4. Autre différence : la gamme de pression et de température excède largement, de plus d'un ordre de grandeur, celle régnant dans le globe terrestre. Loin de donner un contenu exhaustif sur l'état actuel de nos connaissances, ce chapitre se focalise donc sur les connaissances acquises concernant la physique de ces systèmes moléculaires simples en conditions extrêmes. Dans de telles conditions, des phénomènes étonnants peuvent alors apparaître, comme la dissociation de molécules ou la métallisation d'éléments, et expliquer la présence de champs magnétiques très intenses pour les planètes géantes par exemple.

6. Comment allons-nous nous y prendre à notre tour ?

En suivant la démarche de F. Birch et A. E. Ringwood, nous allons voir comment un « bout de Terre », ou un « bout de planète », se comporte lorsqu'on le chauffe, lorsqu'on le comprime. Quelles transformations physiques et chimiques subit-il ? Comment les physiciens des matériaux caractérisent-ils ces transformations ? Quelles sont les observations géophysiques ou géochimiques que ces transformations permettent d'interpréter ? Ce sont les avancées conjointes des observations géophysiques, géochimiques et astrophysiques d'une part et de l'étude des transformations des matériaux d'autre part qui ont abouti à notre compréhension actuelle de l'intérieur de la Terre et des planètes. En effet, ces observations sont à la fois sources de motivation des études sur les matériaux et objets de confrontation des données. Nous illustrerons cette idée avec de nombreux exemples.

Parmi les points que nous aborderons :

- les profils de v_P, v_S du modèle PREM montrent l'existence d'un certain nombre de discontinuités. Il faut comprendre à quoi est due chacune d'entre elles. Est-ce à un changement de composition chimique ? À une transition de phase dans les matériaux ? Aux deux ?
- quelle est la composition chimique et quels sont les matériaux qui, pour chacune des enveloppes, expliqueraient les valeurs mesurées de v_P, v_S, ρ ?
- quelle est la température de ces matériaux ?
- comment la stratification chimique de la Terre s'est-elle mise en place ?
- peut-on accéder à des profils de P, T, ρ en fonction de la profondeur pour les autres planètes ? Comment sonder leur intérieur ? En quoi diffèrent-elles de la Terre et pourquoi ?
- les champs magnétiques des planètes du système solaire ont-ils tous la même origine ? Sont-ils dus à des changements de propriétés de la matière en conditions extrêmes ?

Les réponses à ces questions se trouvent :

- dans l'établissement des diagrammes de phase (c'est-à-dire la détermination de l'état adopté par le matériau en fonction de la pression et de la température) des matériaux constituant les planètes ;
- dans la mesure des propriétés physiques (v_P, v_S, ρ) de ces matériaux dans les conditions de pression et température de la Terre profonde, afin de les comparer aux profils sismologiques ;
- dans la mesure des propriétés chimiques des matériaux (affinités chimiques, diffusion des éléments, etc.) dans ces mêmes conditions, afin de déterminer les réactions qui ont eu lieu et qui peuvent avoir lieu actuellement ;
- dans l'étude des systèmes moléculaires simples (H_2, CH_4, NH_3, H_2O), constituants majoritaires des planètes externes du système solaire.

Chapitre 1

Génération des conditions de haute pression et de haute température

Les chercheurs disposent de plusieurs techniques pour reproduire, au laboratoire, les conditions qui règnent à l'intérieur de la Terre ($0 < P < 364$ GPa, $300 < T < 5\,000$ K) et au sein des autres planètes du système solaire. Ces différentes techniques sont récentes et en constante évolution. Nous présenterons leurs caractéristiques et leurs possibilités actuelles.

1. Historique

L'un des grands pionniers de l'étude de l'effet de la pression sur les matériaux fut Percy W. Bridgman, à qui fut attribué le prix Nobel de Physique en 1946. P. W. Bridgman, grâce à un appareillage piston-cylindre (voir **encadré 1.1**), réussit à produire et mesurer des pressions atteignant 2 GPa dès 1911 et 10 GPa en 1940. Ces techniques extrêmement novatrices lui permirent de réaliser des mesures de nombreuses propriétés physiques des solides sous pression.

Point de repère

1.1 L'appareil piston-cylindre

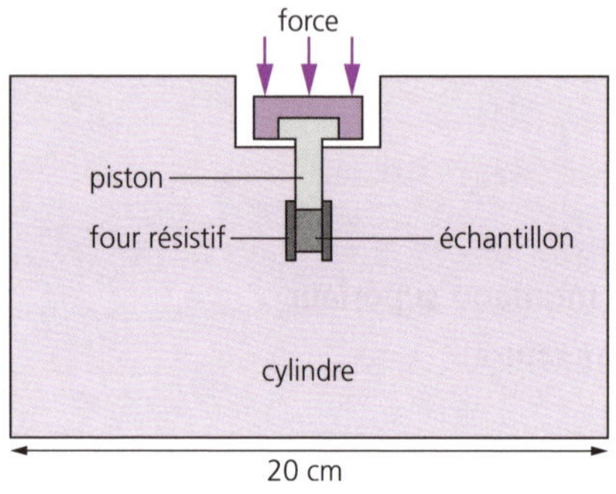

L'appareil piston-cylindre est un dispositif où un piston est poussé dans un cylindre par un mécanisme hydraulique (**figure 1.1**). L'échantillon est placé entre le piston et le cylindre.

Mesures possibles : P, T, ρ et caractérisation de l'échantillon après la décompression.

Domaine P, T **:** $P_{max} \simeq 3$ GPa, $T_{max} \simeq 2000$ K.

Volume échantillon : 0,1-1 cm^3.

Fig. 1.1. Schéma d'un dispositif piston-cylindre.

Par la suite, les années 1950 ont vu l'émergence d'une nouvelle technique permettant de générer des hautes pressions : les ondes de choc. Cette technique dite **dynamique** a permis de mesurer l'équation d'état $\rho(P, T)$ de nombreux corps simples et composés dans les conditions du choc, c'est-à-dire sous haute pression et haute température. Nous présenterons succinctement le principe de ces expériences dans la section 4.

Plus récemment, le développement des presses gros volume (dès les années 1950) et des cellules à enclumes de diamant (années 1980) a permis d'affiner considérablement notre vision de « ce qui se passe sous nos pieds ». Ces appareillages ont permis de générer, de manière de plus en plus contrôlée, des conditions de pression et de température comparables à celles qui règnent dans la Terre profonde, et de réaliser un grand nombre de mesures différentes. Nous présenterons l'état de l'art de ces techniques **statiques** dans les sections 2 et 3. Les différentes techniques de caractérisation des matériaux qui peuvent être mises en œuvre dans ces appareillages seront présentées dans l'annexe A.

Pour finir, des progrès à la fois théoriques et techniques (en particulier, l'augmentation de la puissance des ordinateurs) ont permis l'émergence d'un nouveau type d'expérimentation haute pression : les expériences numériques. Ces expériences simulent le comportement à l'échelle des atomes des matériaux étudiés, sous haute pression et haute température. Elles permettent donc de prédire de nombreuses propriétés physiques et chimiques des matériaux dans ces conditions. Depuis les années 1990, ces expériences numériques se sont imposées comme un complément essentiel aux expériences réalisées au laboratoire. Nous en présenterons quelques principes dans la section 5.

2. Les presses gros volume : une fenêtre sur le manteau supérieur

L'usage des presses gros volume, ou multi-enclumes, remonte aux années 1950. Cette technique a été développée dans l'objectif de soumettre à des hautes pressions de relativement gros échantillons, en particulier en vue de synthétiser des diamants. C'est d'abord au Japon que les géophysiciens ont développé cet outil pour reproduire les conditions de l'intérieur de la Terre et des planètes, à la fin des années 1960. Ce sont aussi les Japonais qui, les premiers, ont couplé cet outil de génération de pression au **rayonnement X synchrotron** afin d'obtenir des mesures directement sous pression (on dit « *in situ* ») et non sur un échantillon récupéré après expérience. En France, les scientifiques disposent d'une presse gros volume à Clermont-Ferrand, et de presses miniaturisées (presse « Paris-Edimbourg ») à la fois dans plusieurs laboratoires et à l'ESRF (Grenoble), source européenne de rayonnement X synchrotron.

2.1 Principe de la génération de pression et de température

Le principe de la presse gros volume (**figure 1.2**) est de combiner :

- une presse hydraulique : un fluide, par exemple de l'huile, est pompé/purgé pour créer/réduire une contrainte uniaxiale (voir **encadré 1.2**) généralement verticale ;
- un module de compression : six pistons ou « enclumes » identiques avancent simultanément vers le centre de masse de l'échantillon et donc le compriment (**figure 1.3**). L'échantillon est d'abord placé au centre de huit cubes de carbure de tungstène légèrement tronqués (libérant ainsi un espace octaédrique où s'insère l'échantillon). L'ensemble forme un gros cube, lui-même placé entre les enclumes. C'est ce module de compression qui constitue la grande amélioration par rapport au piston-cylindre de Bridgman dans lequel l'échantillon est simplement placé au centre d'un cylindre de confinement.

L'échantillon n'est pas inséré directement entre les cubes mais entouré d'un assemblage de matériaux à fonctions variées, qui sont successivement (voir un exemple d'assemblage sur la figure A.5 de l'annexe A) :

- au contact direct avec l'échantillon, un milieu transmetteur de pression dont le rôle est de rendre les conditions de pression sur l'échantillon les plus hydrostatiques possibles tout en protégeant l'échantillon de réactions avec des parties plus réactives de l'assemblage (le four en particulier) ;
- un four interne : le plus simple est d'utiliser une feuille de métal (rhénium par exemple) ou du graphite, qui chauffe l'échantillon par effet Joule, grâce à la circulation d'un courant électrique intense dans le four ;

Fig. 1.2. a. Presse gros volume (Geophysical Laboratory, Washington). **b.** Zoom sur le module de compression : la face d'une des six enclumes (trois en haut, non visibles sur la photographie, et trois en bas) est visible, délimitant un cube où s'insère l'ensemble des huit cubes de carbure de tungstène (voir figure 1.3). On voit également le thermocouple (fil gris clair : pôle +, fil noir : pôle -). Photographie : E. Gregoryanz.

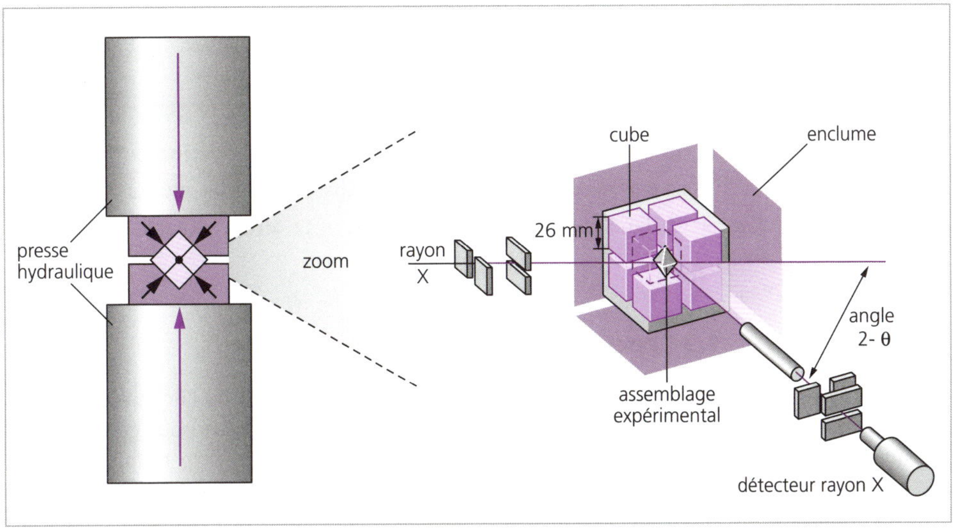

Fig. 1.3. Principe de la génération de hautes pressions en presse gros volume. **Les éléments principaux de la figure 1.2 sont schématisés.**

– un isolant thermique : c'est un fourreau limitant les pertes de chaleur de l'échantillon au profit des enclumes ;
– un octaèdre percé d'une cavité cylindrique où l'on insère finalement l'échantillon ; cet octaèdre épouse la forme des cubes tronqués et est généralement fait d'oxyde de magnésium (MgO).

Point de repère

1.2 Pression hydrostatique, pression uniaxiale

Une difficulté des appareillages haute pression est de générer sur l'échantillon une pression (ou contrainte) **hydrostatique**, c'est-à-dire égale sur tous les côtés de cet échantillon. Dans le cas contraire, on parle de contrainte **uniaxiale**, comme dans le cas de la **figure 1.4**, lorsque la contrainte est exercée suivant une seule direction, ou encore de contrainte non-hydrostatique dans un cas plus général (la contrainte s'exerce suivant les 3 directions de l'espace mais pas de manière égale). La contrainte **déviatorique** est la différence entre la contrainte exercée et une contrainte hydrostatique qui conduirait à la même compression du matériau.

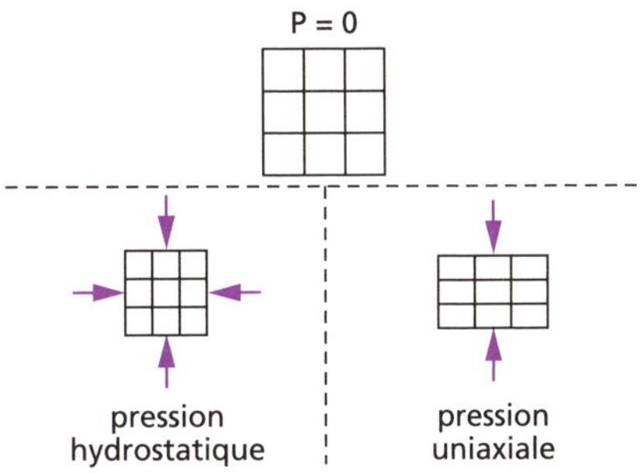

Fig. 1.4. Schéma des déformations pour différents types de contraintes.

Un autre élément essentiel de l'assemblage est le thermocouple qui permet de mesurer la température au cours de l'expérience (voir **encadré 1.3**). Le thermocouple est inséré à l'intérieur du four interne, au plus près de l'échantillon.

La pression n'est généralement pas mesurée pendant l'expérience. La presse doit donc être calibrée : on établit, au cours d'une expérience préliminaire, la relation entre pression d'huile appliquée et pression générée, par exemple en utilisant des marqueurs (transitions de phase qui se produisent dans des conditions de pression et température connues).

Point de repère

1.3 Fonctionnement d'un thermocouple

Un thermocouple est constitué de deux fils conducteurs métalliques, par exemple deux alliages tungstène-rhénium différents (un fil W-5%Re et un fil W-26%Re). Le principe du thermocouple repose sur l'**effet thermoélectrique** : lorsque deux fils composés de métaux différents sont raccordés à leur extrémité et que cette extrémité est chauffée, une force électromotrice, ou tension, apparaît aux bornes froides des deux métaux (**figure 1.5**). Cette tension est fonction de la température et de la composition des deux métaux. Il suffit donc de placer la soudure ou le contact entre les deux fils au plus près de l'échantillon, puis de mesurer cette tension pour connaître la température au contact de l'échantillon, à l'aide d'une calibration préalablement effectuée.

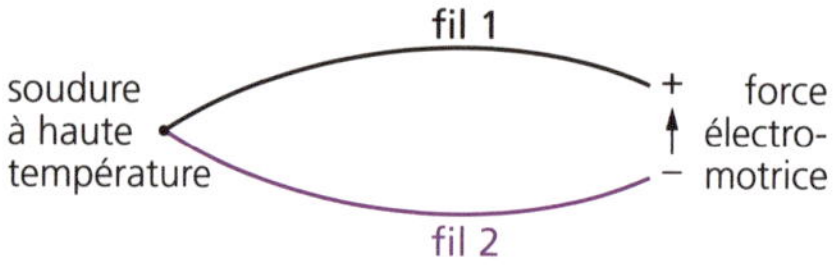

Fig. 1.5. Schéma de principe d'un thermocouple.

2.2 Domaines de pression et température couverts

Le volume de l'échantillon varie de 1 mm^3 à 1 cm^3, soit au moins trois ordres de grandeur de plus qu'avec une cellule à enclumes de diamant, d'où le nom de ces presses dites gros volume. C'est pourquoi cet outil est adapté aux synthèses de matériaux à haute pression, à l'étude de réactions chimiques, aux mesures de diffusion d'éléments, bref à toutes les expériences qui demandent un certain volume d'échantillon. En contrepartie, la pression maximale atteinte est plus faible : 30 GPa au lieu de 300 GPa environ pour la cellule à enclumes de diamant. La limite des 30 GPa peut être repoussée à 50 GPa en utilisant des cubes en diamant fretté, dont le défaut principal est de n'être utilisables qu'une seule fois (ils se détériorent lors de la décompression). Côté température, le domaine couvert est 273-3 000 K, avec le double avantage d'avoir une température homogène dans l'échantillon (ce qui n'est pas le cas des échantillons chauffés par rayonnement laser en cellule à enclumes de diamant) et de pouvoir maintenir l'échantillon à haute température plusieurs heures voire plusieurs jours.

Le domaine de pression et de température accessible en utilisant les presses gros volume, 0-30 GPa/300-3 000 K, recouvre complètement celui du manteau supérieur de la Terre (0-25 GPa/600-2 000 K) et de l'intérieur de planètes et satellites plus petits (Mercure, Mars, satellites galiléens, Titan).

2.3 Mesures possibles

Du fait de sa lourdeur (plusieurs tonnes), on ne peut pas se déplacer avec une presse multi-enclumes à la main comme on le fait avec une cellule à enclumes de diamant et la placer dans divers appareils de mesure. De plus, l'absence d'accès optique direct à l'échantillon réduit beaucoup le nombre de mesures *in situ* possibles. L'essentiel des mesures se fait donc *ex situ*, sur l'échantillon retiré de la presse après expérience (voir tableau A.3 de l'annexe A). Ce sont des analyses chimiques et des caractérisations de phases par **diffraction de rayons X** ou **spectroscopie Raman**. Les mesures *in situ* sont essentiellement de deux types : mesures de résistivité électrique et mesures en rayonnement X synchrotron. Le rayonnement X synchrotron est en effet suffisamment intense pour que, même après son passage au travers des matériaux de l'assemblage, il reste suffisamment de photons pour sonder l'échantillon lui-même (diffraction et radiographie X, voir annexe A).

2.4 Une presse gros volume miniaturisée : la presse Paris-Edimbourg

Développée conjointement par des équipes parisienne et écossaise, cette presse allie une grande maniabilité et un coût modéré à des conditions de pression-température remarquablement homogènes. Son poids n'est en effet que de 50 kg pour une taille de 50 cm de hauteur et 20 cm de côté (**figures 1.6 et 1.7**). Il est donc très facile de la transporter, en particulier sur des grands instruments, comme un synchrotron pour réaliser des expériences de diffraction de rayons X, ou en réacteur nucléaire pour réaliser des expériences de diffraction de neutrons.

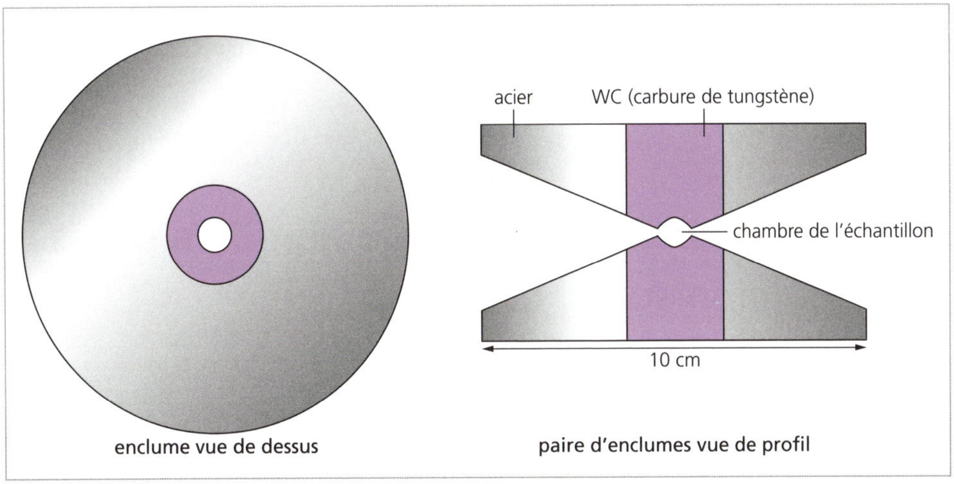

Fig. 1.6. Schéma des enclumes utilisées dans la presse Paris-Edimbourg. **WC : carbure de tungstène (matériau très dur).**

La presse Paris-Edimbourg utilise une paire d'enclumes convexes se faisant face et au centre desquelles une cavité sphéroïdale permet l'insertion de l'échantillon. Ce principe reprend en fait celui des enclumes opposées déjà développées par Bridgman, enclumes particulièrement utilisées en Union Soviétique dès les années 1970, mais laissées de côté ailleurs jusqu'en 1991. Comme pour le piston-cylindre et les presses multi-enclumes classiques, de l'huile comprimée exerce une contrainte uniaxiale verticale sur deux pistons comprimant eux-mêmes chacune des enclumes. La forme de la chambre de l'échantillon au centre des enclumes permet de transformer la pression uniaxiale appliquée en pression hydrostatique.

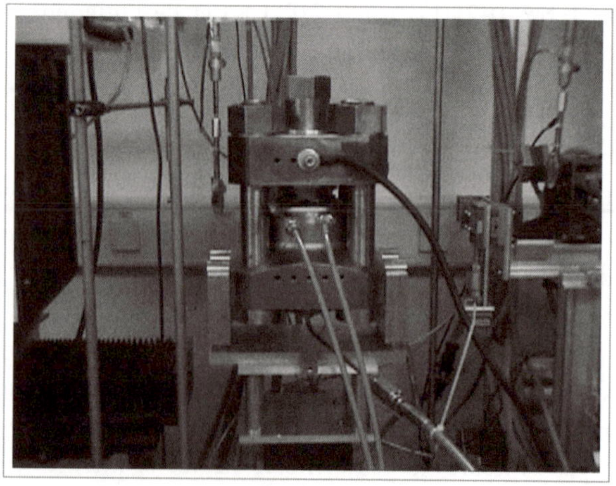

Fig. 1.7. Presse Paris-Edimbourg. **Il s'agit du dispositif en place à l'ESRF (source de rayons X synchrotron européenne, à Grenoble). La presse mesure environ 50 cm de hauteur. Le faisceau de rayons X, horizontal, se propage de la droite vers la gauche de la photographie, en passant à travers les enclumes de la presse. Sur la gauche, en noir, se trouve le détecteur de rayons X diffractés (plaque image). Photographie : M. Mezouar.**

Quant à l'assemblage expérimental, c'est-à-dire les différents matériaux entourant l'échantillon (milieu transmetteur de pression, four interne, thermocouple), ils sont très proches de ceux décrits plus haut pour la presse multi-enclumes. Simplement, la forme de l'assemblage n'est plus octaédrique mais biconique. Les conditions de pression sont limitées à 7 GPa mais peuvent être étendues à 25 GPa en utilisant des enclumes en diamant fretté au lieu d'enclumes en carbure de tungstène. Dans le cas de la presse Paris-Edimbourg, les enclumes en diamant sont utilisables de nombreuses fois, du fait des contraintes uniaxiales beaucoup plus faibles.

3. La cellule à enclumes de diamant : un accès direct au manteau et au noyau

3.1 Principe de la génération de pression

La cellule à enclumes de diamant (CED) a été inventée en 1959 (indépendamment par deux équipes américaines, celles de John Jamieson et de Alvin Van Valkenburg), mais fut peu utilisée dans les années qui suivirent. Son essor date des années 1970 et 1980, durant lesquelles elle fut largement améliorée. Des découvertes d'importance géophysique majeure ont eu lieu grâce à son utilisation, comme la synthèse et l'observation de la pérovskite silicatée $MgSiO_3$, composant majeur du manteau inférieur (voir chapitre 2, section 1.2) en 1974 (Liu, 1974).

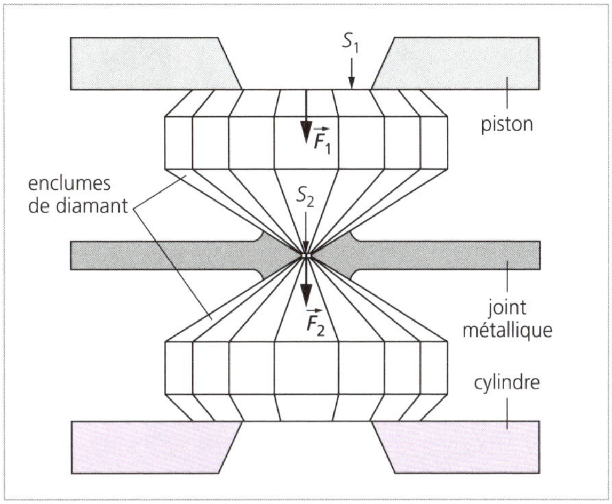

Fig. 1.8. Schéma de principe d'une cellule à enclumes de diamant. **On applique une force $\vec{F_1}$ sur la surface arrière S_1 d'un des diamants, qui applique au niveau de sa tête de surface S_2 une force $\vec{F_2}$ sur l'échantillon, placé entre les deux diamants et inclus dans un joint métallique.**

Il s'agit d'un appareil de quelques centaines de grammes, dont le principe est illustré **figure 1.8**. Une cellule à enclumes de diamant complète est représentée schématiquement sur la **figure 1.9**. Elle comporte deux diamants identiques, d'une masse d'environ 1/3 de carat, dont la pointe (tête) a été taillée afin de former une petite surface plane. La surface de cette tête peut varier entre 0,0001 et 1 mm^2. Ces diamants sont fixés face à face, l'un sur la partie cylindre de la cellule, l'autre sur la partie piston. Le piston est poussé dans le cylindre par l'expérimentateur (dans le cas de la cellule à enclumes de diamant de la figure 1.9, l'expérimentateur gonfle une membrane de gaz solidaire du capot; cette opération peut aussi s'effectuer simplement par le serrage de vis). L'échantillon, placé dans le trou d'un joint métallique déformable, et entouré d'un milieu transmetteur de pression, est alors comprimé entre ces faces planes. La présence du joint et du milieu transmetteur de pression permet de transformer la pression uniaxiale appliquée en une pression hydrostatique. Une photographie d'échantillon dans une cellule à enclumes de diamant est présentée figure 1.9. L'utilisation du diamant comme enclume se justifie par le fait qu'il s'agit du matériau le moins déformable qui existe, tant élastiquement que plastiquement. Il transmet donc quasiment intégralement la force qu'on lui applique à l'échantillon. De même que, pour une personne identique, la pression appliquée sur le sol par un talon à aiguille est plus élevée que celle appliquée par un talon plat, dans la cellule à enclumes de diamant, plus la surface de la tête des diamants est petite, plus la pression atteinte dans l'échantillon est élevée.

Calculons approximativement la force qui doit être appliquée par l'expérimentateur sur le piston pour atteindre une pression de 100 GPa, c'est-à-dire la pression qui règne à une profondeur de plus de 2 000 km à l'intérieur de la Terre, dans une cellule à enclumes de diamant. Supposons qu'on utilise des diamants de surface arrière $S_1 = \pi(2 \text{ mm})^2 \simeq 1,3 \cdot 10^{-5}$ m^2, et de surface de tête $S_2 = \pi(50 \text{ µm})^2 = \pi(2 \text{ mm})^2 \simeq 8 \cdot 10^{-9}$ m^2.

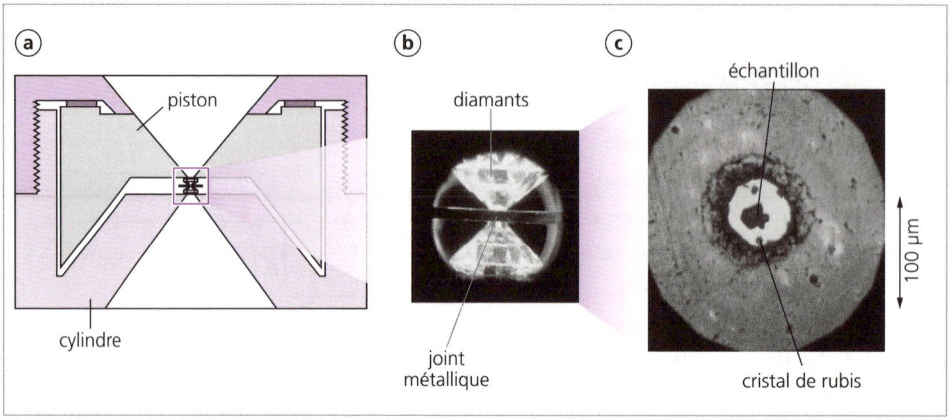

Fig. 1.9. La cellule à enclumes de diamant à plusieurs échelles. **a. une coupe globale (d'après Chervin *et coll.*, 1995) ; b. une vue des diamants ; c. une vue de dessus, à travers les diamants, de la chambre de pression. On y observe l'échantillon inclus dans le milieu transmetteur de pression, ainsi qu'un cristal de rubis. Photographie échantillon : A. Dewaele.**

Partons de l'hypothèse que le diamant transmet intégralement les forces : $\vec{F_1} = \vec{F_2}$ (figure 1.8). En modules, on a donc :

$$F_1 = P_1 \times S_1 = F_2 = P_2 \times S_2.$$

La pression sur l'échantillon P_2 est donc celle appliquée à l'arrière du diamant mobile P_1, multipliée par le rapport des surfaces arrière et de tête. Pour obtenir une pression P_2 de 100 GPa = 10^{11} Pa, la force F_1 à appliquer est :

$$F_1 = P_2 \times S_2 = 10^{11} \times 8 \cdot 10^{-9} = 800 \text{ N},$$

c'est-à-dire seulement le poids d'un homme de 80 kg. Mais ce calcul très grossier ne prend pas en compte les pertes de force, qui sont liées à la déformation du diamant d'une part (faisant que $F_2 < F_1$), et à la déformation de l'ensemble des éléments de la cellule d'autre part. Les expérimentateurs ont constaté qu'en réalité, la force à appliquer pour obtenir une telle pression est environ 5 fois plus élevée que ce que nous venons de calculer. De telles forces sont cependant faciles à générer par le serrage de quelques vis. Actuellement, les pressions produites dans une cellule à enclumes de diamant peuvent atteindre environ 300 GPa.

Il est important de mesurer précisément les conditions de pression subies par l'échantillon. Plusieurs méthodes peuvent être utilisées ; l'une d'elles consiste à étudier la fluorescence d'un petit cristal de rubis placé près de l'échantillon dans le milieu transmetteur de pression (comme sur la figure 1.9). La longueur d'onde du maximum de fluorescence dépend de la pression, suivant une courbe de calibration préalablement établie. Cette fluorescence peut être excitée par la lumière d'un laser peu intense, que l'on envoie sur l'échantillon à travers les diamants. La fluorescence est alors enregistrée sur un **spectromètre** (appareil qui donne le **spectre** de la lumière qu'il enregistre, c'est-à-dire l'intensité lumineuse en fonction de la longueur d'onde), et l'on obtient un signal comme celui présenté sur la **figure 1.10**.

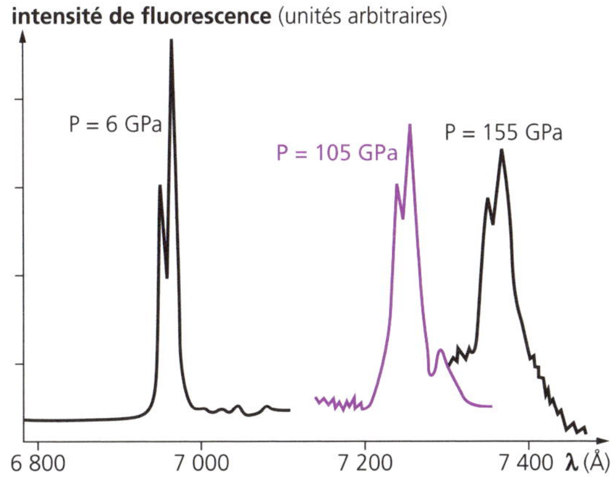

Fig. 1.10. Spectres de fluorescence de cristaux de rubis. **Ils sont enregistrés sur un spectromètre, à différentes pressions dans une cellule à enclumes de diamant. On constate que le maximum de fluorescence se situe à une longueur d'onde qui augmente quand la pression augmente. L'évolution de la forme des pics traduit une détérioration des conditions de pression (de moins en moins hydrostatique, de plus en plus uniaxiale).**

3.2 Principe de la génération de température

On peut chauffer l'échantillon en entourant l'ensemble de la cellule à enclumes de diamant d'un dispositif de chauffage, ou en entourant seulement les diamants d'un petit four électrique. Ces deux méthodes permettent d'atteindre des températures d'environ 1 000 °C, et la température est mesurée à l'aide d'un thermocouple placé le plus près possible de l'échantillon. La température atteinte avec ce type de chauffage est limitée par l'oxydation des diamants. Les expérimentateurs la ralentissent en plaçant la cellule dans une enceinte remplie d'un gaz inerte comme l'azote.

Des températures encore plus élevées peuvent être atteintes en chauffant l'échantillon à l'aide d'un laser infrarouge (longueur d'onde $\lambda = 1$ à 10 µm) intense. On focalise le faisceau laser sur l'échantillon, comme représenté sur la **figure 1.11**. Le rayonnement infrarouge n'étant pas absorbé par les diamants, le rayonnement laser est seulement absorbé par l'échantillon : le chauffage est donc très local. Ce chauffage ne dure que le temps pendant lequel le laser est

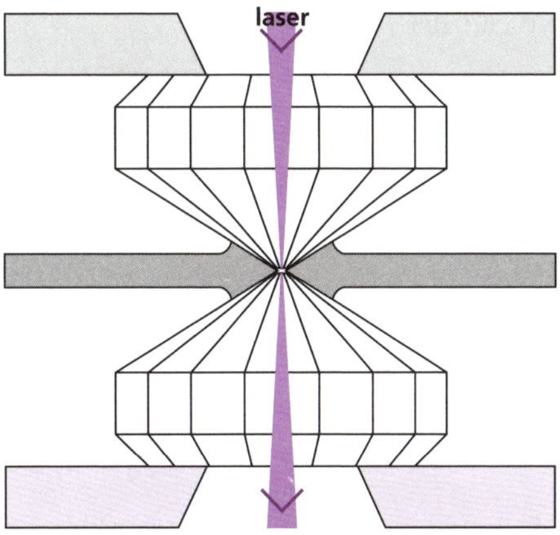

Fig. 1.11. Principe du chauffage par laser infrarouge d'un échantillon dans une cellule à enclumes de diamant.

allumé, car aussitôt le laser éteint, l'échantillon se refroidit par diffusion de la chaleur (on parle de « trempe », qui désigne un refroidissement très rapide).

Nous pouvons calculer un ordre de grandeur de la température atteinte dans un échantillon chauffé par un laser de puissance de 20 W (ce qui correspond à un laser de laboratoire intense), et en se plaçant dans la géométrie simple de la **figure 1.12**. Pour simplifier, on suppose qu'un cylindre de rayon 20 μm, d'épaisseur $2h = 20$ μm (celle de l'échantillon) est chauffé de manière homogène par le laser. Posons qu'un cinquième de la puissance du laser est absorbé par l'échantillon. Toutes ces valeurs correspondent aux observations expérimentales. On suppose que la température des diamants est la température ambiante $T_0 = 25$ °C, car les diamants sont des très bons conducteurs de chaleur et l'évacuent donc efficacement. Pour simplifier, on suppose aussi que la température ne dépend que de z (direction perpendiculaire aux plateaux des diamants), ce qui est une approximation grossière. En régime permanent, et en utilisant l'équation de la chaleur 2.4, qui sera discutée au chapitre suivant (voir encadré 2.5), on obtient l'equation différentielle suivante pour la température dans l'échantillon :

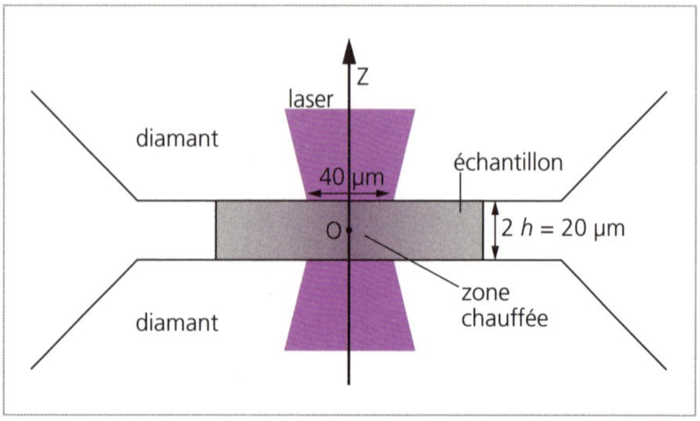

Fig. 1.12. Géométrie de chauffage d'un échantillon par laser infrarouge. **Le centre de l'échantillon est chauffé par absorption du laser. O : origine de l'axe des ordonnées (Oz).**

$$\frac{\partial^2 T}{\partial z^2} = -\frac{Prod}{k},$$

k étant la conductivité thermique de l'échantillon, par exemple $k \simeq 3,5\ \mathrm{W \cdot m^{-1} \cdot K^{-1}}$, et *Prod* étant le terme de production de chaleur, en $\mathrm{W \cdot m^{-3}}$, causé par l'absorption du laser. On peut calculer *Prod* :

$$Prod = \frac{1}{5}\frac{20\ \mathrm{W}}{(\pi \times 20^2 \times 20) \times 10^{-18}} = 1,6 \cdot 10^{14}\ \mathrm{W{\cdot}m^{-3}}.$$

L'équation précédente s'intègre très facilement, et on obtient alors la distribution de température suivante :

$$T(z) = T_0 + a/2 \times (h^2 - z^2),$$

avec $a = (Prod/k)$, et $2h = 20$ μm l'épaisseur de l'échantillon. La température maximale, atteinte au centre de l'échantillon, est donc :

$$T_{\mathrm{Max}} = T_0 + a/2 \times h^2 \simeq 2\,600\ \mathrm{K}.$$

Cette évaluation qualitative correspond bien à l'observation expérimentale.

Dans le cas du chauffage par laser infrarouge, la température est mesurée par pyrométrie. Cette méthode consiste à enregistrer sur un spectromètre l'émission lumineuse de l'échantillon chaud, et à l'analyser de manière à en déduire la température (voir **encadré 1.4**).

Point de repère

1.4 Rayonnement du corps noir

Un objet dont la surface est portée à la température T (soleil, four, être humain...) émet des ondes électromagnétiques (de la lumière).

Idéalement, ce spectre (intensité en fonction de la longueur d'onde) suit une fonction caractéristique qui ne dépend que de la température (cette fonction est appelée loi de Planck). L'objet idéal qui émet une telle lumière est appelé **corps noir**.

À la température ambiante, l'émission du corps noir est dans le domaine de l'infrarouge, et elle devient visible (domaine visible : 4 000 à 7 000 Å) quand le corps est chauffé au-dessus de 2 000 K, comme on le voit sur la **figure 1.13**. Cette figure représente les spectres d'émission de corps noirs portés à trois températures différentes. En général, les corps réels n'émettent pas exactement la même lumière que le corps noir, et l'écart par rapport à ce dernier est décrit par un paramètre nommé émissivité (égale à 1 pour un corps noir, inférieure à 1 pour un corps réel, dit aussi **corps gris**).

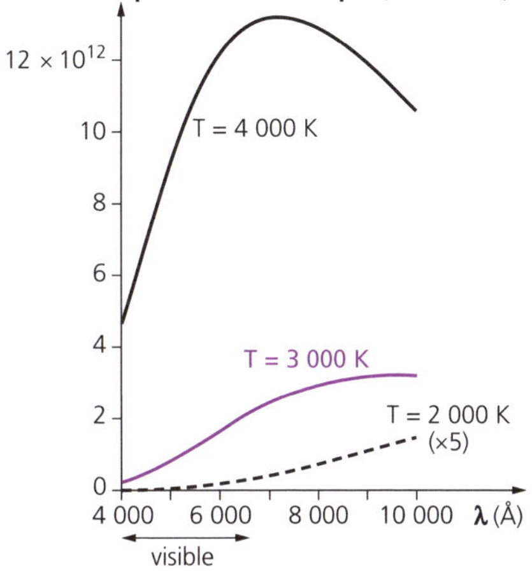

Fig. 1.13. Spectres d'émission de corps noirs.

3.3 Mesures possibles

L'un des intérêts de la cellule à enclumes de diamant réside dans les très hautes pressions générées. Grâce à ce type d'assemblage, l'ensemble de la Terre est accessible aux expérimentateurs ! Son autre grande force est la transparence du diamant à une très large gamme de rayonnements électromagnétiques (**figure 1.14**). Ceci permet de réaliser un grand nombre de mesures *in situ* (voir tableau A.3 de l'annexe A) :

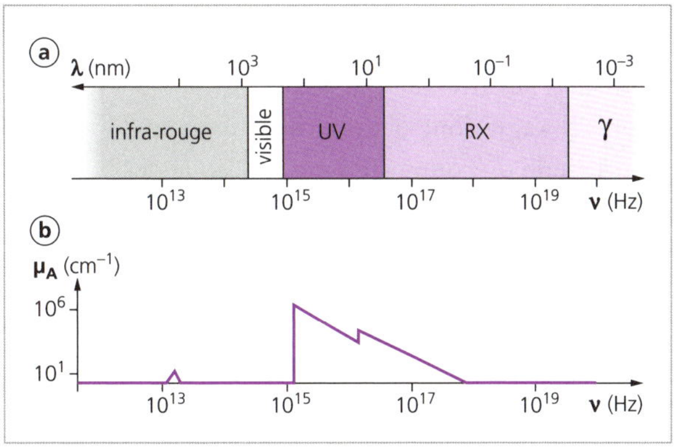

Fig. 1.14. a. Spectre des ondes électromagnétiques en fonction de la fréquence ν en Hz et de la longueur d'onde λ en nm (attention : échelle logarithmique). **On a $\lambda = c/\nu$, avec c la vitesse de la lumière. UV : rayonnement ultraviolet, RX : rayons X, γ : rayons γ.** **b.** Évolution du cœfficient d'absorption volumique μ_A du diamant (défini par l'équation A.3) en fonction de ν. **Le diamant est transparent au rayonnement infrarouge, visible et aux rayons X.**

– l'observation visuelle de l'échantillon à l'aide d'une loupe binoculaire ou d'un microscope ;
– les mesures spectroscopiques (spectroscopie Raman, Brillouin et d'absorption infrarouge) qui utilisent des rayons sonde dans le domaine du visible ou de l'infra-rouge ;
– les caractérisations basées sur l'utilisation des rayons X (diffraction, diffusion inélastique).

Les inconvénients de cette technique sont liés d'une part à la petite taille des échantillons (en particulier, ceci peut limiter les caractérisations *ex situ*) et d'autre part, aux inhomogénéités éventuelles de pression et de température dans l'échantillon. Ce dernier problème est important lorsqu'on utilise le chauffage par laser.

4. Les dispositifs dynamiques : les ondes de choc

En opposition aux dispositifs de génération de pression statique (presses gros volume, cellule à enclumes de diamant), la pression générée par les dispositifs dynamiques est une fonction du temps. Dans le cas des expériences d'ondes de choc, la pression dynamique est générée par la mise en mouvement de la matière et la compression locale qui s'ensuit lors du passage de l'onde de choc dans l'échantillon.

Les dispositifs d'onde de choc ont permis, dès les années 1950, d'atteindre des pressions de l'ordre de la centaine de gigapascals au laboratoire. Mais leur intérêt n'est pas seulement historique, car la métrologie des hautes pressions (comme l'échelle de mesure de la pression par fluorescence d'un cristal de rubis utilisée dans les cellules à enclumes de diamant) est fondée sur les mesures réalisées grâce à des expériences utilisant les ondes de choc. De plus, les pressions atteintes par cette technique grâce aux développements les plus récents, c'est-à-dire plusieurs milliers de gigapascals, sont encore largement supérieures à celles atteintes par les dispositifs statiques. Il s'agit donc d'un outil fondamental pour l'étude du comportement physique des matériaux sous pression.

Pour mettre en œuvre cette technique, il faut créer une onde de choc dans un échantillon cible et caractériser le matériau choqué. L'onde de choc peut être créée par plusieurs moyens. Historiquement, on a d'abord utilisé des explosions, puis des projectiles, ou impacteurs, lancés à grande vitesse par un canon à gaz sur la cible, comme sur la **figure 1.15**. La méthode la plus récente, qui permet d'obtenir les pressions les plus hautes,

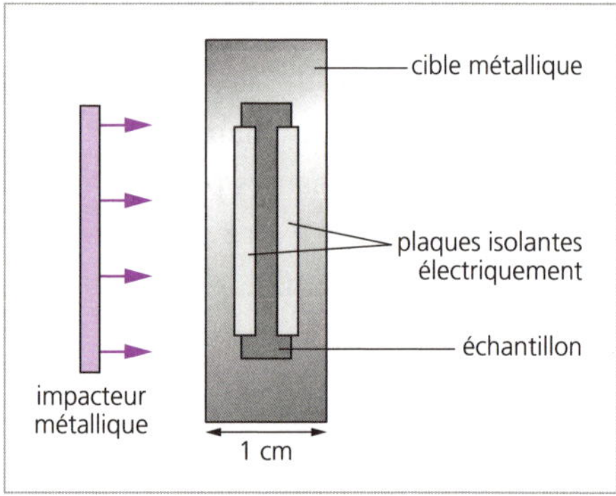

Fig. 1.15. Schéma de principe de génération d'une onde de choc par un projectile (impacteur). **L'onde de choc est générée dans la cible métallique, et se propage jusqu'à l'échantillon (au centre en noir) à travers des plaques isolantes (pour pouvoir réaliser des mesures électriques pendant le choc).**

est fondée sur l'utilisation d'un laser de puissance élevée. Le laser, focalisé sur un milieu absorbant collé à l'échantillon, vaporise ce milieu absorbant et crée ainsi une onde de choc dans l'échantillon.

Les variations de la pression dans l'échantillon en fonction du temps lors du passage d'une onde de choc sont schématiquement représentées **figure 1.16**. Dans le matériau choqué, P et T augmentent en même temps, atteignant des valeurs maximales qui dépendent des caractéristiques du choc (énergie, durée). On peut montrer que P_{max} et T_{max} se situent toujours sur une courbe appelée courbe d'Hugoniot, caractéristique du matériau. Le matériau choqué se détend (retrouve les conditions ambiantes) en quelques millièmes de secondes au plus.

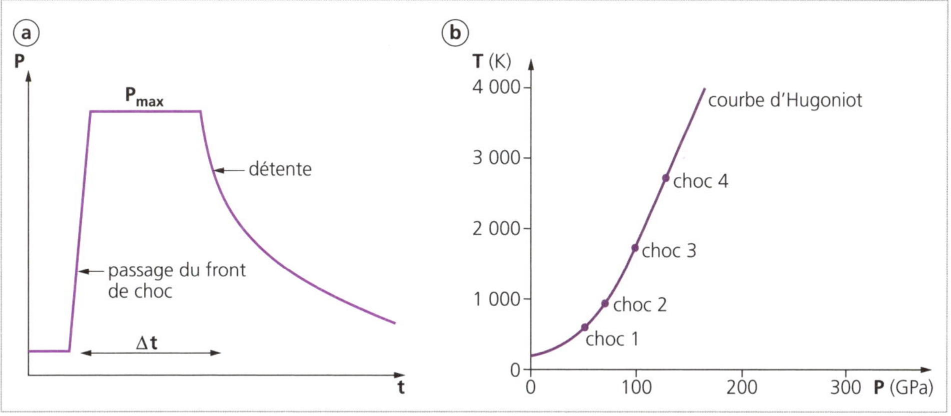

Fig. 1.16. Conditions de pression et de température lors d'un choc. **a.** Variations de P dans un échantillon lors du passage d'une onde de choc. Δt vaut environ 1 μs (10^{-6} s) pour un échantillon choqué par un projectile lancé par canon à gaz et 1 ns (10^{-9} s) pour un échantillon choqué par laser. **b.** Conditions P_{max}-T_{max} atteintes dans le matériau choqué. Elles sont toutes le long d'une courbe, dite courbe d'Hugoniot.

Pendant le court temps où l'échantillon est mis sous pression, on peut réaliser un certain nombre de mesures : vitesse du matériau mis en mouvement derrière le front de choc, vitesse de l'onde de choc elle-même, réflectivité optique de l'échantillon, conductivité électrique de l'échantillon. Les deux premières mesures permettent de calculer la pression P, l'énergie interne et la masse volumique de l'échantillon choqué, en utilisant les équations d'Hugoniot-Rankine[1].

L'utilisation de dispositifs dynamiques permet de repérer les transitions de phases dans le matériau choqué (comme la fusion) par des discontinuités sur la courbe d'Hugoniot et également d'obtenir les équations d'état $\rho(P, T)$ des matériaux dans les conditions de la courbe d'Hugoniot.

La **figure 1.17** résume les domaines de pression et de température atteints par les différentes techniques de haute pression.

[1] Pour une présentation complète de ces équations, voir par exemple Poirier, 1991b.

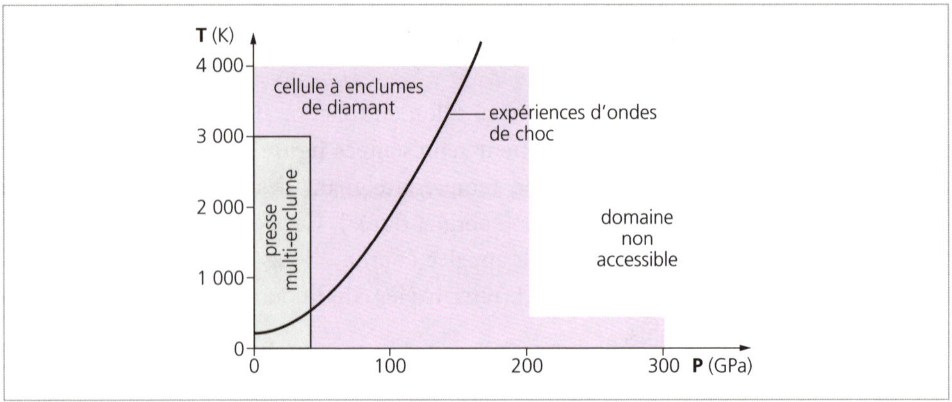

Fig. 1.17. Conditions de pression et de température accessibles au laboratoire. **Ces conditions peuvent être produites dans les cellules à enclumes de diamant, les presses multi-enclumes (presses gros volume) et lors des expériences d'onde de choc.**

5. Les expériences numériques : des conditions extrêmes… dans un ordinateur

Les expériences de génération de haute pression et de haute température, couplées à des mesures des propriétés physico-chimiques des matériaux dans ces conditions sont difficiles et coûteuses. De plus, la figure 1.17 montre que les conditions de pression et de température atteintes au laboratoire ne s'étendent pas infiniment, et en particulier, elles n'atteignent pas les conditions rencontrées au centre des planètes géantes. C'est pourquoi les prédictions sur le comportement des matériaux fondées sur des simulations numériques intéressent beaucoup les géophysiciens et les astrophysiciens.

En effet, depuis quelques années, on peut calculer numériquement un certain nombre de propriétés physiques des matériaux. Pour cela, on évalue à l'échelle atomique les interactions qui règnent dans la matière. L'échantillon d'une simulation numérique est donc une assemblée d'atomes ou de molécules, placées dans une boîte virtuelle, et dont on calcule l'évolution, les interactions, l'état d'équilibre, et d'autres propriétés si besoin est. On utilise les lois de la physique quantique, qui décrivent les interactions entre atomes, et les lois de la physique statistique, qui décrivent leur mouvement sous l'influence de ces interactions. Le nombre d'atomes dans la boîte dépend des capacités de calcul des ordinateurs et ces dernières permettent, à l'heure actuelle, pour certains types de calculs, de simuler une boîte contenant plusieurs dizaines de millions d'atomes, c'est-à-dire un échantillon d'une taille de 0,1 μm. Cette taille est suffisante pour décrire convenablement un grand nombre de propriétés physiques. Dans ces calculs, la pression n'est alors pas un problème, puisqu'elle peut être modifiée facilement, par exemple en changeant la taille de la boîte.

Précisons les méthodes et les techniques mises en œuvre pour les deux étapes des expériences numériques : le calcul des interactions (c'est-à-dire des forces) entre atomes ou molécules, et le calcul statistique de l'évolution du système sous l'influence de ces interactions. En ce qui concerne le calcul des forces, deux méthodes sont possibles.

- Les forces exercées par les atomes ou les molécules les un(e)s sur les autres peuvent être supposées *a priori*. En général, cette expression *a priori* est ajustée par comparaison entre les résultats des simulations numériques et les mesures expérimentales. Cette méthode est la plus simple mais elle ne permet pas de prévoir si ces forces changent fondamentalement avec la pression et par conséquent, ses prédictions peuvent être mises en doute.
- Les forces exercées par les atomes ou les molécules les un(e)s sur les autres peuvent être calculées *ab initio*. Dans les méthodes *ab initio*, on calcule la densité des nuages électroniques entre les atomes qui sont la cause de ces forces, en résolvant les équations de la physique quantique. Les théoriciens qui font ces calculs se plaisent à dire que la seule supposition qu'ils font est la valeur du numéro atomique Z des éléments qu'ils étudient. Ces calculs permettent d'observer des changements radicaux des forces entre atomes avec la pression, comme la dissociation (la rupture) de molécules sous pression. Les calculs *ab initio* étant longs, des boîtes contenant seulement quelques centaines d'atomes sont utilisées. Des exemples de densité électroniques calculées *ab initio* sont présentés **figure 1.18**.

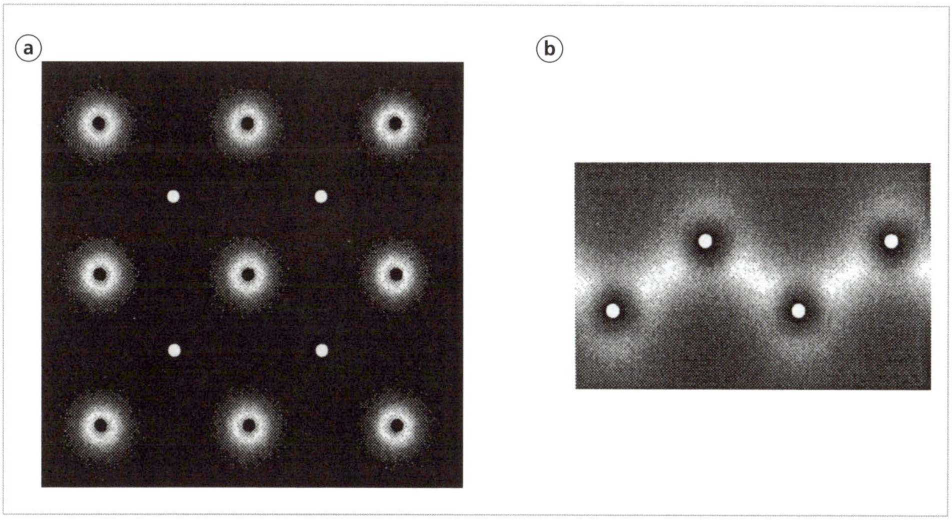

Fig. 1.18. Cartes de densité électronique (pour les électrons de valence) calculée par une méthode *ab initio*. **Les zones claires indiquent une forte densité électronique. a. Pour un plan d'un cristal de MgO : les positions des atomes de magnésium sont repérées par un disque blanc, celle des atomes d'oxygène par un disque noir. On constate que les électrons des deux types d'atomes se sont massés autour des atomes d'oxygène : il s'agit d'un cristal ionique $Mg^{2+}O^{2-}$. Image générée en utilisant le logiciel AbInit. b. Pour un plan d'un cristal de silicium : les électrons sont situés entre les atomes de silicium, repérés par des disques blancs : il s'agit d'un cristal covalent. Image générée en utilisant le logiciel VASP. Images mises à disposition par A. Oganov.**

Les propriétés physiques des matériaux sont alors déduites de ces forces entre atomes ou molécules. Voici quelques techniques numériques qui permettent d'obtenir ces propriétés, pour des températures croissantes (de 0 K à plusieurs milliers de kelvins).

- La connaissance des forces entre atomes dans le matériau permet de calculer directement l'énergie libre de ce matériau, son équation d'état $\rho(P, T)$ ainsi que ses propriétés élastiques à 0 K. On peut en déduire la structure cristalline du matériau la plus stable à 0 K (celle pour laquelle l'énergie libre est la plus basse).
- Les méthodes de **dynamique de réseau** permettent de calculer les fréquences des vibrations thermiques des atomes à partir des forces entre ces atomes (forces estimées *a priori* ou *ab initio*, voir plus haut). Ces fréquences sont alors utilisées dans des modèles qui permettent de déduire les propriétés physiques – notamment l'équation d'état $\rho(P, T)$ et les spectres Raman et infrarouge – des matériaux solides à température modérée.
- Pour calculer les propriétés physiques des matériaux à haute température (solides et liquides), les physiciens mettent en œuvre des simulations de **dynamique moléculaire**. Ces simulations calculent la trajectoire de chacun des atomes de la boîte en utilisant l'équation fondamentale de la dynamique classique. Ces trajectoires sont calculées pas à pas : on connaît la position et la vitesse des atomes au temps t_0. On en déduit la force exercée sur chacun d'eux au temps t_0, ce qui permet de calculer leur position et leur vitesse sous l'effet de ces forces au temps $t_0 + \Delta t$. On continue jusqu'à ce que l'on estime que l'équilibre thermodynamique est atteint. On peut alors calculer la pression, la température, l'énergie interne et d'autres propriétés à l'aide de la physique statistique. Cette méthode permet de calculer des équations d'état à haute pression et haute température, de prédire des transitions de phase ainsi qu'un grand nombre de propriétés physiques, allant de la cinétique chimique au comportement hydrodynamique (voir **figure 1.19**). Lorsque les forces entre atomes sont estimées *a priori*, la dynamique moléculaire permet de simuler de très gros systèmes (actuellement plusieurs dizaines de millions d'atomes). Mais lorsque ces forces sont calculées *ab initio*, à chaque pas de temps, la simulation de dynamique moléculaire ne peut être menée que sur un système de quelques centaines d'atomes et requiert un ordinateur des plus puissants.
- Les méthodes de **Monte-Carlo** permettent de calculer les mêmes propriétés que celles de dynamique moléculaire, pour des solides à haute température ou des liquides, mais en utilisant une approche radicalement différente. On imagine une répartition des atomes que l'on étudie dans leur boîte virtuelle. On calcule alors l'énergie de l'ensemble de ces atomes et la probabilité de cette répartition, cette probabilité augmentant lorsque l'énergie diminue. Puis, on imagine une nouvelle répartition, proche de la précédente, et on répète les mêmes calculs. La nouvelle répartition est gardée en mémoire, ou pas, en fonction de sa probabilité (c'est une astuce qui permet ne pas perdre de temps à générer des répartitions peu probables des atomes). Si l'on répète un grand nombre de fois cette opération, on aura une bonne idée des répartitions les plus probables des atomes dans la boîte. On calcule alors les propriétés du système à l'aide de la physique statistique.

Dans certains cas, comme pour les alliages où les atomes sont désordonnés, la technique de Monte-Carlo permet, par rapport à la dynamique moléculaire, d'explorer plus facilement l'ensemble des répartitions possibles des atomes.

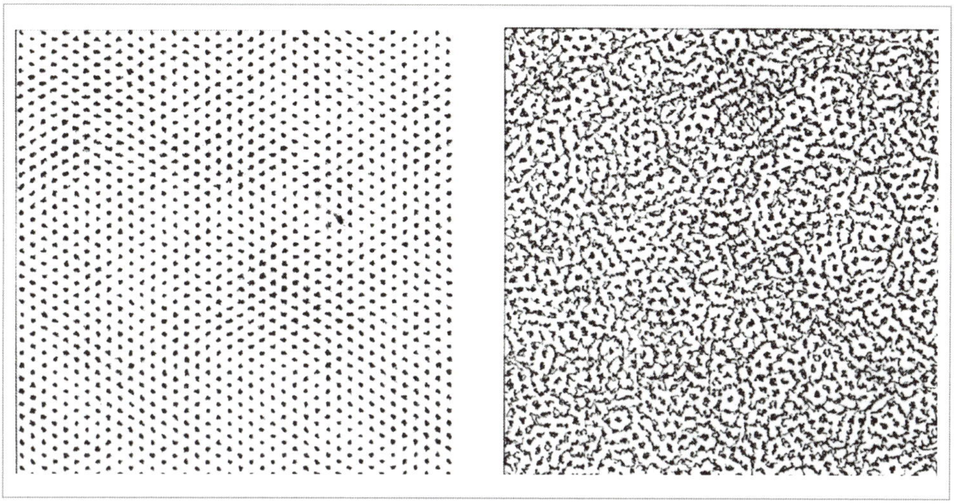

Fig. 1.19. Trajectoires d'atomes obtenues par la méthode de la dynamique moléculaire. **À gauche, à $T < T_{fusion}$ (état solide) : les atomes restent autour d'une position moyenne ; à droite, à $T > T_{fusion}$ (état liquide) : les atomes se déplacent dans toute la boîte de simulation. D'après D. C. Rapaport, 1995.**

Les prédictions des expériences numériques sont très utiles et à plusieurs titres. Elles permettent d'abord de fournir des valeurs de paramètres physiques qui n'ont pas encore pu être mesurées dans les conditions des planètes. Elles permettent également de prédire des changements de la matière dans certains domaines de pression et de température, et donc d'indiquer aux expérimentateurs là où chercher. Enfin, elles permettent de comprendre quels mécanismes sont responsables, à l'échelle atomique, de ces changements.

Chapitre 2

Le manteau terrestre

Comportement des silicates sous pression

La sismologie permet de mesurer certaines caractéristiques du manteau terrestre : vitesse des ondes P (v_P) , vitesse des ondes S (v_S), masse volumique (ρ), pression (P). Néanmoins, la connaissance de ces caractéristiques ne permet pas de répondre directement aux questions fondamentales suivantes : quelle est sa composition chimique et minéralogique ? Quels sont les échanges de chaleur et de matière qui se produisent en son sein ? Quels échanges le manteau entretient-il avec les autres enveloppes, en particulier le noyau ? De quelle manière ont-ils lieu ? Quelle est sa température ? Nous allons voir dans ce chapitre comment la compréhension du comportement à haute pression et haute température des composants du manteau permet de répondre, parfois encore partiellement, à ces questions.

1. Les minéraux du manteau

Les enveloppes les plus externes du globe sont assez bien connues parce que leurs roches affleurent et peuvent donc être étudiées. La **croûte continentale** et la **croûte océanique** ont une composition chimique qui peut être directement déterminée en étudiant les roches qui les composent. L'ensemble de ces deux **réservoirs géochimiques** représente environ 0,5 % de la masse de la Terre. Le manteau, qui est l'enveloppe la plus importante de la Terre (il représente 84 % de son volume et 67 % de sa masse, voir tableau B.3 dans l'annexe B), est en grande partie inaccessible aux mesures directes de composition chimique. Toutefois, occasionnellement, des roches provenant du manteau supérieur peuvent être observées à la surface.

1.1 Le manteau supérieur : composition des péridotites

Les **péridotites** sont des roches qui proviennent du manteau supérieur. On les trouve parfois à l'affleurement dans des zones de collision (exemple : péridotites du Mont Viso dans les Alpes) ou d'extension (exemple : le banc de Gorringe, au voisinage de la fracture Açores-Gibraltar, une structure océanique qui s'est trouvée basculée d'une vingtaine de degrés, ce qui a permis aux roches du manteau d'affleurer à la surface) ou bien encore sous forme d'enclaves ou nodules dans les laves, remontés à travers la croûte par le volcanisme (exemple : basaltes à nodules de péridotite de Langeac en Auvergne, voir **figure 2.1** dans le cahier couleur p. I). Les péridotites proviennent alors d'une profondeur dont on estime qu'elle atteint au maximum 300 km. Ces roches donnent donc une idée assez précise de la composition chimique du manteau supérieur. La composition chimique d'une péridotite est donnée dans le **tableau 2.1** et un exemple de calcul de composition réalisable au lycée, à partir d'un échantillon naturel, est donné dans l'**encadré 2.1**. Du point de vue minéralogique, les minéraux qui composent les péridotites sont, par ordre décroissant d'abondance :

- les olivines, de formule $(Mg_{1-x},Fe_x)_2SiO_4$, dont le pôle pur magnésien (Mg_2SiO_4) est la forstérite et le pôle pur ferreux (Fe_2SiO_4) est la fayalite ; dans les péridotites, on a $x \simeq 0,1$;
- les orthopyroxènes, de formule $(Mg_{1-x},Fe_x)SiO_3$, dont le pôle pur magnésien est l'enstatite ($MgSiO_3$) et le pôle pur ferreux est la ferrosilite ($FeSiO_3$) ; dans les péridotites, on a $x \simeq 0,1$;
- les clinopyroxènes, de formule $(Mg_{1-x-y},Fe_x,Ca_y)SiO_3$;
- les minéraux alumineux : plagioclases, grenats ou spinelles, selon les cas.

Quelques morceaux de manteau profond peuvent être trouvés sous forme d'inclusions dans des diamants (voir Sautter et Gillet, 1994). Les assemblages minéralogiques observés dans certaines inclusions indiquent des conditions de formation équivalentes à celles du manteau inférieur. Cependant, rien ne permet d'affirmer que ces inclusions sont

Élément	% molaire	% massique	Oxyde	% massique
Si	15,3	20,4	SiO_2	43,5
Mg	21,7	25,0	MgO	41,5
Fe	2,4	6,4	FeO	8,2
O	57,9	44,0		
Ca	1,2	2,3	CaO	3,2
Al	1,5	1,9	Al_2O_3	3,6

Tableau 2.1. Composition chimique d'une péridotite. **Elle est donnée en pourcentages molaires d'éléments, en pourcentages massiques d'éléments et en pourcentages massiques d'oxydes.**

représentatives de la composition chimique de la Terre profonde. Il n'y a donc pas de mesure directe de la composition du manteau en deçà de 300 km de profondeur. À partir de cette profondeur, ce sont donc essentiellement les mesures de sismologie qui peuvent être interprétées, en utilisant les données de minéralogie à haute pression et haute température, pour estimer la composition chimique et minéralogique du manteau profond. Deux hypothèses sont alors à considérer : soit le manteau profond a la même composition chimique que le manteau supérieur, soit il a une composition différente (ce point sera traité dans la section 3.4).

Au lycée

2.1 La composition chimique d'une péridotite

Les péridotites sont d'assez belles roches que le programme de 1re S en Sciences de la Vie et de la Terre donne l'occasion de regarder de près.

Pour cela, il faut choisir une péridotite **fertile**, c'est-à-dire ayant subi peu ou pas de fusion. Les péridotites fertiles sont appelées lherzolites, du nom de l'étang de Lherz (Pyrénées ariégeoises). De tels échantillons peuvent plus facilement être collectés dans le Massif central dans plusieurs carrières (pour les trouver, se référer au guide consacré au Massif central, collection *Guides géologiques Régionaux*, éditions Masson, 1978, et au *Guide de la géologie en France*, éditions Belin, 2004), sous forme de nodules dans des coulées de basaltes (voir figure 2.1 dans le cahier couleur p. I).

• **Composition minéralogique**

On pourra commencer par identifier les minéraux principaux de la roche à l'échelle macroscopique par simple observation à l'œil nu. On reconnaît l'olivine, qui constitue la masse de la roche, par sa couleur vert olive. On observe également des minéraux qui semblent noirs, les orthopyroxènes (pyroxènes ferro-magnésiens) et des minéraux vert bouteille, les clinopyroxènes (ferro-magnésiens-calciques). Tous ces minéraux sont de taille millimétrique à sub-millimétrique. Les minéraux alumineux (phase alumineuse) sont en général très difficiles à observer à l'œil nu sur les échantillons de péridotites.

Cette observation peut être complétée par une observation en lame mince à l'aide d'un microscope ou d'une loupe binoculaire équipés de filtres polarisants (voir **figure 2.2** dans le cahier couleur p. I et **tableau 2.2**). Cette méthode permet par exemple de déterminer la phase alumineuse de la roche. Cette phase peut être du feldspath plagioclase, du spinelle (cas des nodules du Massif central) ou du grenat, en fonction de la profondeur d'équilibration de la roche.

Quantitativement, on pourra demander aux élèves d'estimer, sur simple observation à l'œil nu, le pourcentage des différents minéraux dans la roche. Sur l'ensemble d'une classe, on pourra obtenir des valeurs statistiques qui devraient être proches, à 5-10 % près, de la composition minéralogique de la roche (ou mode), suivante :

65 % d'olivine + 30 % de pyroxènes + 5 % d'une phase alumineuse.

Ces pourcentages sont des pourcentages **volumiques**, ou de surface, selon la méthode de détermination employée, macroscopique ou miscroscopique. Or, la composition chimique du manteau est donnée le plus généralement en pourcentages **massiques**. Mais les différents minéraux présents dans une péridotite ont un masse volumique très proche : 3 340 $kg \cdot m^{-3}$ pour l'olivine, 3 307 $kg \cdot m^{-3}$ pour les pyroxènes et 3 580 $kg \cdot m^{-3}$ pour le spinelle. On peut donc assimiler pourcentages volumiques (ou de surface) et pourcentages massiques pour la suite du calcul.

Minéral	**En lumière polarisée non analysée (LPNA)**		
	teinte	**forme**	**clivages**
Olivine	Translucide	Losangique mais rarement conservée	Pas de clivage fractures fréquentes
Orthopyroxène	Marron à gris clair	Parallélépipédique	2 à 90° très fins
Clinopyroxène	Gris	Parallélépipédique	2 à 90°
Spinelle	Marron foncé	Pas de forme propre	Non
Minéral	**En lumière polarisée analysée (LPA)**		
	teintes de polarisation	**extinction**	**mâcles**
Olivine	Vives, 2e ordre vert-bleu-rose	Droite	Non
Orthopyroxène	2e ordre Marron-jaune-orange	Droite	Rare Karlsbad
Clinopyroxène	Idem	10 à 30°	Idem
Spinelle	Minéral isotrope, éteint en LPA (noir)		

Tableau 2.2. Critères de reconnaissance des minéraux majeurs dans une péridotite. Pour une description plus précise de l'analyse des minéraux au microscope polarisant, se réferer aux ouvrages suivants : Roubault, 1963, ou MacKenzie et Guilford, 1992.

- **Composition chimique**

Une fois le travail d'identification minéralogique fait, on peut estimer la composition chimique de la roche à partir de celle des minéraux constituants (**tableau 2.3**). On est donc parvenu à déterminer la composition d'une péridotite, c'est-à-dire, une estimation de la composition du manteau.

Élément	olivine	pyroxènes	spinelle	péridotite
O	43,5	45,2	44,0	44,0
Fe	7,6	4,2	3,8	6,4
Si	19,1	26,5	-	20,4
Mg	29,7	16,5	15,0	25,0
Ca	-	7,6	-	2,3
Al	-	-	37,2	1,9

Tableau 2.3. Composition chimique d'une péridotite et de ses minéraux majeurs. Les compositions sont exprimées en pourcentage massique de la roche.

1.2 Les discontinuités sismiques : changements de phase des minéraux du manteau

Dans cette section, nous allons tenter d'expliquer les discontinuités des vitesses sismiques observées dans le manteau (voir figure 5 de l'introduction). Il serait tentant d'expliquer ces discontinuités par des changements de composition chimique au sein du manteau, de la même manière que la discontinuité à 2 900 km s'explique par la différence de composition chimique entre le noyau et le manteau. Cependant, une éventuelle stratification chimique du manteau pose des problèmes sur lesquels nous reviendrons dans la section 3. Les géophysiciens ont découvert d'autres causes à la plupart des discontinuités sismiques dans le manteau, qui ne nécessitent pas de changements de composition chimique. Nous allons donc découvrir qu'elles peuvent s'expliquer par les changements physiques subis par les minéraux du manteau supérieur, sous l'effet de la pression et de la température. Ces minéraux, comme nous venons de le voir, sont essentiellement l'olivine et les pyroxènes.

1.2.1. Observations sismologiques

Les profils de vitesses sismiques v_P et v_S de la figure 5 de l'introduction présentent plusieurs discontinuités entre 0 et 700 km de profondeur. La première, fixée à 20 km de profondeur dans le modèle PREM, est due au passage de la croûte au manteau supérieur : ces deux enveloppes n'ayant pas la même composition chimique, les ondes P et S s'y propagent à des vitesses différentes. La zone de faibles vitesses sismiques (en anglais, la « Low Velocity Zone », LVZ), qui se caractérise par une diminution des vitesses v_P et v_S entre 150 et 220 km de profondeur (cette diminution étant beaucoup plus marquée dans certaines régions du globe) sera étudiée section 3.5. Dans cette section 1.2, nous aborderons les discontinuités des vitesses sismiques plus profondes au sein du manteau. Dans le modèle PREM, de brusques augmentations de v_P et v_S sont visibles à 400 km et 670 km de profondeur. On observe également une rupture de pente entre ces deux discontinuités, à 600 km. L'enveloppe délimitée par ces deux discontinuités, à 400 et 670 km de profondeur, est appelée **zone de transition** du manteau. Nous allons voir que les discontinuités de 400 et 670 km peuvent être expliquées qualitativement par des **transitions de phase ou des transformations** des composants du manteau (voir **encadré 2.2**).

Point de repère

2.2 Transitions de phase

Une **transition de phase** (ou encore **changement de phase**) est une discontinuité de certaines caractéristiques thermodynamiques de la matière. Par exemple, la fusion du fer à pression ambiante, quand la température atteint 1 811 K, s'accompagne d'une discontinuité de volume massique. D'un point de vue microscopique, une transition de phase se traduit souvent par une réorganisation des atomes dans la matière. Elle peut avoir lieu d'un état solide à un autre. Nous en verrons de nombreux exemples. On parle alors de variétés allotropiques pour qualifier les différentes phases solides.

Un diagramme de phase décrit les domaines de stabilité des différentes phases d'un matériau en fonction de **variables intensives**, ici la pression et la température. Une variable intensive caractérise un système thermodynamique ; sa particularité est que sa valeur ne change pas quand on réunit deux systèmes identiques : température, pression sont des exemples de variables intensives. Ce concept s'oppose à celui de **variable extensive**, dont la valeur double quand on réunit deux systèmes identiques : masse, volume sont des exemples de variables extensives.

Le modèle PREM montre aussi l'existence d'une rupture de pente des profils de v_P et v_S environ 200 km au-dessus de la limite noyau-manteau : ces vitesses cessent d'augmenter avec la profondeur, jusqu'à cette limite. La zone où les vitesses des ondes simiques ont ce comportement anormal est appelée **couche D″**. Sa géométrie complexe a été étudiée par tomographie sismique (voir section 3.3). Des études récentes montrent que cette couche D″ pourrait également être le siège d'une transition de phase d'un des silicates du manteau.

1.2.2. Diagramme de phases des composants majeurs du manteau terrestre

Les diagrammes de phase de la forstérite Mg_2SiO_4 et de l'enstatite $MgSiO_3$ ont été déterminés grâce aux techniques de presses gros volume et de cellules à enclumes de diamant, associées aux techniques expérimentales présentées dans la section 3 de l'annexe A : spectroscopie Raman et diffraction de rayons X essentiellement. Ces diagrammes sont présentés **figures 2.3 et 2.4**. Si l'on estime grossièrement la température dans la zone de transition à 1 800 K (voir section 3.2), on peut suivre sur la figure 2.3 les changements de phase subis par la forstérite dans le manteau :

- à 15 GPa (environ 450 km), changement de phase :
  Mg_2SiO_4 (forstérite phase α) $\rightarrow$ Mg_2SiO_4 (forstérite phase β, de structure de type spinelle modifiée) ;
- à 18,5 GPa (environ 540 km), changement de phase :
  Mg_2SiO_4 (forstérite phase β) $\rightarrow$ Mg_2SiO_4 (forstérite phase γ, de structure de type spinelle) ;
- à 24 GPa (environ 670 km), transformation :
  Mg_2SiO_4 (forstérite phase γ) $\rightarrow$ $MgSiO_3$ (de structure de type pérovskite) + MgO (périclase).

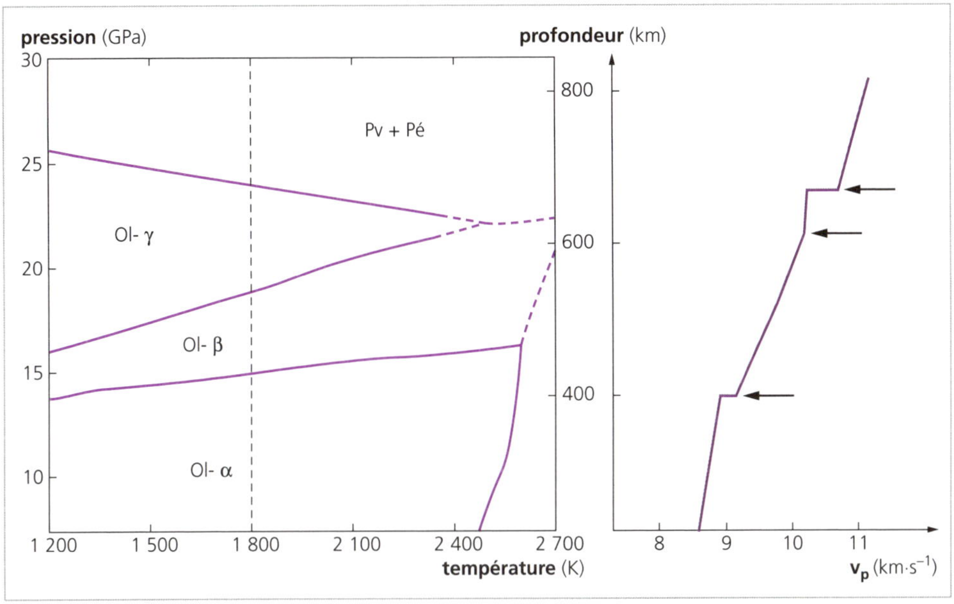

Fig. 2.3. Diagramme de phase de la forstérite Mg_2SiO_4. **Le profil de vitesse sismique v_P du modèle PREM, en fonction de la profondeur correspondant à la pression, est donné pour comparaison. La ligne verticale indique la température de 1 800 K, température approximative du manteau à ces profondeurs. Ol-α : Mg_2SiO_4 phase α, Ol-β : Mg_2SiO_4 phase β (structure spinelle modifiée), Ol-γ : Mg_2SiO_4 phase γ (structure spinelle), Pv : $MgSiO_3$-pérovskite, Pé : périclase MgO. Flèches : principales discontinuités des vitesses sismiques. Inspiré de S.-H. Shim *et coll.*, 2001, et J.-P. Poirier, 1991b.**

Les conditions de pression et de température exactes de ces transitions de phase varient légèrement si au lieu d'étudier les pôles magnésiens purs, on s'intéresse à des minéraux ayant la composition de ceux que l'on trouve dans le manteau supérieur. Par exemple, pour une olivine $(Mg_{0,9},Fe_{0,1})SiO_4$, la pression du changement olivine → spinelle modifiée est abaissée d'environ 1,5 GPa par rapport à la forstérite. Cette transition est donc observée vers 13,5 GPa à 1 800 K, ce qui correspond exactement à la profondeur de 400 km. Par ailleurs, la température du solidus de l'olivine $(Mg_{0,9},Fe_{0,1})SiO_4$ est abaissée d'environ 150 K par rapport au point de fusion de la forstérite (pour la définition du **solidus**, voir l'encadré 3.2 dans le chapitre 3).

Sur la figure 2.4, on observe que l'enstatite $MgSiO_3$ subit les changements suivants :

- à 16,5 GPa (environ 490 km), transformation :
  $MgSiO_3$ (enstatite) → Mg_2SiO_4 (forstérite phase β) + SiO_2 (stishovite) ;
- à 19,5 GPa (environ 570 km), transformation :
  Mg_2SiO_4 (forstérite phase β) + SiO_2 (stishovite) → $MgSiO_3$ (ilménite) ;
- à 23,8 GPa (environ 670 km), transition de phase :
  $MgSiO_3$ (ilménite) → $MgSiO_3$ (de structure pérovskite).

La présence de fer, de calcium et d'aluminium influence également les domaines de stabilité de ces différentes phases : par exemple, on pense que la présence d'aluminium stabilise la phase de structure grenat, et augmente la pression de la transition

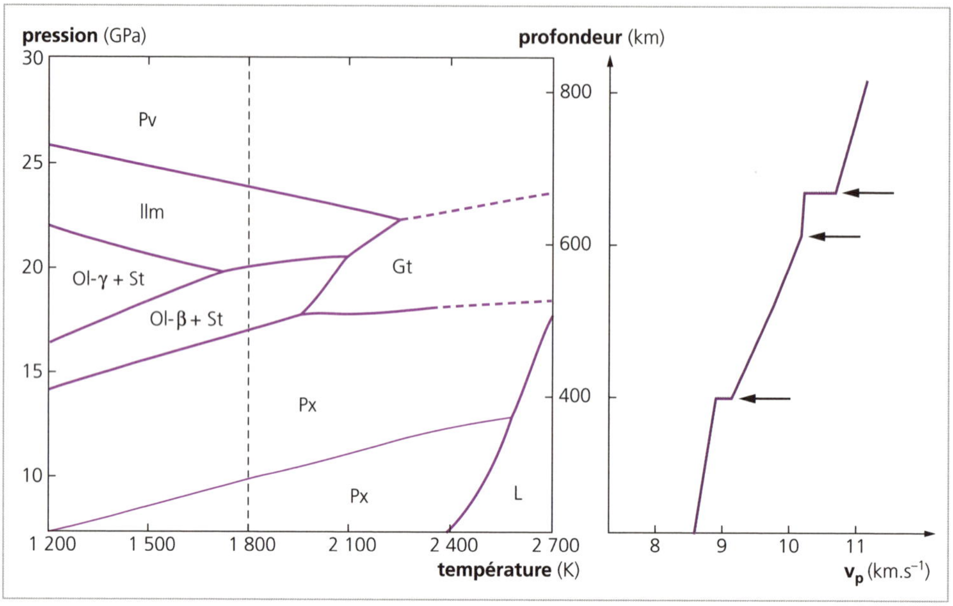

Fig. 2.4. Diagramme de phase de l'enstatite $MgSiO_3$. **Le profil de la vitesse sismique v_P du modèle PREM, en fonction de la profondeur correspondant à la pression, est donné pour comparaison. La ligne verticale indique la température de 1 800 K, température approximative du manteau à ces profondeurs. Px : pyroxène, Ol-β : Mg_2SiO_4 phase β (structure spinelle modifiée), Ol-γ : Mg_2SiO_4 phase γ (structure spinelle), Gt : $MgSiO_3$ structure grenat, Ilm : $MgSiO_3$-ilmenite, St : stishovite SiO_2, Pv : $MgSiO_3$-pérovskite. La ligne fine indique la transition orthopyroxène → clinopyroxène. Flèches : principales discontinuités des vitesses sismiques. Inspiré de Chopelas, 1999 et Gasparik, 2003.**

ilménite → pérovskite[1]. Ces différents effets chimiques sont peut-être la cause d'un phénomène qui n'est pas pris en compte dans le modèle PREM, mais que des mesures fines de sismologie ont cependant pu mettre en évidence : les zones où sont observées les discontinuités sismiques ne sont pas fines, mais épaisses de plusieurs kilomètres ; la zone de discontinuité à 400 km, par exemple, aurait une épaisseur variant, selon les études, entre 4 et 35 km. Cette épaisseur pourrait être associée au domaine de pression de transition de phase pour des roches de composition chimique complexe.

Les deux composants majeurs du manteau subissent donc, entre 15 et 24 GPa, une série de transitions de phases et de transformations qui coincident, pour les deux principales (la première et la dernière), avec les discontinuités majeures de vitesses sismiques observées dans la zone de transition du manteau. Entre 24 GPa et 100 GPa, on n'a pas observé de transition majeure dans les minéraux du manteau, ce qui est cohérent avec l'absence de réflecteurs sismiques évidents dans le manteau inférieur jusqu'à 2 650 km de profondeur environ[2]. Cette bonne cohérence entre les observations sismiques et le comportement des

[1] Pour l'influence du fer, du calcium et de l'aluminium sur les transitions de phase des pyroxènes et des grenats, voir Helffrich et Wood, 2001.

[2] Notons cependant que de très légers changements des caractéristiques sismiques du manteau ont été détectés à des profondeurs de 900, 1 200 et 1 700 km (voir Vinnik *et coll.*, 2001). Cependant, aucune transition de phase dans les minéraux du manteau n'a encore été observée aux conditions de pressions et de température correspondant à ces profondeurs.

minéraux du manteau sous pression a constitué un des grands succès de la minéralogie à haute pression.

Le constituant majoritaire du manteau inférieur, et donc également de la Terre, a été synthétisé et identifié au laboratoire : il est de structure cristalline de type pérovskite. C'est une structure orthorhombique (voir encadré A.1 de l'annexe A). Ce matériau n'ayant jamais été observé dans un échantillon naturel, ce n'est pas un minéral et il ne porte pas de nom. Dans la suite de cet ouvrage, nous appellerons son pôle pur magnésien **$MgSiO_3$-pérovskite**. Dans le manteau, il contient également du fer et de l'aluminium ; sa formule la plus générale est la suivante : $(Mg_{1-x-y}, Fe_x, Al_y)(Si_{1-y}Al_y)O_3$. Sa structure cristalline est présentée **figure 2.5b**. Cette structure comporte un empilement d'octaèdres SiO_6 ; cela est remarquable car, à pression ambiante, les silicates comme la forstérite dont la structure est représentée **figure 2.5a** sont constitués d'un arrangement de tétraèdres SiO_4. La $MgSiO_3$-pérovskite est donc un silicate où les atomes de silicium ont six plus proches voisins (des atomes d'oxygène) à la place de quatre. Cet arrangement plus compact lui permet d'avoir une masse volumique élevée et donc d'être stable sous haute pression.

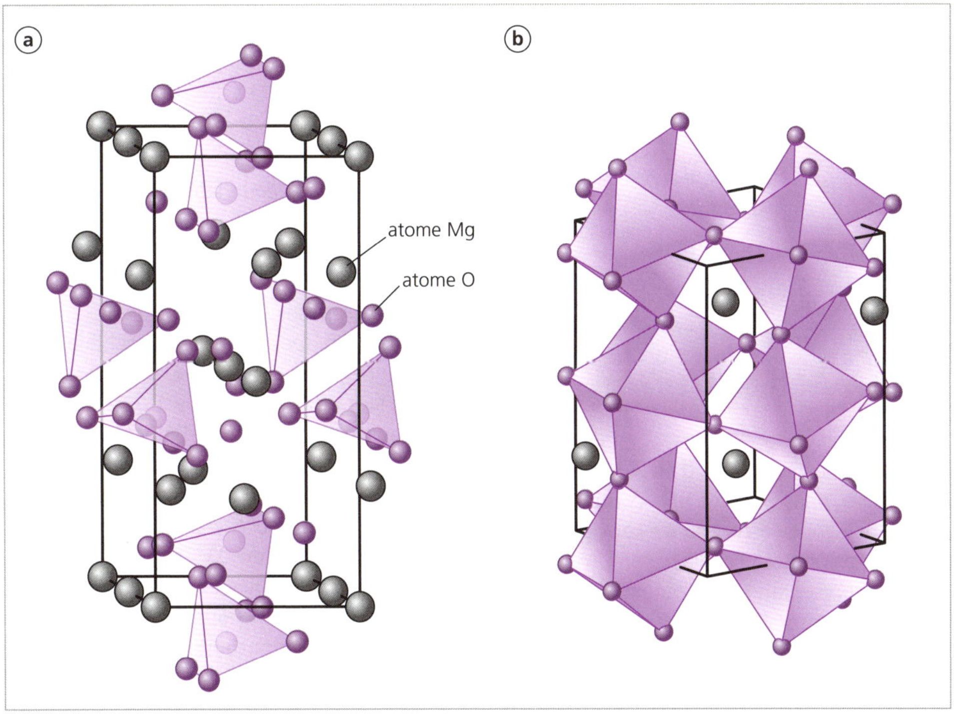

Fig. 2.5. Deux minéraux majeurs du manteau. **a.** Structure cristalline de la forstérite phase α (pôle pur magnésien de l'olivine). Les grosses boules sont des atomes Mg, les petites boules des atomes O, les atomes Si (non représentés) sont au centre des tétraèdres. Tous les tétraèdres SiO_4 n'ont pas été matérialisés. La maille élémentaire, orthorhombique ($a = 4,78$ Å, $b = 6,30$ Å, $c = 10,25$ Å à pression et température ambiantes) est matérialisée par les lignes. Image mise à disposition par L. Lemelle. **b.** Structure cristalline de la $MgSiO_3$-pérovskite. Les grosses boules sont des atomes Mg, les petites boules des atomes O, les atomes Si (non représentés) sont au centre des octaèdres. La maille élémentaire, orthorhombique ($a = 4,78$ Å, $b = 4,93$ Å, $c = 6,91$ Å à pression et température ambiantes) est matérialisée par les lignes. D'après Merkel, 2004.

Les autres constituants du manteau inférieur sont (Mg,Fe)O (**la magnésiowüstite**, qui est une solution solide de périclase MgO et de wüstite FeO) et la $CaSiO_3$-pérovskite, le calcium ne rentrant pas dans la formule structurale de la perovskite silicatée majoritaire.

Les expériences de haute pression ont aussi permis de mesurer la pente de Clapeyron des courbes de coexistence des différentes phases de l'olivine : elles sont positives pour les deux premières et négative pour la troisième (voir **encadré 2.3**). Les signes et les valeurs de ces pentes ont des implications géophysiques que nous discuterons dans la section 3.3.2.

Point de repère

2.3 Diagramme de phase et relation de Clapeyron

Si la pression P_0 est fixée, la plupart des transitions de phase ne peuvent se produire qu'à une température T_0 bien déterminée. Si $T > T_0$, on observe la phase 1 (on parle de **domaine de stabilité** de la phase 1) ; si $T = T_0$, on a **équilibre** entre les deux phases ; si $T < T_0$, on observe la phase 2 (**figure 2.6**).

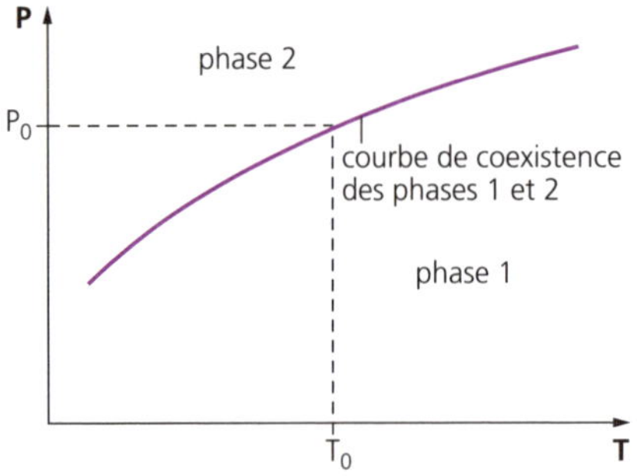

Fig. 2.6. Représentation des domaines de stabilité de deux phases 1 et 2 d'un même composé, dans le plan *P-T*.

L'ensemble des points d'équilibre (P_0, T_0) des deux phases décrit une courbe dans le plan *P-T* appelée **courbe de coexistence** de ces deux phases. Le diagramme de phase est la représentation, en général dans le plan *P-T*, de l'ensemble des courbes de coexistence des phases du matériau étudié et des domaines de stabilité que ces courbes délimitent.

La pente (dP/dT) de cette courbe peut être reliée à des caractéristiques thermodynamiques des deux phases : c'est la relation de Clapeyron. Elle s'obtient en écrivant que les potentiels chimiques des deux phases en équilibre sont égaux lorsqu'elles coexistent :

$$\frac{dP}{dT} = \frac{L_{1\to2}}{T\,\Delta V_{1\to2}}, \qquad (2.1)$$

$L_{1\to2}$ étant la chaleur latente massique et $\Delta V_{1\to2}$ le changement de volume massique lors de la transition de phase $1 \to 2$. On a $L_{1\to2} = T\Delta S_{1\to2}$, S étant **l'entropie massique** des phases mises en jeu. $L_{1\to2}$ est la chaleur libérée (si elle est négative) ou engrangée (si elle est positive) par le système lors de la transition de phase $1 \to 2$.

L'entropie est une fonction d'état fondamentale à la description thermodynamique des systèmes. La relation de Clapeyron (**équation 2.1**) permet d'y accéder à partir de la pente dP/dT et de $\Delta V_{1\to2}$, qui sont des paramètres mesurables expérimentalement. C'est une des raisons pour lesquelles la relation 2.1 est très importante.

Mais le chapitre des diagrammes de phase des composants du manteau terrestre n'est pas clos. Une nouvelle transition de phase affectant la $MgSiO_3$-pérovskite a été récemment observée, dans une cellule à enclumes de diamant[3]. Elle conduit, à une pression d'environ 120 GPa pour une température de 2 500 K, à la formation d'une nouvelle phase

[3] Voir Le Meur, 2005, et les références qui y sont citées.

baptisée « post-pérovskite ». Dans cette phase, les octaèdres SiO_6 demeurent intacts, mais leur arrangement modifié permet une nouvelle augmentation de la masse volumique. La découverte de cette nouvelle phase est un élément important pour la compréhension de la couche D″. Afin de préciser cette nouvelle donnée, il est maintenant nécessaire de répondre à de nombreuses questions concernant cette phase post-pérovskite : quel est l'effet de la présence de fer et d'aluminium dans la pérovskite sur cette transition ? En effet, la bonne concordance entre la pression correspondant à cette transition, pour $MgSiO_3$-pérovskite, et la pression dans la couche D″ pourrait être remise en question pour une pérovskite de composition plus réaliste. Quelle est la pente de Clapeyron de cette transition ? Quelles sont les propriétés physiques de la phase post-pérovskite et expliquent-elles les observations sismologiques ? Quelles sont ses propriétés chimiques ? La réponse à cette dernière question est d'autant plus importante que, la couche D″ étant en contact avec le noyau, cette phase post-pérovskite serait susceptible de réagir avec le fer liquide à la frontière noyau-manteau.

En conclusion, les discontinuités sismiques dans le manteau peuvent donc être expliquées par les transitions de phases des minéraux le composant, sans nécessairement avoir recours à des changements de composition chimique. Il est cependant possible que des changements de composition chimique s'ajoutent à ces transitions de phases, ce que nous discuterons par la suite (voir section 3.4).

2. L'activité du manteau

2.1 Preuves de l'activité du manteau : mouvements et secousses de surface

La Terre est une planète active. Géologues et géophysiciens travaillent à caractériser les nombreux aspects et manifestations de cette activité : séismes et failles, volcans, chaînes de montagnes, etc. L'ensemble de ces aspects et manifestations est expliqué et intégré dans un modèle, celui de la tectonique des plaques, qui a révolutionné les sciences de la Terre lorsqu'il a été proposé par X. Le Pichon, D. McKenzie et J.W. Morgan en 1967. Nous allons présenter très brièvement les points de ce modèle qui nous sont nécessaires, c'est-à-dire qui nous renseignent sur les mouvements qui animent la Terre profonde. Pour une description plus complète, le lecteur pourra se référer à des ouvrages consacrés spécifiquement à la géodynamique[4].

La tectonique des plaques est fondée sur l'hypothèse que la surface de la Terre est constituée de plusieurs **plaques lithosphériques**. Ces dernières se distinguent du manteau **asthénosphérique**, qui se situe en-dessous, par leur comportement mécanique. Elles sont rigides, c'est-à-dire qu'elles ne subissent que peu, ou pas, de déformations internes. Leurs déformations, tout comme leur création ou leur disparition, sont localisées principalement sur leurs bords. Le manteau asthénosphérique est également solide mais, au contraire de

[4] Voir Jolivet et Nataf, 1998.

la lithosphère, se déforme très lentement à la manière d'un liquide : on parle de solide **ductile**. Les causes de la différence de comportement mécanique entre lithosphère et asthénosphère seront discutées dans la section 3.5 ; comme c'est en grande partie la température qui explique cette différence, la limite lithosphère/asténosphère a été fixée à l'isotherme 1 300 °C = 1 573 K.

L'épaisseur moyenne des plaques lithosphériques est de 100 km et, sous les continents, elle peut atteindre 300 km. Ces plaques sont donc beaucoup plus épaisses que la croûte, qui se distingue chimiquement du manteau qu'elle surplombe et qui ne mesure en général que quelques kilomètres d'épaisseur (au maximum 70 km sous les chaînes de montagnes). D'un point de vue chimique, les plaques lithosphériques sont donc hétérogènes, puisque composées en partie de croûte et en partie de manteau supérieur.

De nombreuses observations nous renseignent sur leur structure et leurs mouvements à des échelles de temps différentes : paléomagnétisme (étude du champ magnétique terrestre ancien), tomographie sismique (voir section 3.3), imagerie satellitaire (notamment fondée sur l'utilisation du GPS). En moyenne, elles sont animées de mouvements de quelques centimètres par an les unes par rapport aux autres. On peut noter que cette activité sous forme de tectonique des plaques est une originalité terrestre : sur aucune planète tellurique du système solaire, on n'a de preuves qu'une telle dynamique est actuellement à l'œuvre. De nombreuses observations suggèrent également que la dynamique terrestre ne s'est pas toujours manifestée sous la forme actuelle des mouvements de plaques recouvrant la surface du globe. On distingue aujourd'hui deux types de lithosphères :

- **la lithosphère océanique :** caractérisée par la présence de croûte océanique. Elle est créée au niveau des dorsales océaniques (accrétion), comme la dorsale medio-atlantique, et est recyclée dans le manteau au niveau des fosses (subduction), comme celle du Japon.
- **la lithosphère continentale :** caractérisée par la présence de croûte continentale.

Les plaques lithosphériques peuvent être océaniques, continentales ou mixtes (composées à la fois de lithosphère océanique et continentale). Les objets géologiques caractéristiques de la tectonique des plaques (limites de plaques, points chauds) sont présentés brièvement dans l'**encadré 2.4**.

Point de repère

2.4 La tectonique des plaques : quelques caractéristiques

L'objet de la tectonique des plaques est la description des mouvements des plaques lithosphériques. Ces mouvements créent un certain nombre d'objets géologiques à la surface du globe. Les objets les plus importants, en taille, et associés à une activité sismique intense, sont les suivants :

- zones **d'accrétion**, ou **dorsales médio-océaniques** : lieux de création de lithosphère (et de croûte) océanique lors de la divergence (éloignement) de deux plaques lithosphériques. La nouvelle croûte océanique formée provient alors de la solidification du magma produit (par fusion suite à une décompression) dans l'asthénosphère lors de cette divergence. Aux dorsales, l'épaisseur de la lithosphère est quasiment nulle. Puis, en s'éloignant de la dorsale, la lithosphère océanique se refroidit et son épaisseur augmente aux dépends de l'asthénosphère, jusqu'à atteindre environ 100 km.

- zones de **subduction** : lieux de disparition de lithosphère océanique, qui plonge dans le manteau sous-jacent (on parle de **plaque subduite**). Les zones de subduction sont le siège de phénomènes géologiques impressionnants : formation de chaînes de montagnes, lorsque la lithosphère océanique plonge sous une lithosphère continentale ; volcanisme ; tremblements de terre dont le foyer se situe le long de la plaque subduite. La localisation des foyers de ces séismes, dont la profondeur peut atteindre 600 km, a permis aux sismologues de suivre la position des plaques subduites dans le manteau supérieur dès les années 1950.

Notons que les moteurs de cette création/disparition de lithosphère océanique sont complexes et pas nécessairement de cause profonde : par exemple, une plaque lithosphérique océanique peut plonger dans le manteau sous-jacent sous l'effet de son propre poids.

Les caractéristiques physiques différentes de la lithosphère continentale par rapport à la lithosphère océanique (densité plus faible, épaisseur en moyenne plus importante, résistance mécanique moins élevée) font que l'évolution des plaques continentales au cours des temps géologiques est aussi différente. Les plaques lithosphériques continentales ne plongent pas dans le manteau, elles sont donc plus anciennes (on peut encore trouver à la surface terrestre des roches de la croûte continentale dont l'âge atteint 4 milliards d'années) ; leur formation est beaucoup plus complexe que celle de la lithosphère océanique.

Un autre objet géologique qui rentre dans la description de la tectonique des plaques est le **volcanisme intra-plaque** ou de **point chaud**. Ce dernier est à l'origine de volcans (comme l'île d'Hawaï ou l'île de la Réunion) situés à l'intérieur d'une plaque océanique ou continentale. Les laves qui forment ces volcans ont des caractéristiques géochimiques particulières. On constate que la position apparente de ces points chauds varie au cours des temps géologiques. Cependant, en se fondant sur l'étude du mouvement des plaques lithosphériques, on a pu montrer que leur position absolue reste la même : ce sont les plaques qui bougent et non les points chauds. Selon les études, un nombre variable de points chauds a été identifié : entre sept et plusieurs dizaines. Ces variations sont liées à la difficulté d'affirmer avec certitude que le point chaud étudié a bien été immobile au cours des temps géologiques.

Nous venons d'évoquer brièvement les manifestations externes de l'activité terrestre. Cette activité est la traduction à la surface de mouvements au sein du manteau (et aussi leur cause) que nous allons maintenant étudier.

2.2 La chaleur interne terrestre

Le moteur des mouvements qui animent l'intérieur de la Terre est l'énergie qu'elle produit. Cette énergie est libérée à la surface de la Terre, quasiment intégralement sous forme de chaleur (une infime partie étant libérée sous forme d'énergie mécanique). Les mesures du flux de chaleur à la surface terrestre permettent donc de faire le bilan de l'énergie produite par la Terre. Nous allons envisager les différentes sources de chaleur à l'intérieur de la Terre et tenter de quantifier leurs contributions relatives. Nous verrons ensuite les différents modes de transport de cette chaleur à l'intérieur de la Terre.

2.2.1. Calcul du flux de chaleur à travers une lithosphère continentale

La température augmente lorsque l'on s'enfonce dans la Terre. De cette augmentation de la température avec la profondeur ($\mathrm{d}T/\mathrm{d}z$), on peut déduire le flux de chaleur parvenant à la surface de la Terre par diffusion. Pour cela, il faut utiliser les lois de transport de la chaleur par diffusion (voir **encadré 2.5**). L'équation qui régit ce phénomène (**équation 2.2**) nous montre que la mesure sur le terrain de $\mathrm{d}T/\mathrm{d}z$, complétée par une mesure en laboratoire de la conductivité thermique des roches concernées, permet d'accéder au flux de chaleur à la surface de la Terre. Le forage le plus profond, effectué à Windischenbach (Allemagne), en 1994, a atteint la profondeur de 9,1 km et a permis de mesurer une élévation de température de 260 K. Le gradient de température moyen mesuré fut donc :

$$\frac{\mathrm{d}T}{\mathrm{d}z} = \frac{260}{9\,100} = 2,9 \times 10^{-2} \ \mathrm{K{\cdot}m^{-1}}.$$

Pour une conductivité thermique $k = 2,5\ \mathrm{W \cdot m^{-1} \cdot K^{-1}}$ (valeur typique pour la lithosphère continentale), le flux de chaleur à la surface est donc (**équation 2.2**) : $J = k \times (\mathrm{d}T/\mathrm{d}z) = 0,072\ \mathrm{W \cdot m^{-2}}$. Si l'on suppose que ce flux est uniforme à la surface terrestre, cette surface valant $4\pi(6\,371 \times 10^3)^2 = 5,1 \times 10^{14}\ \mathrm{m}^2$, on obtient une puissance (flux multiplié par la surface) dissipée de :

$$0,072 \times 5,1 \times 10^{14} = 3,7 \times 10^{13}\ \mathrm{W} = 37\ \mathrm{TW}.$$

En fait, le flux est très loin d'être uniforme. En particulier, il est beaucoup plus important au niveau des dorsales médio-océaniques, qu'au milieu des continents, comme on peut le voir sur la **figure 2.7** (cahier couleur p. II). En prenant en compte ces variations, on peut estimer que la puissance totale dissipée à la surface de la Terre est de 44 TW (44 000 milliards de watts)[5], ce qui correspond à un flux moyen de $0,086\ \mathrm{W \cdot m^{-2}}$.

Point de repère

2.5 Équation de la chaleur

Nous allons présenter les équations décrivant le phénomène de **diffusion de chaleur** (on parle aussi de **conduction**) à une dimension, mais elles se généralisent à trois dimensions. Pour les formuler, il est utile de définir le vecteur flux de chaleur $\vec{J} = J\vec{u}_z$, ($\vec{u}_z$ vecteur unitaire vertical dirigé vers le haut), tel que :

$$J \times S = \frac{dQ}{dt},$$

dQ étant la quantité de chaleur traversant la surface S, vers le haut, en dt. Q est exprimée en joules (J), J en $\mathrm{J \cdot m^{-2} \cdot s^{-1}}$ ou encore $\mathrm{W \cdot m^{-2}}$ (**figure 2.8**).

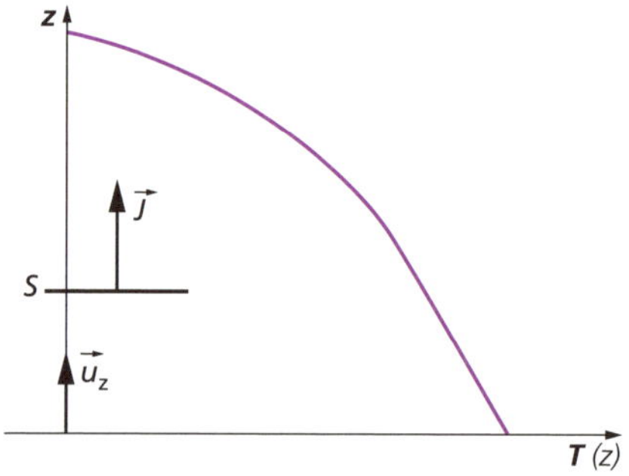

Fig. 2.8. Représentation schématique d'un profil vertical de température $T(z)$ et du flux de chaleur $\vec{J}$ qui en est la conséquence.

[5] Cette estimation, proposée par Pollack *et coll.* en 1993, a été récemment remise en question : la puissance totale dissipée par la Terre pourrait n'être que de 36 TW (Hofmeister et Criss, 2004).

La diffusion de chaleur tend à homogénéiser les températures : si un corps comporte initialement une partie chaude et une partie froide, un flux de chaleur se crée et va de la partie chaude vers la partie froide afin de diminuer la différence de température. La loi de Fourier traduit en termes mathématiques ce mécanisme. Dans notre cas :

$$\vec{J} = -k\frac{dT}{dz}\vec{u}_z. \quad (2.2)$$

k est appelée la **conductivité thermique** du corps, et est exprimée en $W \cdot m^{-1} \cdot K^{-1}$. Pour un granite, on a $k \simeq 2,5-3,0\, W \cdot m^{-1} \cdot K^{-1}$. Si l'on considère un corps chauffé en son intérieur, avec Prod le taux de production volumique de chaleur en $W \cdot m^{-3}$, un bilan d'énergie permet de démontrer la formule suivante, à partir de l'**équation 2.2** :

$$\rho C_P \frac{\partial T}{\partial t} = k\frac{\partial^2 T}{\partial z^2} + \text{Prod}. \quad (2.3)$$

Dans cette équation, ρ est la masse volumique et C_P la **capacité calorifique massique** (appelée parfois **chaleur spécifique**) en $J \cdot K^{-1} \cdot kg^{-1}$ du milieu. Sa définition physique est la suivante : c'est l'énergie qu'il faut fournir à l'unité de masse (1 kg) d'un corps pour augmenter sa température de 1 K. L'indice P signifie qu'il s'agit d'une transformation isobare (à pression constante).

On utilise souvent la **diffusivité thermique** $\kappa = k/(\rho C_P)$, dont l'unité est le $m^2 \cdot s^{-1}$; l'équation précédente s'écrit alors :

$$\frac{\partial T}{\partial t} = \kappa\frac{\partial^2 T}{\partial z^2} + \frac{\text{Prod}}{\rho C_P}. \quad (2.4)$$

À partir de l'**équation 2.4** et de la distribution initiale de température, on peut obtenir analytiquement ou numériquement la distribution de température au temps t. Sans présenter de calcul complexe, nous pouvons calculer l'ordre de grandeur t_D du temps mis par un corps de dimension caractéristique ℓ pour se mettre en équilibre thermique avec son environnement. Ce temps t_D vaut :

$$t_D = \frac{\ell^2}{\kappa}. \quad (2.5)$$

C'est un résultat important, que nous utiliserons par la suite.

2.2.2. Les sources de chaleur terrestres

• Les deux types de sources de chaleur

L'intérieur de la Terre recèle deux types de sources de chaleur :

- la chaleur primordiale : elle a été libérée dans les premiers âges de la Terre du fait de l'énergie cinétique des planétoïdes qui se sont agrégés, ainsi que de la désintégration des isotopes radioactifs à courte période que la Terre primitive contenait. Cette chaleur se perd lentement, entraînant un refroidissement de l'ensemble de la Terre.
- la chaleur libérée par les éléments radioactifs à plus longue période : ^{238}U, ^{235}U, ^{232}Th, ^{40}K. C'est dans la croûte continentale que ces éléments sont présents en plus grandes concentrations (car ce sont des éléments incompatibles, qui passent dans le liquide lors de processus de fusion partielle et la croûte s'est formée par fusion partielle du manteau), mais on les trouve également dans l'ensemble du manteau terrestre.

Il est important de quantifier les contributions de chacune de ces sources.

• La chaleur primitive : le refroidissement de la Terre

La chaleur primordiale, qui a été engrangée par la Terre au début de son histoire, se perd de plusieurs manières : en majorité, par refroidissement de l'ensemble de la Terre ; de façon moins importante, par un changement de phase dans le noyau. En effet, dans la mesure où le noyau se refroidit, le fer, qui est son composant principal, se solidifie et la graine grossit au détriment du noyau externe liquide. Pour chaque unité de masse solidifiée, la chaleur latente de solidification L_S est libérée. Par ailleurs, comme la densité du fer solide est supérieure à celle du fer liquide, cette solidification entraîne une contraction et donc une diminution de l'énergie gravitationnelle de la Terre (voir Jackson, 1998). Solidification du noyau et diminution de l'énergie gravitationnelle libèrent de l'énergie, qui est dissipée en surface sous forme de chaleur. On peut estimer la puissance produite par ces deux processus : 2 TW pour la solidification du noyau, et 2,7 TW pour la diminution de l'énergie gravitationnelle. La puissance produite par le refroidissement de la Terre ne peut pas être calculée *a priori*, car on ne connaît pas précisément l'évolution de la température moyenne de la Terre. Elle est donc estimée en faisant la différence entre la puissance totale produite par la Terre, telle qu'on la mesure à la surface (44 TW), et celle produite par les autres sources de chaleur : elle est égale à 13,3 TW. Le bilan des sources de chaleur et de leur puissance est résumé dans le **tableau 2.4** (voir Turcotte et Schubert, 2002).

Source	**Puissance (TW)**
Radioactivité, manteau primitif	25
Radioactivité, noyau	0-1
Chaleur primordiale, refroidissement	13,3
Chaleur primordiale, solidification du noyau	2
Chaleur primordiale, énergie gravitationnelle	2,7
Total	43-44

Tableau 2.4. Bilan des sources de chaleur dans la Terre, ainsi que des puissances dégagées à la surface, en TW (terawatt, 1 TW = 10^{12} W). **Manteau primitif = manteau actuel + croûte.**

On peut déduire de ce bilan la vitesse à laquelle la Terre se refroidit. En effet, on a :

$$M_T Cp \left| \frac{dT}{dt} \right| = 13,3 \text{ TW}.$$

La masse de la Terre est d'environ 6.10^{24} kg et sa capacité calorifique moyenne C_P est très grossièrement de 1000 $\text{J} \cdot \text{kg}^{-1} \cdot \text{K}^{-1}$. On en déduit que la Terre se refroidit d'environ 70 degrés par milliard d'années. À cause de l'estimation très imprécise de C_P, cela n'est qu'un calcul très approximatif. On peut cependant noter que cette valeur est en très bon accord avec une estimation fondée sur l'évolution avec le temps du taux en magnésium de komatiites, laves produites majoritairement pendant l'Archéen (voir Nisbet *et coll.*, 1993), c'est-à-dire avant 2,5 milliards d'années.

- **La chaleur radioactive**

La chaleur radioactive produite dans le manteau primitif (manteau actuel + croûte) est déduite de la concentration actuelle en éléments radioactifs dans la croûte et le manteau, ainsi que de leurs caractéristiques nucléaires : temps de demi-vie, énergie libérée par désintégration (voir **encadré 2.6**). Pour déterminer leurs concentrations, les géochimistes se fondent sur les concentrations observées dans différents basaltes. Pour le noyau, il est envisagé que sa partie externe liquide contienne une certaine quantité de ^{40}K (voir section 2.3.2 du chapitre 3), dont la désintégration produirait une puissance d'au plus 1 TW.

Point de repère

2.6 La radioactivité

Deux nombres caractérisent le noyau des atomes. Z, le numéro atomique, désigne le nombre de protons (nucléons ayant la charge $+e$). C'est lui qui détermine de quel élément chimique il s'agit. N désigne le nombre total de nucléons, c'est-à-dire de protons et de neutrons. Les noyaux d'un même élément chimique peuvent contenir un nombre différent de neutrons. On parle alors d'isotopes différents du même élément. Traditionnellement, pour décrire un noyau, on le note $^N_Z X$, X étant le symbole chimique de l'élément. Certains des isotopes, qui sont dits radioactifs, se désintègrent spontanément au cours du temps, chaque réaction de désintégration donnant naissance à deux nouveaux noyaux et libérant de l'énergie, qui se transforme en chaleur dans la matière.

Ces désintégrations, événements individuellement imprévisibles, sont décrites par des lois de probabilités. Le temps de demi-vie τ est le temps au bout duquel chaque noyau a une chance sur deux de s'être désintégré.

Mathématiquement, cette définition se traduit sous la forme suivante (loi de désintégration radioactive) :

$$\frac{dC}{dt} = -\frac{\ln 2}{\tau} \times C. \qquad (2.6)$$

C étant la concentration (en kg·kg^{-1}) en isotope radioactif de demi-temps de vie τ dans le matériau. Si les noyaux formés par cette réaction ne sont pas eux-mêmes radioactifs, on peut calculer l'évolution de $C(t)$ à partir de l'**équation 2.6** :

$$C(t) = C_0 \times \exp\left(-\frac{t \ln 2}{\tau}\right),$$

avec $C_0 = C(t = 0)$.

Si h_0 est la chaleur (en J·kg^{-1}) produite par la désintégration d'une unité de masse de l'isotope radioactif, la production de chaleur H par unité de temps et de masse de matière est, en W·kg^{-1} :

$$H = -h_0 \times \frac{dC}{dt}. \qquad (2.7)$$

À partir des mêmes données, il est également possible de calculer la production de chaleur passée des sources radioactives de la Terre. La masse totale M du manteau primitif est $4{,}0.10^{24}$ kg. On utilise les données du **tableau 2.5**.

L'**équation 2.7** de l'encadré 2.6 permet d'obtenir la loi de production de chaleur par un élément radioactif, au temps t, pour l'ensemble du manteau primitif de masse M :

$$H = Mh_0C_0\frac{\ln 2}{\tau} \times \exp\left(-\frac{t \ln 2}{\tau}\right). \qquad (2.8)$$

Isotope	τ (ans)	h_0 ($J \cdot kg^{-1}$)	concentration C_0 ($kg \cdot kg^{-1}$)
^{238}U	$4{,}47 \times 10^{9}$	$1{,}90 \times 10^{13}$	$25{,}5 \times 10^{-9}$
^{235}U	$7{,}04 \times 10^{8}$	$1{,}82 \times 10^{13}$	$0{,}19 \times 10^{-9}$
^{232}Th	$1{,}40 \times 10^{10}$	$1{,}71 \times 10^{13}$	103×10^{-9}
^{40}K	$1{,}25 \times 10^{9}$	$1{,}58 \times 10^{12}$	$32{,}9 \times 10^{-9}$

Tableau 2.5. Temps de demi-vie τ, énergie libérée par kilogramme de matière décomposée h_0 et concentration actuelle C_0 dans le manteau primitif des éléments radioactifs terrestres.

Ici, $t = 0$ correspond à l'âge actuel de la Terre, pour lequel on a pu mesurer les concentrations en éléments radioactifs C_0. On peut calculer les valeurs de H actuelles et il y a 3 milliards d'années. Elles sont regroupées dans le **tableau 2.6**.

Isotope	$H(t = 0)$(TW)	$H(t = -3$ Ga)(TW)
^{238}U	9,6	15,2
^{235}U	0,4	8,1
^{232}Th	11,1	12,9
^{40}K	3,7	19,4
Total	**24,8**	**55,6**

Tableau 2.6. Production de chaleur radioactive dans le manteau primitif actuel ($t = 0$) et il y a 3 milliards d'années.

Actuellement, la production radiogénique de chaleur (25 TW) dans le manteau primitif, représente plus de la moitié de la chaleur totale dissipée en surface (44 TW)[6]. Il y a trois milliards d'années, c'est-à-dire pendant l'Archéen, la production radiogénique de chaleur était deux fois plus importante que la production actuelle. Cette différence notable permet de penser que la dynamique de la Terre, puisqu'elle évacuait beaucoup plus de chaleur, était peut-être différente de celle qu'on observe aujourd'hui.

- **L'âge de la graine**

Revenons sur l'influence de la graine dans le bilan énergétique de la Terre. L'augmentation de son rayon peut être évaluée à partir du tableau 2.4. En effet, la chaleur libérée par la solidification du noyau (estimée actuellement à 2 TW, mais avec des barres d'erreur importantes, de l'ordre de 1 TW !) est la chaleur latente de solidification L_S. Dans les conditions de la limite noyau liquide-graine, on estime (voir Poirier, 1991b, p. 203) $L_S \simeq -6 \times 10^5 \, J \cdot kg^{-1}$. On a :

$$\frac{dM}{dt} = \frac{2 \text{ TW}}{L_S}.$$

[6] Dans le cas d'une puissance totale dissipée de 36 TW (Hofmeister et Criss, 2004), la production radiogénique de chaleur représenterait 70 % de la chaleur totale dissipée en surface.

L'augmentation du rayon de la graine est alors :

$$\frac{\mathrm{d}r}{\mathrm{d}t} = \frac{1}{4\pi\rho r^2}\frac{\mathrm{d}M}{\mathrm{d}t}.$$

Le rayon de la graine est de 1 221 km et sa masse volumique en surface est $\rho = 11,02 \times 10^3$ kg·m^{-3}. On obtient que la graine grossit d'environ 500 km par milliard d'années. Cette valeur, bien que très approximative, amène un commentaire : le graine ne serait pas plus vieille qu'environ 2 milliards d'années. Elle se serait donc formée bien après la Terre. Des modèles plus réalistes, qui prennent en compte l'ensemble des échanges d'énergie dans le noyau et leur évolution avec le temps, conduisent à la même conclusion, dans l'hypothèse où la chaleur libérée par solidification de la graine est bien de 2 TW.

2.2.3. Les différents modes de transport de la chaleur

- **La diffusion**

À la surface terrestre, on a vu que la chaleur se transmet par diffusion (voir section 2.2.1). Il est facile de se rendre compte que cela n'est pas possible dans l'ensemble de la Terre. En effet, le flux de chaleur moyen à la surface des continents est de 70 mW·m^{-2} = 70×10^{-3} W·m^{-2}. Cette chaleur provient majoritairement de la croûte, dans laquelle une grande partie des éléments radioactifs du manteau primitif se sont rassemblés. On estime que le flux de chaleur en surface des continents et provenant des profondeurs de la Terre, c'est-à-dire du manteau plus du noyau, est de $13 \pm 3 \times 10^{-3}$ W·m^{-2}. Pour une conductivité thermique typique de 2,5 W·m^{-1}·K^{-1}, la loi de Fourier (**équation 2.2**) permet de calculer le gradient thermique : 5,4 K·km^{-1}. Si ce gradient varie peu avec la profondeur, autrement dit si la chaleur est transportée seulement par diffusion, alors la température serait d'environ 12 000 K à 2 000 km de profondeur (où la pression est d'environ 90 GPa), c'est-à-dire beaucoup plus que la température de fusion d'une péridotite à cette pression. Aucune observation sismologique ne permet de penser que le manteau soit fondu à cette profondeur : c'est donc que le gradient géothermique dans la Terre est inférieur au gradient thermique nécessaire pour évacuer la chaleur profonde de la Terre par diffusion. Deux autres mécanismes sont susceptibles de transporter la chaleur d'une manière plus efficace et donc de générer des températures plus homogènes dans le manteau : la radiation et la convection.

- **La radiation**

Un corps chaud émet de la lumière (voir encadré 1.4 dans le chapitre 1). Si cette lumière est absorbée par une autre corps, l'énergie qu'elle transporte se transforme alors essentiellement en chaleur, à la suite de processus microscopiques directs ou indirects. Ce corps est alors chauffé par radiation. La Terre est chauffée de cette manière par le Soleil. La radiation est-elle un mécanisme efficace de transport de la chaleur à grande échelle à l'intérieur de la Terre ? Un rayonnement électromagnétique est effectivement émis par le noyau par exemple, qui est à une température de plusieurs milliers de kelvins. Mais il faut aussi que le rayonnement émis puisse se propager sur de grandes distances vers la surface. On pense que les roches qui constituent la Terre profonde ne sont pas assez transparentes pour qu'un transport de chaleur par radiation soit possible.

- **La convection**

La convection est un mode de transport de la chaleur par mise en mouvement d'ensemble de la matière. Dans le cas d'une couche de fluide chauffée à sa base, comme sur la **figure 2.9**, son moteur est la force d'Archimède : le fluide de la couche inférieure, plus chaud et donc moins dense, remonte car il est poussé par cette force. Les phénomènes qui s'opposent à cette montée sont, d'une part, la diffusion de chaleur, qui tend à limiter les inhomogénéités de température et donc à supprimer la force d'Archimède, et d'autre part, les forces visqueuses dans le fluide qui s'opposent à la remontée de la couche inférieure. Pour savoir si des phénomènes de convection sont susceptibles de se dérouler dans le manteau, il est nécessaire d'estimer l'importance relative des processus qui favorisent la remontée de la couche inférieure et de ceux qui s'y opposent : c'est le rôle du nombre de Rayleigh.

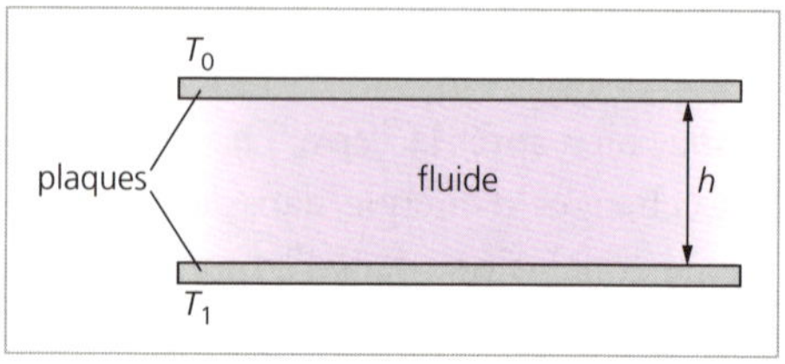

Fig. 2.9. **Exemple de géométrie qui peut donner lieu au phénomène de convection. Un fluide est chauffé à sa base par une plaque à la température T_1 et refroidi à son sommet par une plaque à la température $T_0 < T_1$.**

Point de repère

2.7 Viscosité d'un fluide newtonien

Nous appellerons milieu **fluide** tout milieu susceptible de subir un écoulement, pour une échelle de temps donnée. Dans cette optique, les glaciers sont des fluides à l'échelle du siècle, bien que solides à l'échelle de la seconde, quand on marche dessus. De la même manière, le manteau est fluide à l'échelle de quelques milliers d'années, bien que solide à l'échelle de quelques secondes (car les ondes S s'y propagent), ou même de la journée (les marées terrestres le déforment élastiquement).

On peut définir la **viscosité dynamique** η d'un fluide, dans une géométrie simple comme celle de la **figure 2.10** : un fluide est enfermé entre deux plaques rigides séparées d'une distance h. Celle du bas est immobile et celle du haut se déplace à la vitesse $\vec{U}$. Pour s'affranchir des problèmes de bords, on imagine que ces plaques sont infiniment étendues horizontalement (on voit là qu'on est dans une expérience imaginaire). Si le fluide est **newtonien**, la vitesse dans ce dernier sera de la forme :

$$\vec{u}(z) = \vec{U}\frac{z}{h},$$

et la force exercée par unité de surface par le fluide sur la plaque mobile sera :

$$\vec{\sigma} = -\eta\frac{du}{dz}\vec{u_x}. \qquad (2.9)$$

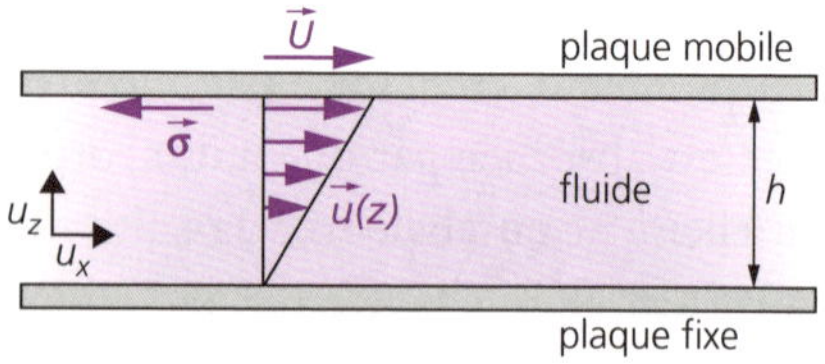

Fig. 2.10. **Entraînement d'un fluide visqueux par une plaque.**

L'équation précédente montre que la viscosité traduit la résistance du fluide à comporter des inhomogénéités de vitesse. De la même manière qu'un corps qui comporte des inhomogénéités de température les réduit par diffusion de chaleur, un corps qui comporte des inhomogénéités de vitesse les réduit par viscosité. η a pour unité le Pa·s (Pa : Pascal, unité de pression du système international ; s : seconde, unité de temps du système international). On parle aussi quelquefois de viscosité cinématique ν, qui s'exprime en $m^2 \cdot s^{-1}$:

$$\nu = \frac{\eta}{\rho}. \qquad (2.10)$$

- **Nombre de Rayleigh**

On peut estimer qualitativement l'importance de la force d'Archimède, des forces visqueuses et de la diffusion thermique, si l'on considère une boule de liquide de volume $V \simeq \ell^3$ (ℓ est sa taille typique), chauffée à $T_0 + \Delta T$, comme représenté sur la **figure 2.11**. Dans la suite, on suppose la pression dans le fluide uniforme (en particulier, on néglige ses variations avec la profondeur, ainsi que les variations de masse volumique du fluide qui en sont la conséquence). Les forces s'appliquant sur la boule sont :

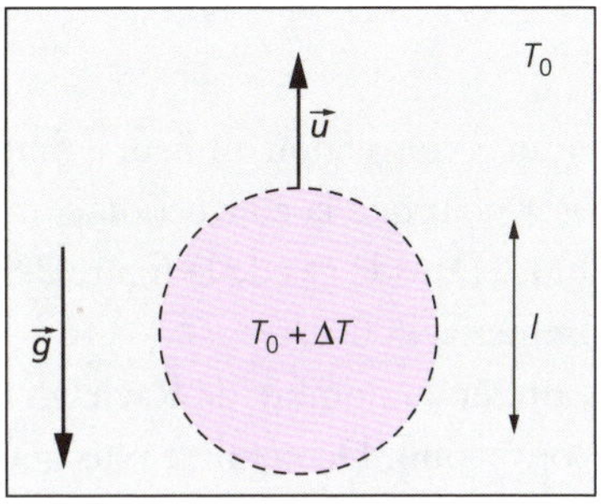

Fig. 2.11. Comportement d'une boule chauffée à $T_0 + \Delta T$ dans un fluide à la température T_0.

– **la force d'Archimède :**

$$\overrightarrow{F_A} = -V\Delta\rho\, \vec{g},$$

$\Delta\rho$ étant la différence de masse volumique entre le fluide froid et la boule chaude. La définition du **coefficient de dilatation thermique volumique** α , est la suivante :

$$\alpha = -\rho \left(\frac{\partial \rho}{\partial T}\right)_P. \qquad (2.11)$$

On a donc approximativement : $\Delta\rho = \alpha\rho\Delta T$;

– **la force visqueuse :**

Si la boule remonte à la vitesse $\vec{u}$, on peut montrer que cette force est de la forme suivante, pour un fluide newtonien (voir **encadré 2.7**) :

$$\overrightarrow{F_V} \simeq -\eta\ell\, \vec{u},$$

η étant la viscosité dynamique du fluide en Pa·s.

Pour que la boule remonte à une vitesse constante, il faut que ces deux forces s'équilibrent. On peut ainsi obtenir une estimation de cette vitesse :

$$u \simeq \frac{g\rho\alpha\ell^2\Delta T}{\eta}.$$

On peut également estimer le temps t_C mis par la boule pour bouger d'une distance d « notable », que l'on peut choisir telle que $d \simeq \ell$:

$$t_C = \frac{\ell}{u} = \frac{\eta}{g\rho\alpha\ell\Delta T}.$$

Pour savoir si la convection a lieu ou non, ce temps t_C doit être comparé au temps t_D que la boule met pour se refroidir par diffusion : si t_D est trop proche de t_C, la boule se sera refroidie par diffusion avant d'avoir bougé et la convection n'aura pas lieu ; par contre si $t_D \gg t_C$, la convection aura bien lieu.

Le temps t_D est exprimé à l'aide de l'**équation 2.5**. Le rapport t_D/t_C est le nombre de Rayleigh Ra :

$$Ra = \frac{t_D}{t_C} = \frac{g\alpha\rho\ell^3\Delta T}{\kappa\eta}.$$

Pour que la convection ait lieu, il faut que $t_D \gg t_C$, donc $Ra \gg 1$. La valeur que Ra doit dépasser pour que la convection commence, dite valeur critique, dépend de la géométrie du fluide. Dans le cas de la figure 2.9, on constate qu'elle est d'environ 1 700 (voir Nataf et Sommeria, 2000).

L'intérêt du nombre de Rayleigh est de pouvoir prédire, pour un cas donné, s'il y a ou non convection. De manière plus générale, la valeur de ce nombre permet de caractériser le type de convection à laquelle on a affaire. Revenons donc au cas du fluide chauffé par sa base (figure 2.9) et évaluons chacun des termes de l'équation précédente : g, l'accélération de la pesanteur, est connue. α, ρ, κ, η sont des caractéristiques du fluide que l'on peut imaginer connues. En revanche, quelles valeurs de ℓ et ΔT choisir ? Il est aisé de se convaincre que l'on doit prendre comme ΔT la valeur $T_1 - T_0$ car c'est bien typiquement la différence de température entre le fluide chauffé et le fluide froid. Dans la démonstration qui précède, ℓ était la taille de la boule, ainsi que la longueur parcourue par la boule en t_C. On peut donc penser qu'il s'agit de h (le lecteur attentif aura cependant noté que le fait que ces deux longueurs ont été choisies égales est arbitraire ; il se justifie par le fait que h , distance entre les deux plaques, est la longueur caractéristique du problème, et donc que le temps de convection comme de diffusion doivent être calculés à partir de lui). Le **nombre de Rayleigh** s'écrit donc :

$$Ra = \frac{g\alpha\rho h^3(T_1 - T_0)}{\kappa\eta}. \tag{2.12}$$

S'il s'agit non pas de chauffage par la base, mais de chauffage interne, le nombre de Rayleigh permet toujours de caractériser cette convection, mais il s'exprime alors sous une forme légèrement différente (voir Turcotte et Schubert, 2002) :

$$Ra = \frac{g\alpha\rho^2 h^5 H}{\kappa\eta k}, \tag{2.13}$$

où H est le taux de production de chaleur par unité de temps et de masse (voir encadré 2.6).

2.3 La dynamique du manteau

Dans le manteau, le moteur de la convection est double : il y a d'une part chauffage par la base (chaleur provenant du noyau) et refroidissement par le sommet (chaleur évacuée à la surface terrestre), comme dans la figure 2.9, et d'autre part, chauffage interne, grâce à l'énergie dissipée par la désintégration radioactive et le refroidissement du manteau (voir tableau 2.4).

2.3.1. La viscosité du manteau

Le manteau situé en dessous de la lithosphère (manteau sub-lithospérique) présente, suivant le temps caractéristique des sollicitations mécaniques auquel il est exposé, un comportement mécanique très différent. Pour des sollicitations de courte durée ou période, comme les ondes sismiques (1 à 100 s) et les marées (1 jour), son comportement est essentiellement élastique : il se déforme sous l'effet de la contrainte, mais cette déformation disparaît lorsque la contrainte s'annule. Pour des sollicitations de longue durée, au moins des milliers d'années, il a le comportement d'un fluide visqueux : le fluide soumis à une contrainte coule et la déformation qui en résulte est en première approximation proportionnelle au temps pendant lequel est appliquée la contrainte. Si cette contrainte disparaît, il ne revient pas à son état initial. La viscosité η (voir encadré 2.7) du manteau a été estimée à l'aide de l'étude du rebond post-glaciaire. À la fin de la dernière glaciation (glaciation de Würm), la disparition des glaciers qui couvraient la péninsule scandinave a libéré un poids important sur cette dernière. Cette disparition a eu lieu sur une période s'étirant entre $-15\,000$ et $-7\,000$ ans. Cela a entraîné un écoulement visqueux du manteau sub-lithosphérique, le manteau coulant vers la zone libérée de ce poids, qui a eu pour conséquence une remontée du niveau du sol. La mesure de la baisse apparente du niveau des eaux a permis de quantifier ce rebond et d'en déduire la viscosité du manteau : $\eta \simeq 10^{21}$ Pa·s. Il s'agit d'une valeur moyenne, sans doute représentative de la partie supérieure du manteau sub-lithosphérique.

À l'échelle microscopique, la diffusion thermique et la viscosité d'un liquide s'expliquent par les chocs entre atomes, qui échangent alors énergie cinétique et quantité de mouvement. Pour un solide comme le manteau, les bases physiques de la viscosité sont beaucoup plus complexes. Elles mettent en jeu des défauts de la maille cristalline : c'est grâce à leur mouvement que le solide coule. La viscosité du manteau dépend de nombreux paramètres, en particulier la température.

2.3.2. Le nombre de Rayleigh du manteau

Il est très important de connaître précisément les paramètres qui déterminent la valeur du nombre de Rayleigh du manteau ainsi que leurs variations dans ce dernier pour pouvoir déterminer s'il y a convection et, le cas échéant, la caractériser de manière précise. En effet, ces mêmes paramètres interviennent dans les équations de mécanique des fluides que les géophysiciens tentent de résoudre numériquement pour caractériser la convection mantellique. Nous présentons dans ce qui suit la valeur approchée de ces paramètres et les méthodes qui permettent d'en obtenir une meilleure estimation. Nous ne prendrons pas en compte le caractère spécifique de la lithosphère, bien que son comportement mécanique différent influe sans aucun doute sur la convection du manteau.

- g, ρ : le modèle sismologique PREM nous les donne de manière très précise (voir introduction, section 4). Pour calculer le nombre de Rayleigh, considérons leurs valeurs moyennes dans le manteau : $g \simeq 10\ \text{m}^2 \cdot \text{s}^{-1}$, $\rho \simeq 5 \times 10^3\ \text{kg} \cdot \text{m}^{-3}$.
- α : sa valeur approximative est $\alpha \simeq 1,5 \times 10^{-5}\ \text{K}^{-1}$ pour le manteau. La valeur précise de α doit être mesurée sous haute pression et haute température pour les minéraux qui composent la Terre ; elle est déduite de l'équation d'état (relation entre masse volumique, pression et température) de ces minéraux, mesurée dans ces conditions.
- $T_1 - T_0$: la valeur de T_0, température au sommet du manteau, est variable mais de l'ordre de 300 K. On ne connaît pas précisément la valeur de T_1, température à la base du manteau ; on verra plus loin que la température à la frontière noyau liquide-graine est estimée à environ 4 800 K. On a donc, entre le sommet et la base du manteau, $T_1 - T_0 < 4\,500$ K.
- h, hauteur du manteau, est de 2 900 km environ.
- κ, diffusivité thermique, a une valeur typique de :

$$\kappa = k/\rho C_P \simeq 3,5/(10^3 \times 5 \times 10^3) \simeq 10^{-6}\ \text{m}^2 \cdot \text{s}^{-1}.$$

  Une estimation plus précise repose sur des mesures au laboratoire.
- η, la viscosité du manteau, peut être estimée à partir d'observations géodynamiques à environ 10^{21} Pa · s (voir section 2.3.1), et est aussi étudiée au laboratoire.

Avec les valeurs approximatives que nous venons de donner, on calcule que, pour le manteau terrestre, $Ra \simeq 8 \times 10^7$, ce qui est largement supérieur à la valeur seuil de 1 700 que nous avons indiquée dans le cas de la figure 2.9. **Le manteau doit donc être le siège de mouvements de convection.**

2.3.3. Les couches non convectives : les couches limites thermiques

Dans un liquide en convection entre deux plaques rigides (figure 2.9), la température n'est pas partout homogénéisée par la convection. Dans les zones proches des deux plaques, la vitesse du fluide étant tangente à ces plaques, c'est-à-dire horizontale, il n'y a pas de transport de chaleur par mouvement vertical de matière, c'est-à-dire par convection. La chaleur se transporte alors verticalement par diffusion (conduction) : c'est ce qu'on appelle une **couche limite thermique**. Le gradient géothermique dans les couches limites thermiques est donc diffusif, et ainsi supérieur au gradient dans les zones convectives. Au sommet du manteau, la couche limite thermique coincide avec la lithosphère, qui a de plus, comme nous l'avons déjà vu, un comportement mécanique différent. À sa base, cette couche limite thermique coïncide avec la couche D″ mise en évidence par les observations sismologiques. Il est possible que le manteau contienne d'autres couches limites thermiques. C'est en particulier le cas au niveau de la zone de transition, entre 400 et 670 km de profondeur.

Fig. 2.1. Photographie d'un nodule de péridotite au sein d'un basalte (Langeac, Auvergne). Pour l'identification des minéraux que contient cette roche, voir encadré 2.1. La taille du nodule est de 12 cm. Photographie : E. Gregoryanz.

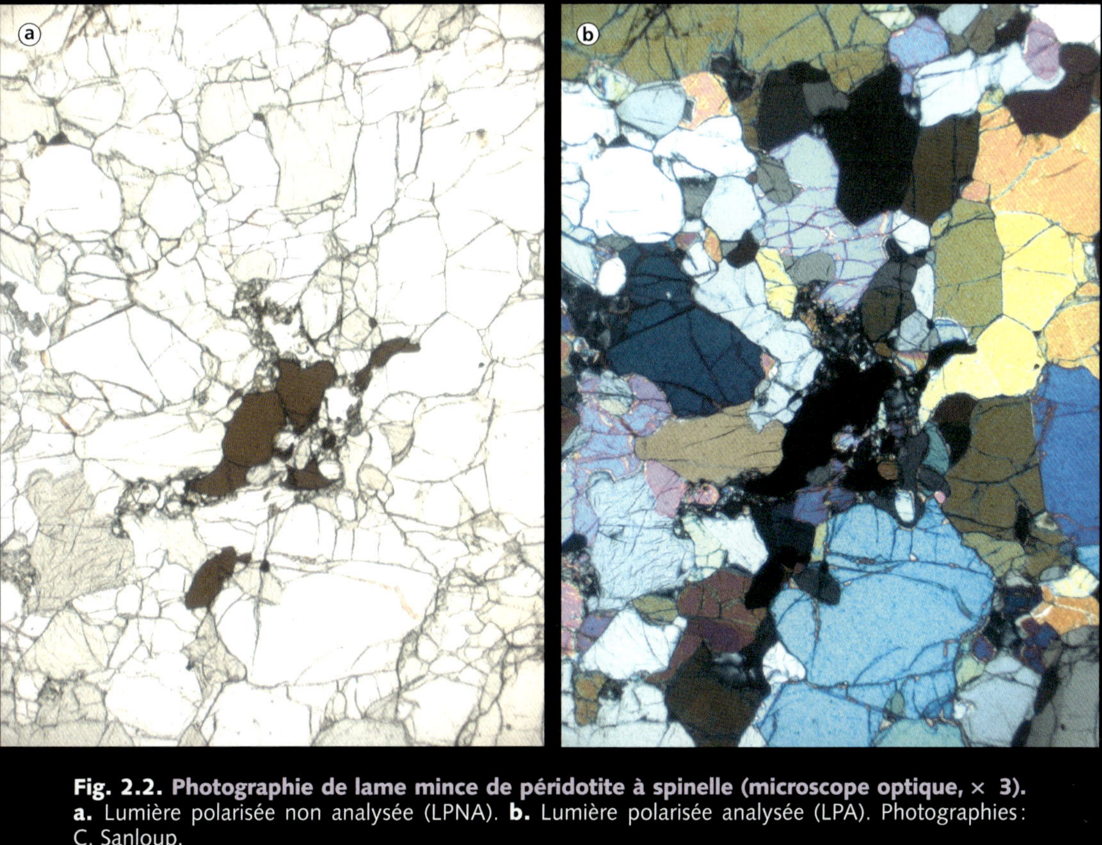

Fig. 2.2. Photographie de lame mince de péridotite à spinelle (microscope optique, × 3). **a.** Lumière polarisée non analysée (LPNA). **b.** Lumière polarisée analysée (LPA). Photographies : C. Sanloup.

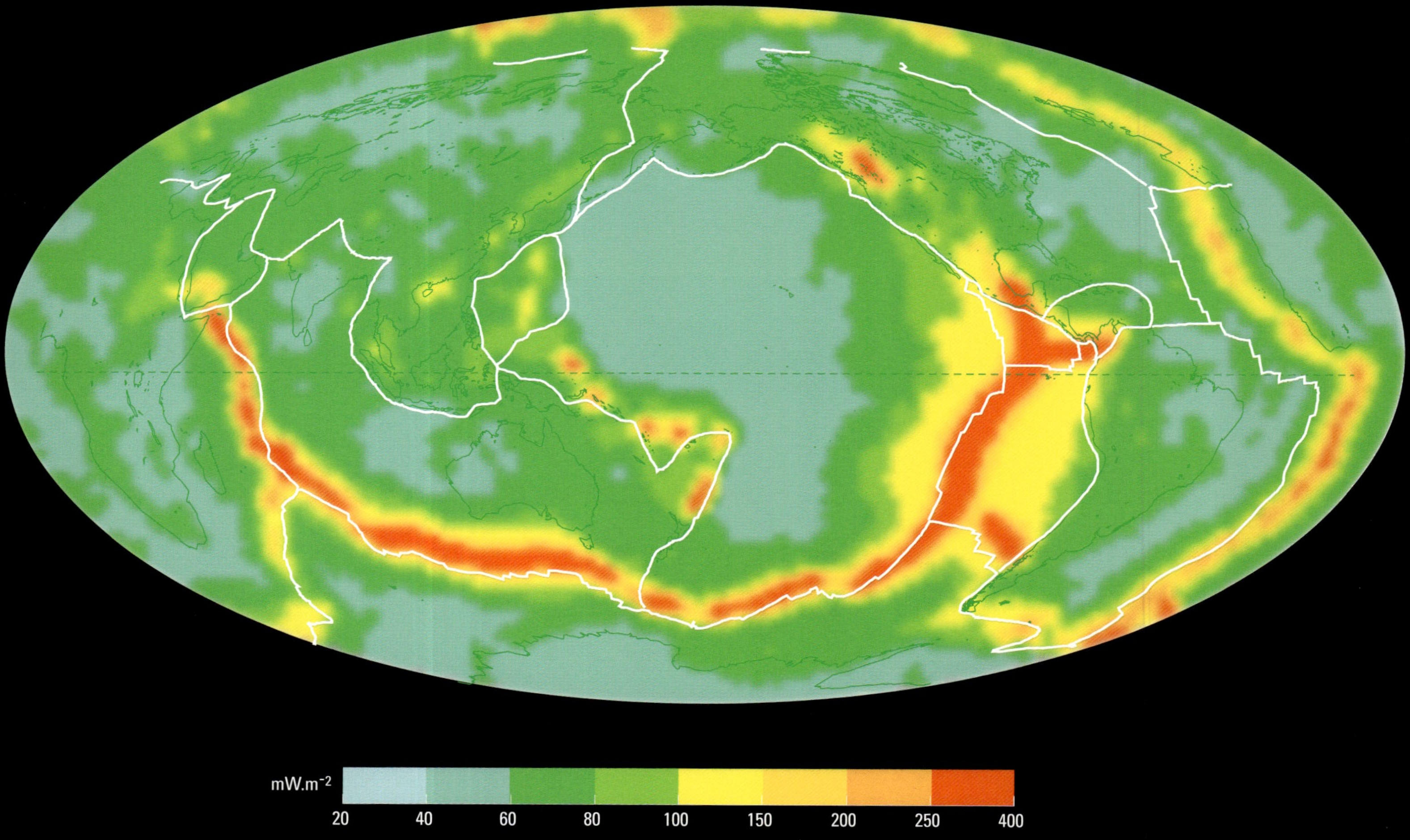

Fig. 2.7. Carte mondiale du flux de chaleur mesuré à la surface terrestre. Compilation de l'*International Heat Flow Commission* à partir de mesures de terrain réparties sur toute la surface du globe (1993).

Fig. 2.12. Photographies de l'expérience analogique de convection avec de la cire-gel. De haut en bas et de gauche à droite : situation initiale avant chauffage, formation et élévation d'un panache thermique, étalement du panache sous la couche de cire-gel solidifiée puis épanchement en surface de la cire fondue. Photographies : C. Sanloup.

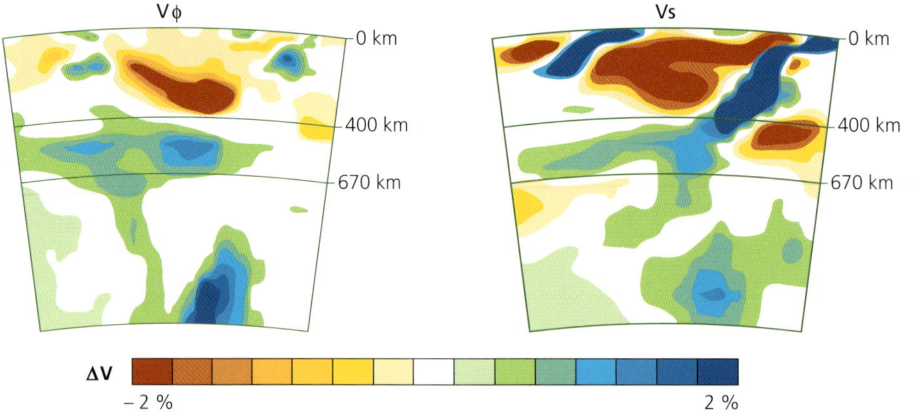

Fig. 2.16. Coupe en tomographie sismique réalisée au sud du Japon. Les anomalies des vitesses v_ϕ (équation 2.19) et v_S sont représentées. Il semblerait que la plaque Pacifique plongeant sous le Japon ne pénètre pas au-delà de 670 km. D'après Gorbatov et Kennett, 2003.

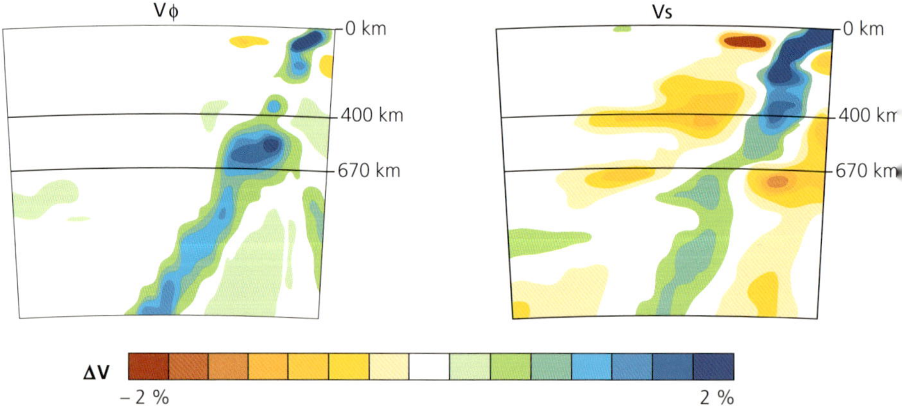

Fig. 2.17. Coupe en tomographie sismique réalisée près des îles Kermadec (nord de l'Australie). Les anomalies des vitesses v_ϕ (équation 2.19) et v_S sont représentées. Dans cette zone, la plaque Pacifique pénètre au-delà de 670 km. D'après Gorbatov et Kennett, 2003.

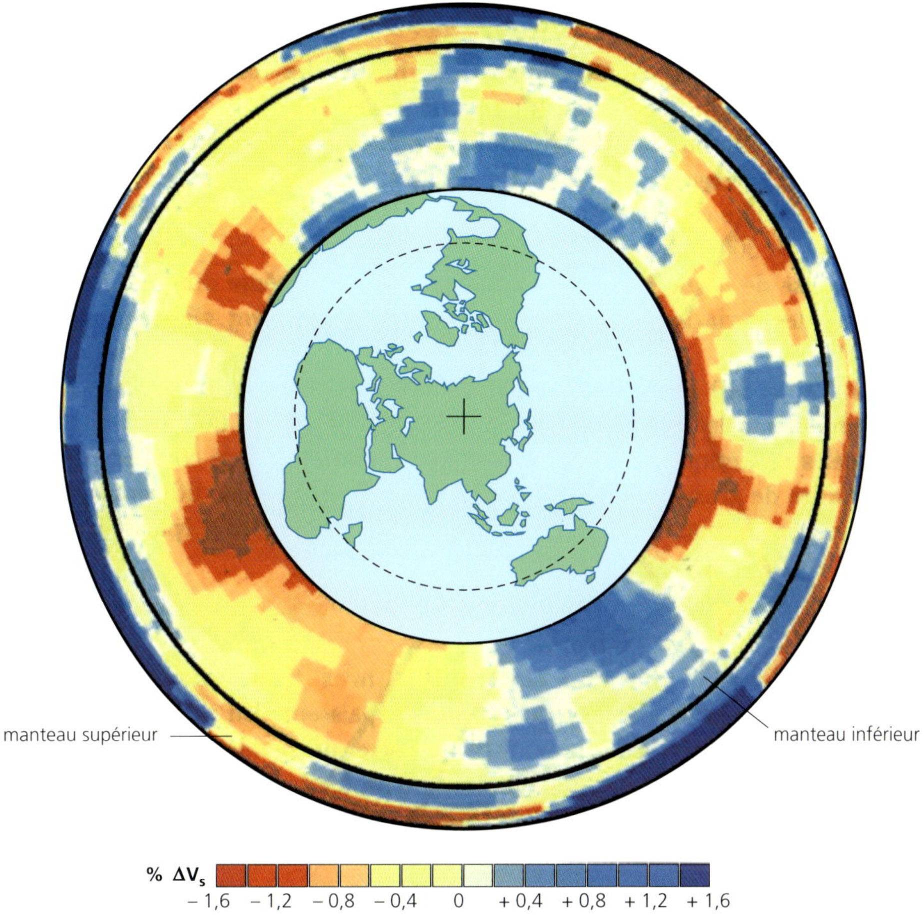

Fig. 2.18. Tomographie des anomalies de vitesse v_S dans le manteau. La carte au centre permet de repérer la position de cette coupe (cercle en pointillés). D'après Masters *et coll.*, 2000.

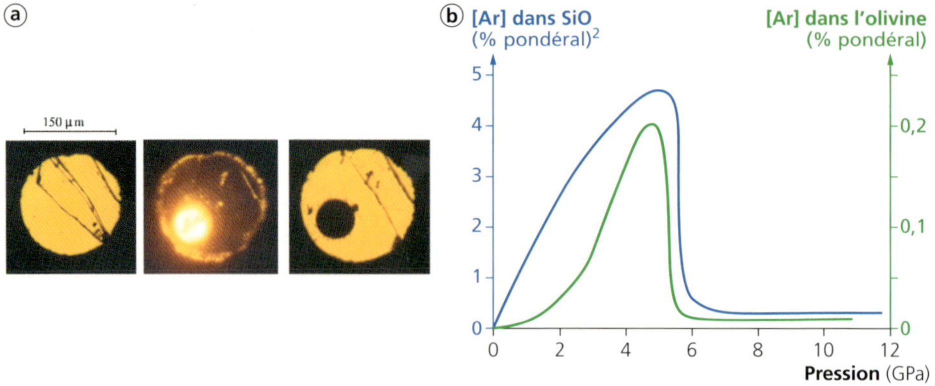

Fig. 2.25. Solubilité de l'argon dans un liquide silicaté en fonction de la pression. a. Photographies prises à travers les diamants dans une cellule à enclumes de diamant. À gauche : avant chauffage, deux cristaux d'olivine entourés d'argon ; au centre : spot de chauffage laser ; à droite : après chauffage, l'un des deux cristaux a complètement fondu, puis a été trempé et forme une bille. Photographie : Chamorro Perez. **b.** Évolution de la teneur en argon dans l'olivine (courbe en vert) et dans la silice SiO_2 (courbe en bleu) en fonction de la pression. D'après Chamorro Perez *et coll.*, 1996 et Chamorro Perez *et coll.*, 1998.

Fig. 3.1. Photographie d'un échantillon de chondrite carbonée, groupe CV3. Les chondres éléments sphériques de couleur claire sont bien visibles. La largeur totale de l'échantillon est de 4 cm Photographie : F. Gregoryanz. Échantillon gracieusement mis à disposition par A. Jambon.

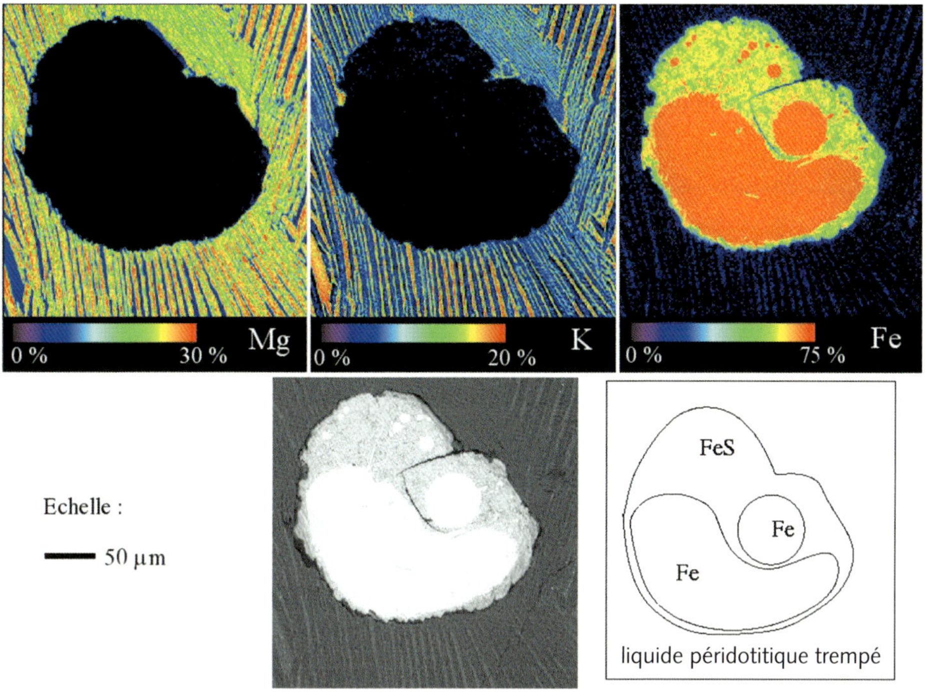

Fig. 3.17. Analyses chimiques d'un échantillon métal + péridotite porté à 2 GPa et 1 700 K par microsonde électronique. Haut : cartographie du magnésium, du potassium et du fer ; bas : image en électrons rétrodiffusés (plus l'image est claire, plus la zone analysée est composée d'éléments lourds, en l'occurrence le fer) et schéma interprétatif. Une boule de métal (Fe et FeS) s'est individualisée au centre d'une matrice silicatée, elle-même faite d'un mélange de verre et de cristaux d'olivine très fins du fait de la trempe rapide. Images gracieusement mises à disposition par W. van Westrenen.

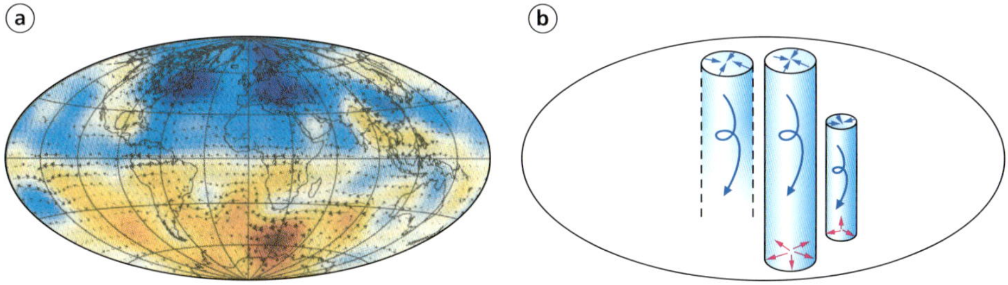

Fig. 3.25. Mouvements de convection à la surface du noyau déduits de l'évolution récente du champ magnétique terrestre. a. Mouvements à la surface du noyau (le contour des continents est projeté.) Les flèches indiquent la direction des mouvements, leur longueur est proportionnelle à la vitesse du fer liquide (vitesse maximale = 1,6 mm·s^{-1}). Les zones où ces mouvements ont une composante sortant du noyau ou entrant dans le noyau sont respectivement en rouge et en bleu. On remarque de nombreux vortex. **b.** Interprétation des mouvements à l'intérieur du noyau : les vortex observés sont l'expression en surface du noyau de mouvements organisés le long de cylindres d'axe parallèle à l'axe de rotation de la Terre. D'après Hulot *et coll.*, 2002.

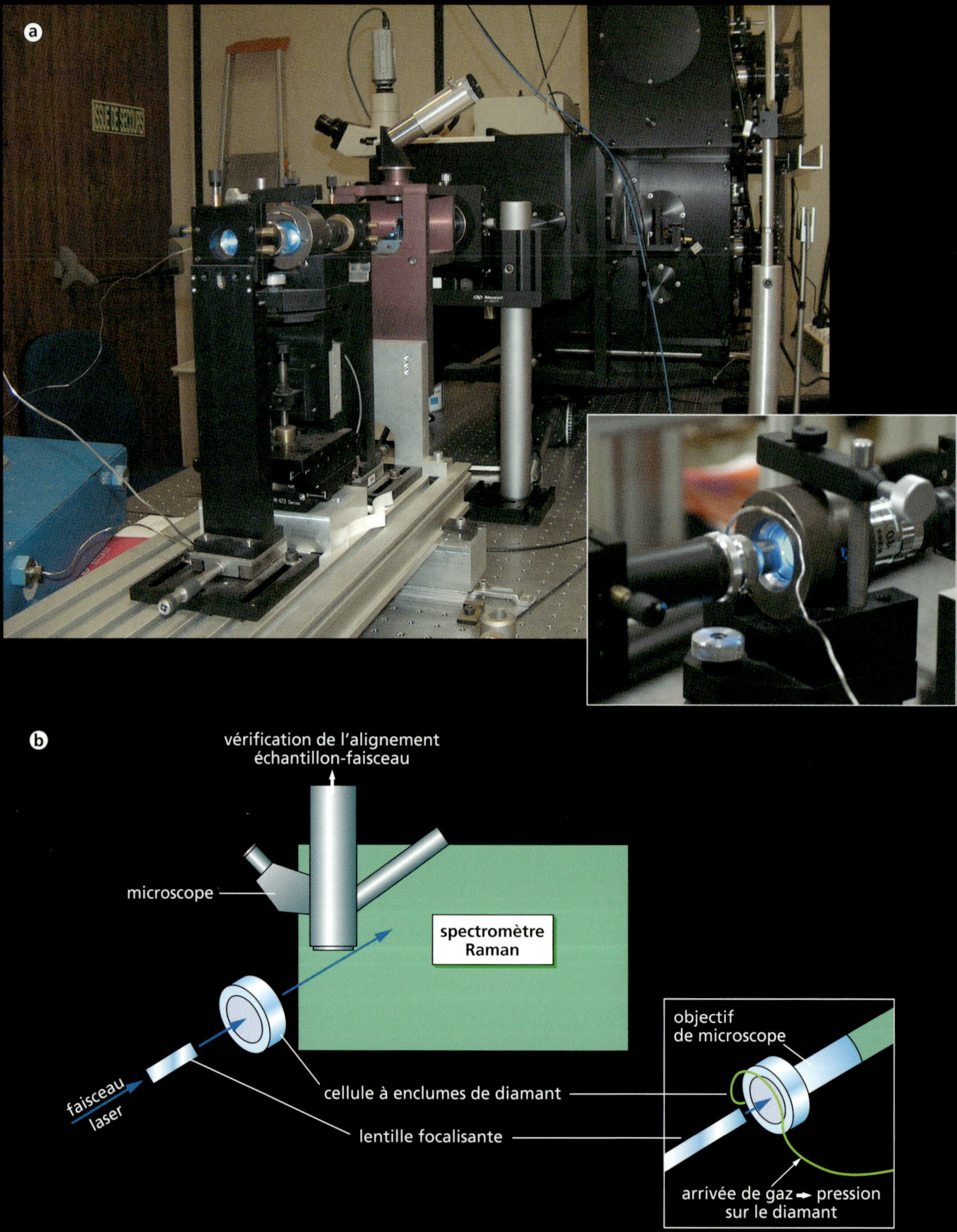

Fig. A.8. a. Montage de spectroscopie Raman en cellule à enclumes de diamants. b. Schéma interprétatif. Un rayon laser est focalisé sur l'échantillon à l'intérieur de la cellule, le faisceau diffusé par l'échantillon est ensuite analysé par un spectromètre Raman (placé dans une boîte noire). Photographies : A. Dewaele.

La présence d'une telle couche limite à ce niveau serait prouvée s'il s'avérait que cette zone de transition constitue un barrage efficace à la convection (voir section 3). La mise en évidence, la caractérisation (quelle profondeur ? quelle épaisseur ? quelle différence de température ?) des couches limites thermiques du manteau est ainsi nécessaire à une meilleure compréhension de son système de convection : il s'agit d'un enjeu de taille.

2.3.4. Le cas des points chauds

Les points chauds (voir encadré 2.4) sont considérés comme la trace, à la surface de la Terre, de la remontée de **panaches thermiques**. Ces panaches sont constitués de matériau plus chaud, donc moins dense, que le manteau environnant. Ce matériau chaud remonte vers la surface, et le panache qui en résulte prend la forme d'un champignon. Des modèles de mécanique des fluides, **analogiques** – qui reproduisent dans des expériences de laboratoire les mouvements du manteau – et **numériques** – qui reproduisent dans un ordinateur les mouvements du manteau à partir des équations de la mécanique des fluides – ont montré que de tels panaches devaient provenir de zones du manteau contenant de fortes hétérogénéités[7]. Ces hétérogénéités concerneraient essentiellement la composition chimique et/ou la température. La couche D″ et/ou la zone de transition sont donc les sources probables de ces panaches.

2.3.5. Modélisation de la convection du manteau

Les géophysiciens réalisent deux types d'expériences destinées à reproduire les mouvements de convection du manteau et à mieux comprendre les différents paramètres qui l'influencent :

- des expériences analogiques, où l'on recrée dans une cuve les mouvements du manteau, mais à des échelles de temps et d'espace bien inférieures. Malgré ces différences, on cherche à reproduire au mieux les particularités de la convection mantellique en gardant les mêmes valeurs des nombres caractéristiques de la convection, en particulier le nombre de Rayleigh Ra (voir **encadré 2.8**).
- les simulations numériques, ayant pour but ultime de résoudre les équations de la dynamique des fluides qui décrivent les mouvements du manteau, en utilisant les paramètres adaptés et les conditions aux limites convenables. Cependant, le problème est beaucoup trop complexe pour être résolu globalement. Les géophysiciens choisissent donc souvent de se consacrer à une partie du problème afin d'avoir une idée qualitative, par exemple, de l'influence de la zone de transition sur la convection du manteau, ou des variations de la viscosité.

Dans la suite de ce chapitre, nous allons évoquer quelques questions importantes concernant le régime de convection qui ont été soulevées par ces deux types d'approches et les observations qui ont parfois permis d'y répondre. Le lecteur constatera que les réponses à ces questions proviennent de l'ensemble des disciplines de la géophysique et de la géochimie.

---

[7] Voir Jolivet et Nataf, 1998.

2.8 Modèles analogiques de convection : développement d'un panache

Le programme de la classe de 1re S en Sciences de la Vie et de la Terre aborde les processus de convection au sein du manteau. Présenter une modélisation analogique aux élèves est l'occasion idéale de rappeler la justification d'un modèle, c'est-à-dire en quoi il peut être une bonne approche de la réalité. En l'occurrence, **l'une des justifications d'un modèle de convection du manteau terrestre est son nombre de Rayleigh, qui doit être proche de celui du manteau terrestre**. On dispose de deux possibilités pour modéliser la convection mantellique.

- **Avec de l'huile :**

Matériel :

- un bécher de 10 cm de haut environ ;
- une plaque chauffante

Protocole :

- mélanger de la craie rouge râpée très finement avec de l'huile de cuisine. Remplir le bécher avec ce mélange, sur environ 1,5 cm ;
- rajouter doucement environ 5 cm d'huile de cuisine, en prenant soin de la faire couler sur la paroi du bécher ;
- mettre le bécher sur la plaque chauffante et observer le développement de panaches.

- **Avec du gel à bougie (glycérine) :**

Cette solution nécessite d'investir un peu plus dans le matériel de base :

- du gel de couleur et du gel transparent (on en trouve dans les commerces de type « loisir et création ») ;
- deux béchers de 10 cm de hauteur environ (béchers de 500 mL par exemple) ;
- une plaque chauffante ;
- un disque métallique, type pièce de monnaie, de diamètre bien inférieur à celui du bécher (1 cm de diamètre par exemple). Si l'on pose le bécher directement sur la plaque chauffante, alors le chauffage va se faire essentiellement par les parois du bécher et non par sa base. En effet, cette dernière est légèrement convexe. Poser le bécher non pas directement sur la plaque mais sur ce disque évitera ce problème.

Protocole :

- faire fondre dans le premier bécher un peu de gel coloré (de telle sorte d'avoir environ 1,5 cm d'épaisseur), laisser refroidir jusqu'à ce que le gel prenne ;
- dans l'autre bécher, faire fondre du gel transparent, de sorte d'avoir environ 5 cm de hauteur ;
- une fois fondu, le verser sur le gel de couleur, en prenant soin de le faire couler sur la paroi du bécher pour éviter de faire fondre de nouveau le gel coloré ;
- attendre que la surface du gel ait pris ;
- mettre alors le bécher sur le disque métallique posé sur la plaque chauffante et observer le développement de panaches, de retombées puis d'homogénéisation de la cire-gel (**figure 2.12**, cahier couleur p. III).

La grande différence entre ces modèles et le manteau terrestre est l'échelle de temps à laquelle se déroulent les écoulements. Dans le cas du manteau, les mouvements sont de l'ordre de quelques centimètres par an, alors que dans le cas de ces modèles, ils sont de l'ordre de quelques millimètres par seconde, soit 10^7 fois plus rapides. Cependant, on peut calculer le nombre de Rayleigh *Ra* pour les deux modèles (**tableau 2.7**) et constater qu'il est proche de celui du manteau. De ce point de vue au moins, les deux modèles analogiques sont représentatifs de la convection mantellique.
Remarque : si, pour des raisons pédagogiques, l'enseignant souhaite utiliser un bécher deux fois plus grand, le nombre de

Rayleigh sera alors d'un ordre de grandeur plus élevé (on multiplie par $2^3 = 8$, ce qui reste tout à fait acceptable pour cette expérience).

Matériel	α (K^{-1})	ρ ($kg \cdot m^{-3}$)	κ ($m^2 \cdot s^{-1}$)	η ($Pa \cdot s$)	*Ra*
Huile	$7{,}2 \times 10^{-4}$	900	$9{,}0 \times 10^{-8}$	$1{,}3 \times 10^{-2}$	$1{,}2 \times 10^{8}$
Glycérine (gel)	$6{,}0 \times 10^{-4}$	1 260	$1{,}0 \times 10^{-7}$	$1{,}46 \times 10^{-4}$	1×10^{8}
Manteau	$1{,}5 \times 10^{-5}$	5 000	$1{,}0 \times 10^{-6}$	10^{21}	8×10^{7}

Tableau 2.7. Nombre de Rayleigh et valeur de ses paramètres pour une couche d'une épaisseur de 6 cm d'huile ou de glycérine à 100 °C.

Les critiques de ces modèles analogiques sont les suivantes :

- pour le premier modèle, la couche d'huile et craie rouge a une densité nettement plus élevée que l'huile seule. C'est d'ailleurs ce qui permet la réalisation facile de l'expérience, puisque lorsqu'on verse l'huile pure sur le mélange huile + craie, il n'y a pas de remise en suspension de craie dans l'ensemble du bécher. Ce n'est pas le cas dans le manteau ;
- pour les deux modèles, les moteurs et les « conditions aux limites » de la convection dans le bécher sont très éloignées de ce que l'on sait du manteau terrestre. En particulier, il n'y a qu'un chauffage à la base, sur un point particulier, et non dans l'ensemble du matériau. C'est ce qui explique, entre autres, que la convection dans le bécher adopte une forme de panaches, alors que dans le manteau, on a vraisemblablement des panaches (causes des points chauds) mais également d'autres types de mouvements.

Cependant, la déstabilisation de la couche inférieure du manteau, c'est-à-dire la couche D″, par un chauffage ponctuel à sa base, pour former des panaches similaires à ceux observés dans ces expériences, est une explication vraisemblable des points chauds, et l'enseignant pourra insister sur ce point.

3. Quelques aspects de la convection mantellique

3.1 Une ou deux couches ?

Depuis une vingtaine d'années, deux hypothèses extrêmes concernant la forme de la convection mantellique ont été discutées. Dans l'une d'elle, il n'y a pas d'échanges de matière entre manteau supérieur et inférieur, qui sont alors séparés par une couche limite thermique située au niveau de la discontinuité à 670 km (**modèle à deux couches**). Dans l'autre, la matière traverse la zone de transition et on n'a pas de couche limite thermique à ce niveau (**modèle à une couche**).

Les arguments historiques en faveur de la convection à deux couches sont les suivants :

- Les séismes d'origine profonde ont pour source les plaques lithosphériques qui plongent dans le manteau au niveau des zones de subduction (plaques subduites, voir section 2.1).

Or, on n'a identifié aucune source de séisme, à une profondeur supérieure à 670 km. On en a déduit que ces plaques ne plongeaient probablement pas au-delà de la zone de transition.

- Les mesures de minéralogie physique ont justifié de manière qualitative cette difficulté des plaques à plonger dans le manteau inférieur par certaines caractéristiques de la zone de transition, cela à cause de la transformation $Mg_2SiO_4 \longrightarrow MgSiO_3 + MgO$ (voir section 3.3).
- Les basaltes trouvés sur les dorsales médio-océaniques (appelés MORB pour « Mid-Ocean Ridge Basalts », voir section 2.1) sont issus de la solidification en surface des laves qui proviennent de la fusion partielle du manteau supérieur. L'analyse chimique de ces basaltes a montré que leur source était appauvrie en éléments incompatibles par rapport au manteau primitif. Ces éléments incompatibles ont été extraits du manteau supérieur lors de la formation de la croûte continentale, mais le fait que le manteau supérieur soit resté appauvri après la formation de cette croûte suggère qu'il n'a pas été mélangé par la suite avec le manteau inférieur.
- Le bilan des quantités d'argon (^{40}Ar), produit par désintégration radioactive du ^{40}K, semble indiquer que le manteau inférieur contient une quantité d'argon supérieure à celle attendue au vu de l'estimation de la teneur en ^{40}K de la Terre primitive et du caractère incompatible de ^{40}Ar. Cela pourrait attester du fait que manteau inférieur et supérieur n'ont pas été homogénéisés par la convection (voir section 3.6). Une observation similaire a été faite pour l'hélium (^{4}He), produit par désintégration radioactive de l'^{238}U, de l'^{235}U et du ^{232}Th.
- Les MORB et les basaltes trouvés sur les volcans de point chaud (appelés OIB pour « Oceanic Island Basalts ») ont des compositions en éléments de trace et des rapports isotopiques ($^{143}Nd/^{144}Nd$, $^{87}Sr/^{86}Sr$, $^{206}Pb/^{204}Pb$ et $^{207}Pb/^{204}Pb$) tels qu'il semble difficile qu'ils proviennent de la même source. Celle-ci serait donc le manteau inférieur dans le cas des OIB.

Il semble qu'actuellement, ces arguments en faveur d'une convection à deux couches aient été soit réfutés, soit tempérés par les observations et les modèles les plus récents, qui mettent en évidence un passage de matière entre le manteau supérieur et inférieur. Voici les arguments que nous discuterons dans cette section 3 :

- Les observations de tomographie sismique récentes ont montré que certaines plaques subduites franchissent bien la discontinuité à 670 km, bien qu'elles y soient en général déformées (voir Van der Hilst *et coll.*, 1997). Nous reviendrons sur ce problème dans la section 3.3.
- La prise en compte des transitions de phase des minéraux du manteau (voir section 1.2) par les modèles numériques actuels de convection est compatible avec une convection à une couche : les simulations montrent que la zone de transition influence la convection dans le manteau, mais ne la bloque pas totalement (voir section 3.3).

– Les contraintes sur la composition du manteau inférieur apportées par la minéralogie (voir section 3.4) montrent que le manteau peut être chimiquement homogène, en ce qui concerne les éléments majeurs (Si, O, Mg, Fe, Al, Ca).
– Les modèles géochimiques récents semblent résoudre les paradoxes apparents concernant les gaz rares, en particulier l'argon (voir section 3.6).
– Les différences de composition chimique et isotopique entre les MORB et les OIB ont pu être expliquées par plusieurs scénarios rentrant dans le cadre d'une convection sur l'ensemble du manteau[8] (en particulier, persistance d'hétérogénéités chimiques malgré un brassage par convection sur l'ensemble du manteau, présence de croûte océanique et même continentale dans la source des basaltes, ou encore modification de cette source mantellique lorsqu'elle traverse la zone de transition par interaction avec des minéraux hydratés, voir section 3.5).

On se dirige donc vers un modèle consensus, parfois appelé « à une couche et demie », pour rappeler que la zone de transition freine la convection mais ne l'empêche pas. Les mouvements de convection du manteau seraient très complexes tant par leur nature (différents objets à différentes échelles, comme les plaques subduites ou les panaches, y seraient présents) que par leur évolution dans le temps. Il semble donc impossible, à l'heure actuelle, de modéliser la convection du manteau par des mouvements réguliers dans des cellules de convection, comme on le voit encore parfois dans certains manuels scolaires. D'autres arguments importants en faveur du modèle à une couche et demie ne seront pas développés ici[9].

Dans la suite de cette section 3, nous envisagerons également les conséquences des différents modèles de convection mantellique sur le profil de température dans la Terre profonde, le géotherme (section 3.2). Nous verrons en outre une conséquence de ce géotherme sur le comportement mécanique de l'asthénosphère (section 3.5).

3.2 Le géotherme

Le profil de température dans la Terre, moyenné radialement, est appelé **géotherme**. L'estimation du géotherme repose sur plusieurs données, qui prennent en compte nos connaissances sur les échanges de chaleur dans la Terre (voir section 2.2) :
– l'estimation de la température à la base de la lithosphère, zone où la chaleur se transporte par diffusion ;
– l'estimation du gradient vertical de température dans les zones où la chaleur se transporte par convection, ces zones représentant la majorité de la Terre profonde ;
– l'identification des couches limites thermiques profondes où la chaleur se transporte par diffusion et l'estimation des variations de température dans ces couches limites ; nous

[8] Voir F. Albarède, 2001, pour un traitement plus spécifique du sujet.
[9] Citons par exemple le fait que l'amplitude et la longueur caractéristiques des variations de la forme du géoïde (niveau moyen de la mer) ne sont pas compatibles avec l'existence d'une couche limite thermique importante dans le manteau.

verrons que pour cette dernière donnée, la présence de **points d'ancrage**, c'est-à-dire de points où la température est connue à une profondeur donnée, est fondamentale.

- **Température à la base de la lithosphère**

En moyenne, on peut considérer que la lithosphère est épaisse de 100 km et qu'à sa base, la température est d'environ 1 600 K (la limite lithosphère-asthénosphère étant fixée à 1 300 °C, voir section 2.1).

- **Gradient adiabatique**

Nous allons montrer que dans un fluide en convection, le gradient de température ($\mathrm{d}T/\mathrm{d}z$) est supérieur ou égal au **gradient adiabatique**. Une transformation thermodynamique **adiabatique** se déroule sans échange de chaleur avec l'extérieur (voir **encadré 2.9**), ce qui ne signifie pas que la température du corps ne change pas.

Point de repère

2.9 Transformations adiabatiques

Les transformations adiabatiques ont lieu sans échange de chaleur avec l'extérieur.

Nous allons nous intéresser à un type particulier de transformation adiabatique : l'augmentation de température par compression. Cet effet peut être observé lorsque l'on utilise une pompe a vélo, qui chauffe lorsqu'on comprime l'air qu'elle contient. L'effet inverse, c'est-à-dire le refroidissement par décompression, est à la base du fonctionnement des machines frigorifiques. Considérons un système thermodynamique, c'est-à-dire un corps fermé. Il reçoit de l'énergie mécanique, à l'origine de sa compression adiabatique. Cela augmente son énergie interne, ce qui conduit à une augmentation de sa température, comme on le voit sur la **figure 2.13**.

À partir de raisonnements de thermodynamique classique, on peut montrer que la compression-décompression adiabatique d'un corps suit la loi suivante :

$$\left(\frac{\partial T}{\partial \rho}\right)_S = \frac{\alpha K_S T}{\rho^2 C_P}, \qquad (2.14)$$

K_S = module d'incompressibilité adiabatique, C_P = capacité calorifique massique, α = coefficient de dilatation thermique volumique , T = température, ρ = masse volumique du corps. L'indice S signifie qu'il s'agit d'une transformation adiabatique.

On exprime souvent $(\partial T/\partial \rho)_S$ en utilisant un paramètre thermodynamique appelé le **paramètre de Grüneisen**, γ. Entre autres, il présente l'avantage de varier très peu avec la pression et la température pour un minéral donné. Sa définition est la suivante :

$$\gamma = \frac{\alpha K_S}{\rho C_P}. \qquad (2.15)$$

On a donc :

$$\left(\frac{\partial T}{\partial \rho}\right)_S = \frac{\gamma T}{\rho}.$$

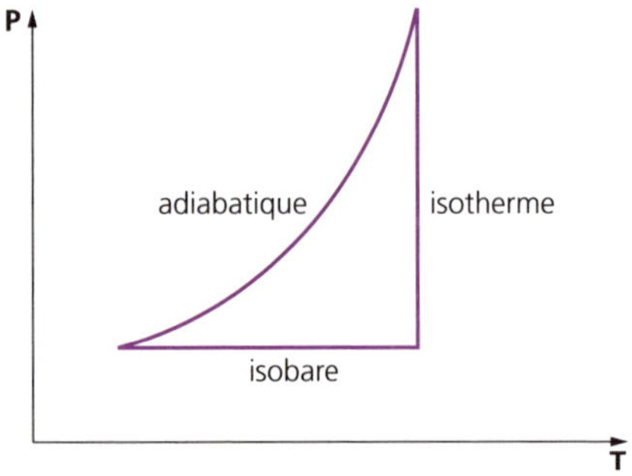

Fig. 2.13. Chemins, dans le plan *P-T*, suivis par un système thermodynamique lors de trois transformations particulières. **Des transformations isobare (à *P* constante), isotherme (à *T* constante) et adiabatique (sans échange de chaleur avec l'extérieur) sont représentées.**

Considérons un fluide, initialement à l'équilibre. On a donc la relation d'équilibre hydrostatique :

$$\left(\frac{\mathrm{d}P}{\mathrm{d}z}\right)_{\text{fluide}} = \rho g \tag{2.16}$$

(g : accélération de la pesanteur à la profondeur z).

Isolons par la pensée une boule dans le fluide, qui a une masse volumique ρ et est située à la profondeur z. Supposons que cette boule est initialement à l'équilibre hydrostatique. Supposons maintenant que, pour une raison inconnue, cette boule « coule » adiabatiquement d'une profondeur $\Delta z > 0$. Elle aura tendance à continuer à couler et par conséquent la convection à commencer si, autour d'elle, le fluide a une température supérieure à sa propre température (ce qui implique que la masse volumique du fluide environnant est inférieure à sa propre masse volumique et donc qu'elle sera entraînée vers le bas). Sur la hauteur Δz, la variation de température du fluide environnant est :

$$\Delta T_{\text{fluide}} = \left(\frac{\mathrm{d}T}{\mathrm{d}z}\right)_{\text{fluide}} \Delta z,$$

et celle de la boule, qui a subi une compression adiabatique de $\Delta P = (\mathrm{d}P/\mathrm{d}z)\Delta z = \rho g \Delta z$ (**équation 2.16**), est :

$$\Delta T_{\text{boule}} = \left(\frac{\partial T}{\partial P}\right)_S \times \Delta P = \left(\frac{\partial T}{\partial P}\right)_S \times \left(\frac{\partial \rho}{\partial P}\right)_S \times \Delta P,$$

et d'après les **équations 2.14 et 2.22** et l'expression de ΔP qui précède :

$$\Delta T_{\text{boule}} = \frac{\alpha K_S T}{\rho^2 C_P} \times \frac{\rho}{K_S} \times \rho g \Delta z.$$

La boule a tendance à continuer à couler si $\Delta T_{\text{fluide}} \geqslant \Delta T_{\text{boule}}$, c'est-à-dire :

$$\left(\frac{\mathrm{d}T}{\mathrm{d}z}\right)_{\text{fluide}} \geqslant \frac{g\alpha T}{C_P}, \tag{2.17}$$

et donc si le gradient vertical de température est supérieur dans le fluide au gradient adiabatique, défini de la manière suivante :

$$\left(\frac{\mathrm{d}T}{\mathrm{d}z}\right)_{\text{adiab}} = \frac{g\alpha T}{C_P}. \tag{2.18}$$

Ce gradient donne donc la limite inférieure du gradient de température dans un fluide en convection. Il est positif, ce qui traduit le fait que la température augmente lorsque la profondeur augmente, c'est-à-dire lorsque la matière est davantage comprimée, comme dans une pompe à vélo. Si on l'exprime en utilisant le paramètre de Grüneisen (voir **encadré 2.9**) :

$$\left(\frac{\mathrm{d}T}{\mathrm{d}z}\right)_{\text{adiab}} = \frac{g\gamma T\rho}{K_S}. \tag{2.19}$$

Le gradient de température dans les zones convectives du manteau satisfait l'**inégalité 2.17**. À l'heure actuelle, on considère que le gradient dans le manteau est exactement égal au gradient adiabatique, en se fondant sur un modèle sismologique global comme le modèle PREM et en tentant d'estimer les termes de l'**équation 2.19**. C'est donc ce que nous considérerons dans la suite. Mais les modèles de convection du manteau envisagent la possibilité d'un gradient **superadiabatique** dans le manteau.

- **Points d'ancrage**

Les expériences de minéralogie à haute pression fournissent des informations complémentaires au gradient adiabatique : elles permettent d'établir des **points d'ancrage**. En effet, grâce à ces expériences, on peut mesurer les conditions de température et de pression auxquelles se produisent les transitions de phase responsables des discontinuités sismiques :

- à 670 km, la pression est de 23,8 GPa et la température est celle de la transition $(Mg,Fe)_2SiO_4$-phase $\gamma \longrightarrow$ $(Mg,Fe)SiO_3$-pérovskite + (Mg,Fe)O : on l'estime à 1 900 K $\pm$ 100 K ;
- à 5 150 km, la pression est de 330 GPa et la température est celle du solidus (voir encadré 3.2 dans le chapitre 3) de l'alliage qui constitue la graine. Mais ces conditions correspondent à la limite des possibilités expérimentales, comme nous le verrons dans la section 2.1 du chapitre 3. De plus, la composition du noyau n'étant pas encore connue avec une grande précision, il subsiste une grande incertitude supplémentaire sur ce point d'ancrage. On l'estime à 4 800 K $\pm$ 1 000 K.

- **Un modèle de géotherme**

L'ensemble de ces informations ne suffit pas à établir un unique modèle thermique de la Terre. On peut établir un géotherme (voir exercice dans l'**encadré 2.10**) en se basant sur des hypothèses *a priori* concernant les couches limites thermiques et sur certaines valeurs physiques (comme les valeurs des paramètres de Grüneisen dans les différentes enveloppes terrestres).

Point de repère

2.10 Calcul du géotherme

Nous allons estimer le géotherme en nous fondant sur un certain nombre d'hypothèses. Les discontinuités majeures de la Terre sont placées aux profondeurs suivantes, conformément au modèle PREM (voir l'annexe B) : lithosphère/asthénosphère : 100 km ; zone de transition : de 400 km à 670 km ; manteau/noyau liquide : 2 900 km ; noyau liquide/graine : 5 150 km. On suppose que l'on a convection dans le manteau entre 100 et 400 km (manteau supérieur), entre 670 et 2 900 km (manteau inférieur) ainsi que dans le noyau, entre 2 900 et 5 150 km. On néglige l'épaisseur des couches limites thermiques, notamment à la base du manteau (couche D″). De plus, on suppose qu'il n'y a pas de couche limite thermique dans la zone de transition du manteau : on se place donc dans l'hypothèse de la convection du manteau « à une couche ».
La température à la base de la lithosphère est de 1 600 K. Calculons le gradient adiabatique dans le manteau supérieur en convection

(par exemple à 100 km de profondeur), en utilisant l'**équation 2.19** et en nous fondant sur la température à la base de la lithosphère, sur une valeur du paramètre de Grüneisen γ de 1,2 (valeur correspondant à l'assemblage de minéraux composant le manteau supérieur) et sur le tableau de valeurs du modèle PREM. Le modèle PREM donne ρ, v_P et v_S qui permettent de calculer K_S à 100 km de profondeur. On a :

$$\rho = 3,36 \times 10^3 \ \text{kg}\cdot\text{m}^{-3}$$
$$v_P = 8,05 \times 10^3 \ \text{m}\cdot\text{s}^{-1}$$
$$v_S = 4,48 \times 10^3 \ \text{m}\cdot\text{s}^{-1}.$$

On a donc (**équation 6** de l'introduction) $K_S = \rho\left(v_P^2 - 4/3 v_S^2\right)$, soit :

$$K_S = 3,36 \times 10^3[(8,05 \times 10^3)^2 - 4/3(4,48 \times 10^3)^2]$$
$$= 128 \times 10^9 \ \text{Pa} = 128 \ \text{GPa}.$$

Par ailleurs, $g = 9,86 \ \text{m}\cdot\text{s}^{-2}$. La valeur du gradient adiabatique est donc la suivante (avec z la profondeur) :

$$\frac{dT}{dz} = \frac{9,86 \times 1,2 \times 1600 \times 3,36 \times 10^3}{128 \times 10^9}$$
$$\simeq 0,0005 \ \text{K}\cdot\text{m}^{-1} = 0,50 \ \text{K}\cdot\text{km}^{-1}.$$

À partir de cette valeur du gradient adiabatique dans le manteau supérieur, on peut calculer la température à 400 km de profondeur :

$$T(z = 400 \ \text{km}) = 1\,600 + 0,50 \times (400 - 100)$$
$$= 1\,750 \ \text{K}.$$

De 400 km à 670 km de profondeur, les transitions de phases des minéraux du manteau sont susceptibles d'influencer le géotherme, même en l'absence de couche limite thermique. Il est donc plus sûr, pour calculer la température dans le manteau inférieur, d'utiliser le point d'ancrage fourni par les expériences de minéralogie : à 670 km, $T = 1\,900 \ \text{K} \pm 100 \ \text{K}$. Le gradient de température dans la zone de transition que l'on peut en déduire est donc :

$$dT/dz = (1\,900 - 1\,750)/(670 - 400)$$
$$= 0,55 \ \text{K}\cdot\text{km}^{-1}.$$

Cette valeur est très légèrement supérieure à celle calculée dans le manteau supérieur. Si l'on suppose que la valeur du paramètre de Grüneisen γ reste constante dans le manteau inférieur ($\gamma \simeq 1,15$), on peut montrer que l'on a la relation suivante entre les températures T_1 et T_2 et les masses volumiques ρ_1 et ρ_2 du manteau aux profondeurs z_1 et z_2 :

$$\left(\frac{T_2}{T_1}\right) = \left(\frac{\rho_2}{\rho_1}\right)^{\gamma}.$$

En effet, en combinant les **équations 2.19 et 2.16**, on obtient : $dT/dP = \gamma T/K_S$. Or, $K_S = \rho(\partial P/\partial\rho)_S$ (**équation 2.22**). Donc, dans le manteau convectif, l'évolution de la pression avec la profondeur suit la loi : $dP = K_S d\rho/\rho$. On a alors :

$$\frac{dT}{T} = \gamma\frac{d\rho}{\rho},$$

ce qui conduit à la relation ci-dessus par simple intégration entre z_1 et z_2.

On peut en déduire la température T_2 à 2 800 km de profondeur (z_2) à partir de la température T_1 à 670 km de profondeur (z_1) et en utilisant le tableau de valeurs du modèle PREM :

$$\left(\frac{T_2}{T_1}\right) = \left(\frac{5,57 \times 10^3}{4,38 \times 10^3}\right)^{1,15} = 1,32.$$

Donc, $T_2 = 1,32 \times 1\,900 \simeq 2\,500$ K. Cela correspond à un gradient de température moyen dans le manteau inférieur de $0,27 \ \text{K}\cdot\text{km}^{-1}$.

Dans le noyau liquide, le gradient est toujours adiabatique. Dans cette enveloppe, on estime γ à 1,5. On connaît par ailleurs le point d'ancrage à la frontière noyau liquide/graine $T(z_3 = 5\,150 \ \text{km}) = 4\,800 \ \text{K} \pm 1\,000$ K (voir section 2.1 du chapitre 3). On peut en déduire la température au sommet du noyau liquide, à $z_2 = 2\,900$ km, en utilisant la même relation que dans le manteau inférieur :

$$\left(\frac{T_2}{T_3}\right) = \left(\frac{\rho_2}{\rho_3}\right)^{\gamma}.$$

Dans le noyau, on a $\rho_2 = 9,90 \times 10^3$ kg·m^{-3}, $\rho_3 = 12,17 \times 10^3$ kg·m^{-3} (voir annexe B), et donc :

$$T_2 = 4\,800 \times (9,90 \times 10^3/12,17 \times 10^3)^{1,5} \simeq 3\,500 \text{ K}.$$

Nous avons ainsi obtenu que la température à 2 900 km de profondeur est de 2 500 K côté manteau, et de 3 500 K côté noyau. Il y aurait donc un saut de température dans la couche limite thermique à la base du manteau d'environ 1 000 K.

Ainsi, dans le manteau inférieur, et à plus forte raison dans le noyau, le géotherme est mal contraint car on ne sait pas bien estimer l'importance de la couche limite thermique située au sommet de ces deux couches. L'épaisseur et l'existence même de la couche limite au niveau de la zone de transition du manteau dépend du mode de convection de ce dernier : une convection à une couche impliquerait l'absence de couche limite thermique, alors qu'une convection à deux couches impliquerait la présence d'une importante couche limite thermique. Les sauts de température estimés varient de 150 (cas du calcul de l'encadré 2.10, en l'absence de couche limite thermique dans la zone de transition) à 700 K dans la zone de transition et de 700 à 1 700 K à la frontière noyau-manteau. De grandes incertitudes règnent donc encore sur l'état thermodynamique de la Terre profonde. La **figure 2.14** et le **tableau 2.8** résument l'état actuel des connaissances et des incertitudes sur le géotherme.

Il serait important de préciser la valeur de la discontinuité de température dans la couche D″ et l'épaisseur de la couche limite thermique qui y est associée, vue son importance majeure pour la dynamique du manteau. Pour cela, il sera nécessaire à la fois de mieux contraindre le point d'ancrage à 330 GPa et de mieux caractériser thermodynamiquement et minéralogiquement le manteau inférieur.

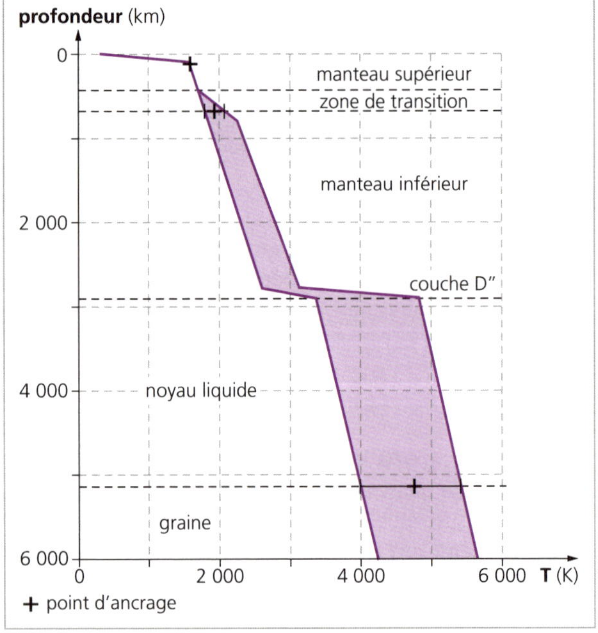

Fig. 2.14. Géotherme calculé à partir de trois points d'ancrage et du gradient adiabatique.

Tableau 2.8. Quelques points du géotherme. **Les valeurs basses et hautes de la température à 900 km et 2 700 km correspondent respectivement aux deux hypothèses extrêmes suivantes : pas de couche limite thermique au sommet du manteau inférieur (convection « à une couche » du manteau) et une couche limite thermique importante au sommet du manteau inférieur (convection « à deux couches » du manteau). Les valeurs basses et hautes de la température à 2 900 et 5 150 km correspondent aux valeurs basses et hautes du point d'ancrage à 5 150 km.**

Profondeur (km)	T (K)
100	$1\,600 \pm 50$
400	$1\,750 \pm 50$
670	$1\,900 \pm 100$
900	$1\,960 - 2\,360$
2 700	$2\,500 - 3\,000$
2 900	$3\,500 - 4\,800$
5 150	$4\,800 \pm 1\,000$

3.3 Les apports de la tomographie sismique

3.3.1. Principe de la tomographie sismique

La comparaison précise des temps de propagation pour différents trajets des ondes sismiques, mesurés par différents sismomètres (**figure 2.15**), permet de repérer d'éventuelles hétérogénéités à l'intérieur de la Terre, ces derniers faisant varier v_P et v_S. Pour cela, il faut disposer d'un réseau de sismomètres répartis de la manière la plus homogène possible. C'est entre autres dans ce but qu'a été établi le réseau « Géoscope », mis en place par plusieurs organismes de recherche français, qui compte actuellement 26 stations déployées sur le globe. En sommant les informations de « Géoscope » avec celles d'autres réseaux, on peut établir des modèles régionaux, qui donnent les variations des vitesses des ondes sismiques par rapport à un modèle sismologique global à symétrie radiale. Pour mieux mettre en évidence ces hétérogénéités, plutôt que de matérialiser directement sur une coupe les valeurs de v_P ou v_S, on matérialise (par des couleurs différentes) l'écart de ces vitesses avec celles prévues dans le cadre d'un modèle à symétrie radiale (en général PREM) :

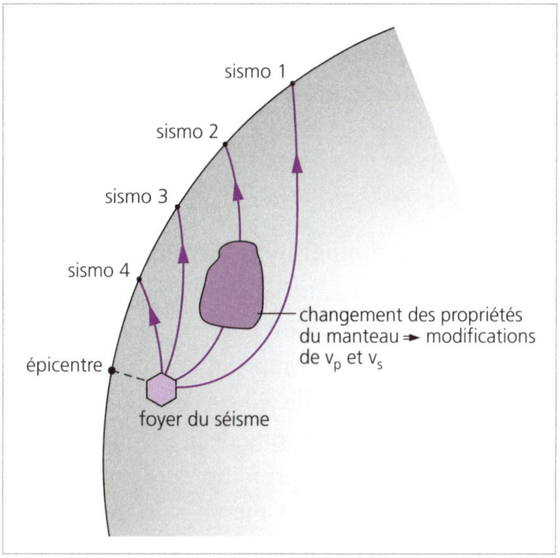

Fig. 2.15. Schéma de principe de la tomographie sismique. **La comparaison des temps de parcours des différents trajets des ondes sismiques, mesurés par les différents sismomètres (sismo 1 à 4), permet de repérer des changements des propriétés du manteau par rapport à un modèle moyen. Dans le cas de ce schéma, c'est le trajet 2 qui est affecté par ce changement.**

$$\Delta v_S = \frac{v_S - v_S(\mathrm{PREM})}{v_S(\mathrm{PREM})} \times 100 \quad (\text{en } \%).$$

C'est le principe de la **tomographie sismique**, dont les images sont maintenant largement diffusées. Ses succès ont été, en particulier, d'éclairer les géophysiciens sur le devenir des plaques subduites dans le manteau et sur la structure des chambres magmatiques à l'aplomb des dorsales médio-océaniques. Si ces hétérogénéités de vitesse sont riches d'informations sur la dynamique interne du globe, elles restent très faibles (quelques % au plus pour les ondes S et de l'ordre du % pour les ondes P). Les sismologues choisissent également parfois de calculer les hétérogénéités de la **vitesse** v_ϕ définie par :

$$v_\phi = \sqrt{v_P^2 - 4v_S^2/3} = \sqrt{\frac{K_S}{\rho}}. \qquad (2.20)$$

Les variations de v_ϕ sont donc reliées directement aux variations de K_S, module d'incompressibilité adiabatique, et de ρ, masse volumique, alors que les variations de v_S sont reliées aux variations de μ (module de cisaillement) et de ρ (masse volumique) des matériaux composant le manteau. Les données de tomographie sismique pour ces deux vitesses fournissent donc des informations complémentaires. Pour interpréter ces données, on doit mesurer, au laboratoire, quels paramètres susceptibles de varier dans le manteau peuvent modifier la valeur des vitesses v_ϕ et v_S.

3.3.2. Hétérogénéités du manteau supérieur et de la zone de transition

- **Données de tomographie sismique**

Des témoins importants des mouvements de convection sont les plaques lithosphériques océaniques subduites. Il est possible de visualiser ces dernières par tomographie sismique car, en particulier, leur température est inférieure à celle du manteau environnant, ce qui entraîne des variations de vitesse des ondes sismiques.

L'observation de la profondeur à laquelle les plaques subduites plongent (au-delà de 670 km ou non) doit permettre de déterminer si la convection du manteau implique une couche ou deux. Les mesures de tomographie ont montré que certaines plaques, vraisemblablement les moins âgées et donc les moins épaisses, sont défléchies à la base du manteau supérieur et ne pénètrent pas dans le manteau inférieur (**figure 2.16** du cahier couleur, p. IV). On peut expliquer qualitativement cet effet en se référant à la figure 2.3, qui représente le diagramme de phase d'une olivine (forstérite). Cette dernière subit trois transitions de phase induites par la pression. Pour les deux premières transitions, la pente de Clapeyron (voir encadré 2.3) est positive et, pour la troisième, elle est négative. On peut modéliser une plaque lithosphérique subduite dans le manteau par une roche de même composition, mais plus froide que le manteau qui l'environne. Lorsqu'elle dépasse la profondeur de 670 km, où la troisième transformation doit se produire, la forstérite reste cependant dans la phase spinelle car elle est plus froide, alors que le manteau qui l'environne est déjà dans le domaine de stabilité du mélange $MgSiO_3$-pérovskite + MgO (périclase). Comme la phase spinelle est moins dense que ce mélange, la plaque subduite est donc soumise à une importante force d'Archimède vers le haut, supérieure à son poids, et qui s'oppose à sa plongée (voir Gillet, 1993).

Toutefois, on observe aussi que d'autres plaques plongent dans le manteau inférieur (voir **figure 2.17** du cahier couleur, p. IV). Pour ces dernières, cette force d'Archimède ne doit donc pas totalement contrebalancer la force qui les entraîne vers le bas. Les différences entre les caractéristiques des plaques (comme l'épaisseur) conduisent vraisemblablement à un comportement différent de celles-ci dans la zone de transition. Ce sont des images comme celles présentées figure 2.17 qui mettent en évidence un transfert de matière entre le manteau supérieur et le manteau inférieur, c'est-à-dire un mode de convection du manteau à une couche ou une couche et demie.

- **Interprétation quantitative des hétérogénéités de vitesse**

Plusieurs causes peuvent être à l'origine des variations des vitesses v_Φ et v_S que l'on observe sur les figures 2.16 et 2.17 :

– des effets de température : la lithosphère est plus froide que le manteau qui l'environne, car elle provient de la surface froide. Cela influence la vitesse de propagation des ondes sismiques (plus le milieu est froid, plus elles se propagent vite, donc $\Delta v_\Phi > 0$ et $\Delta v_S > 0$) ;

– des effets de composition chimique : la lithosphère est constituée en majeure partie de manteau, donc sa composition chimique doit être proche du manteau qui l'environne. Cet effet devrait donc être faible, causé uniquement par la présence de croûte océanique dans la plaque subduite.

Les expériences de minéralogie ont permis d'estimer l'ordre de grandeur de ces deux effets. Nous allons nous intéresser à l'effet de la température.

Les effets de température peuvent se quantifier par les paramètres suivants :

$$\frac{1}{v_\Phi}\left(\frac{\partial v_\Phi}{\partial T}\right)_P \quad \text{et} \quad \frac{1}{v_S}\left(\frac{\partial v_S}{\partial T}\right)_P .$$

Ils ont été évalués au laboratoire grâce à des mesures de vitesse de propagation d'ultrasons et des mesures de spectroscopie Brillouin (voir sections 4.1 et 4.2 de l'annexe A).

Pour une olivine de formule $(Mg_{0,9},Fe_{0,1})_2SiO_4$, (composition des olivines du manteau supérieur), ces paramètres sont actuellement estimés à environ (voir Karato et Karki, 2001) :

$$\frac{1}{v_\Phi}\left(\frac{\partial v_\Phi}{\partial T}\right)_P = -4,0 \times 10^{-5}\ \mathrm{K}^{-1} \quad \text{et} \quad \frac{1}{v_S}\left(\frac{\partial v_S}{\partial T}\right)_P = -5,4 \times 10^{-5}\ \mathrm{K}^{-1}.$$

Des vitesses sismiques plus élevées correspondent donc bien à des température plus basses. On peut montrer que les phénomènes de dispersion, au voisinage des fréquences sismiques, sont parfois importants mais nous les négligerons ici. Dans les tomographies présentées figures 2.16 et 2.17 (cahier couleur, p. IV), la vitesse v_Φ augmente au maximum de 1,6 % et la vitesse v_S de 2 %. En utilisant les valeurs précédentes et en faisant l'approximation que la lithosphère est constituée d'olivine, on obtient une température dans la lithosphère inférieure d'environ $\Delta T = 400$ K à celle du manteau supérieur.

Cette valeur de $\Delta T = 500$ K est-elle raisonnable, sachant que la lithosphère initialement froide a tendance à se réchauffer à la fois par diffusion de chaleur à partir du manteau et par dissipation visqueuse ? Les modèles numériques semblent montrer que oui. De notre côté, nous nous contenterons d'un calcul d'ordre de grandeur. En ne prenant en compte que la diffusion de chaleur, le temps caractéristique d'homogénéisation de température dans une lithosphère d'épaisseur L est environ (voir l'**équation 2.5**) :

$$t_D = \frac{(L/2)^2}{\kappa}.$$

κ, la diffusivité thermique de l'olivine, a pour ordre de grandeur 10^{-6} $\mathrm{m^2 \cdot s^{-1}}$. On obtient un temps t_D d'environ 100 millions d'années pour une lithosphère de 100 km d'épaisseur. En prenant une vitesse de plaque de 5 $\mathrm{cm \cdot an^{-1}}$, vitesse moyenne observée à la surface terrestre, un pendage (angle de la plaque par rapport à l'horizontale) d'environ 45°, on en déduit que la plaque a eu le temps, pendant t_D, d'atteindre une profondeur d'environ 3 000 km, c'est-à-dire le noyau, avant que sa température s'homogénéise totalement avec celle du manteau environnant. Il ne paraît donc pas étonnant, du point de vue de la dynamique mantellique, d'observer des images tomographiques comme celles des figures 2.16 et 2.17, où des plaques froides restent observables dans le manteau supérieur et même dans le manteau inférieur.

3.3.3. Hétérogénéités du manteau inférieur

- **Données de tomographie sismique**

Des modèles de tomographie globale estiment les hétérogénéités de v_P et v_S à l'échelle du manteau entier.

La **figure 2.18** (cahier couleur, p. V) présente une coupe des variations de v_S dans le manteau. Ces variations sont beaucoup plus importantes dans le manteau supérieur que dans le manteau inférieur. Dans le manteau inférieur, c'est près de la frontière noyau-manteau que les variations latérales de vitesses sont les plus marquées, avec en particulier de fortes anomalies négatives de v_S : $\Delta v_S = -1,6$ % sur cette figure, mais jusqu'à −2,4 % pour des modèles de meilleure résolution, voir Su et Dziewonski, 1997. Ce sont ces anomalies de vitesse qui définissent la couche D″. On peut donc constater que cette couche est d'épaisseur très variable : 200 à 300 km au maximum, mais parfois quasiment 0 km. De nombreux travaux de tomographie sismique ont été consacrés à l'étude de l'épaisseur de la couche D″, pour différentes régions. Il s'agit d'un travail difficile car la résolution des données de sismologie diminue quand la profondeur étudiée augmente. Dans la couche D″, on observe des variations importantes de la vitesse v_S, qui sont « anti-corrélées » aux variations de la vitesse v_ϕ : aux endroits où v_S diminue, v_ϕ augmente (contrairement à ce que l'on observe dans le manteau supérieur, voir ci-dessus). L'anisotropie sismique de cette zone est importante, avec des vitesses horizontales très différentes des vitesses verticales. L'existence d'une fine zone à la base de la couche D″, où v_P, v_S et v_ϕ chuteraient d'environ 10 %, a même été suggérée. Plusieurs phénomènes pourraient expliquer ces variations de vitesse des ondes sismiques :

– des hétérogénéités de température, associées à la complexité de la géométrie de la convection mantellique : les anomalies positives de température, donc négatives de v_S, à la source des panaches, et les anomalies négatives de température, donc positives de v_S, au niveau des plaques subduites qui plongent jusqu'à la base du manteau ;
– des hétérogénéités de composition chimique, liées de même à la convection mantellique, mais également à des réactions chimiques avec le noyau ;
– des transitions de phase : fusion partielle, en particulier pour la zone où les vitesses des ondes sismiques sont très faibles ; changement solide $\rightarrow$ solide au niveau de la couche D″ dans son ensemble.

La couche D″ joue un rôle majeur dans de la dynamique du manteau terrestre. Elle est la source de panaches donnant lieu aux points chauds, cette hypothèse ayant été récemment renforcée par les observations de tomographie sismique qui montrent que l'épaisseur de la couche D″ est corrélée avec la présence de points chauds à l'aplomb. De plus, il a été suggéré que cette couche peut réaliser un couplage entre la dynamique mantellique et le champ magnétique terrestre. Les propriétés physiques (électriques en particulier) des matériaux qui la composent doivent être connues pour mieux élucider ce dernier point.

- **Interprétations apportées par les expériences de minéralogie**

Les expériences de minéralogie permettent de discuter les hypothèses précédentes. Dans la majeure partie du manteau inférieur (couche D″ exceptée), on peut montrer à partir des mesures au laboratoire que des variations de température seules peuvent expliquer les variations observées de v_P et de v_S (voir Karato et Karki, 2001).

En ce qui concerne la couche D″, les données de minéralogie suggèrent que c'est impossible. Des variations de composition chimique sont au moins nécessaires pour expliquer les observations sismologiques (voir Forte et Mitrovica, 2001). Par ailleurs, les expériences de minéralogie apportent des réponses quant à la réactivité chimique du manteau et du noyau (voir section 3.3 du chapitre 3) : sous haute pression, la possibilité d'incorporation d'oxygène et de silicium dans le fer a été démontrée. La couche D″ est donc probablement le siège de réactions chimiques. Par ailleurs, on a récemment découvert qu'un changement de phase dans la $MgSiO_3$-pérovskite pourrait coïncider avec la frontière manteau inférieur-couche D″ (voir section 1.2). Les caractéristiques physiques de la nouvelle phase post-pérovskite pourraient être à l'origine de l'anti-corrélation entre v_S et v_ϕ que les sismologues observent.

3.4 La composition chimique du manteau inférieur est-elle identique à celle du manteau supérieur ?

3.4.1. Observations sismologiques : profils de v_P, v_S, ρ

Nous avons vu que la composition chimique et minéralogique du manteau inférieur ne peut être déduite d'observations directes. En suivant la démarche de F. Birch (voir encadré 3 de l'introduction), les géophysiciens confrontent des données sismologiques de plus en plus précises aux données issues de l'étude au laboratoire du comportement des matériaux qui composent le manteau inférieur, afin de répondre aux questions suivantes : le manteau est-il chimiquement homogène, en termes d'éléments majeurs (Si, Mg, Fe, O) ? Quelle est sa température moyenne ?

Pour tenter de répondre à ces questions, nous utiliserons ici les données fournies par les modèle sismologiques globaux : profils de v_P, v_S, et les profils de ρ, et P que le sismologues en déduisent (voir Introduction, figures 5 et 6) .

3.4.2. Mesures de v_P, v_S, ρ au laboratoire

La connaissance des propriétés élastiques (équation d'état, modules d'incompressibilité et de cisaillement) des composants majeurs du manteau inférieur sous haute pression et haute température est nécessaire à une comparaison avec les données sismologiques. Les équations d'état (voir encadré **2.11**) sont les plus faciles à mesurer, grâce à la technique de diffraction de rayons X (voir section 1.1 de l'annexe A). Un exemple de mesure d'équation d'état, celle de la $MgSiO_3$-pérovskite, est présenté **figure 2.19**.

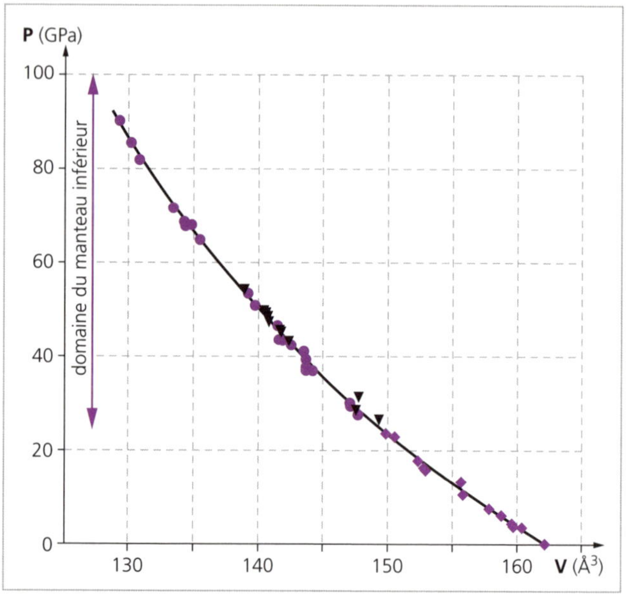

Fig. 2.19. Équation d'état de la $MgSiO_3$-pérovskite à température ambiante. **Elle a été mesurée par diffraction de rayons X en cellule à enclumes de diamant. Le volume est celui d'une maille unité (orthorhombique, voir figure 2.5 et encadré 1 de l'annexe A) de ce cristal. Les différents symboles correspondent à différentes expériences.**

Point de repère

2.11 Équation d'état

L'équation d'état d'un matériau exprime la variation de sa masse volumique en fonction de la pression et de la température auxquelles il est soumis : $\rho(P, T)$.

L'effet de la pression sur la matière est quantifié par son module d'incompressibilité isotherme K_T, qui est l'inverse de sa compressibilité isotherme :

$$K_T = \rho \left(\frac{\partial P}{\partial \rho}\right)_T . \qquad (2.21)$$

Ce module est proche, en valeur, du module d'incompressibilité adiabatique K_S (déjà évoqué **équation 6**), qui décrit la compression des corps sans échange de chaleur avec l'extérieur (voir encadré 2.9 dans la section 3.2) :

$$K_S = \rho \left(\frac{\partial P}{\partial \rho}\right)_S . \qquad (2.22)$$

Quelques valeurs de modules d'incompressibilité isotherme, mesurées dans les conditions ambiantes, sont présentées dans le **tableau 2.9**. La matière condensée (liquides et solides) est bien moins compressible que les gaz, et le matériau le moins compressible connu est le diamant.

Matériau	$K_T(P_{amb}, 300\ K)$
Air	10^{-4} GPa
Eau	2,0 GPa
Périclase	161 GPa
Forstérite	135 GPa
$MgSiO_3$-pv	260 GPa
Fer	170 GPa
Diamant	446 GPa

Tableau 2.9. Valeurs des modules d'incompressibilité isotherme pour différents corps et matériaux dans les conditions ambiantes. **pv : pérovskite.**

En supposant, ce qui est une approximation extrêmement grossière, que l'incompressibilité est une constante, on peut évaluer l'effet d'une augmentation de pression de 100 GPa sur la masse volumique de MgO. Pour cela, il suffit d'intégrer l'**équation 2.21** : $\rho(P)/\rho_0(P_0) = \exp((P - P_0)/K_T)$, et donc :

$$\rho(P = 100\ \text{GPa})/\rho_0(P = 0) = \exp(100/161) = 1,86.$$

L'effet de la température sur la masse volumique des matériaux est quantifié à l'aide du coefficient de dilatation thermique volumique α défini par l'**équation 2.11**. Dans le domaine qui nous intéresse, c'est-à-dire celui des températures de l'intérieur de la Terre, l'effet de la température est également important car il peut entraîner une variation de la densité de plus de 10 %.

L'incompressibilité des matériaux solides augmente avec la pression (plus on les comprime, plus il devient difficile de les comprimer) et leur coefficient de dilatation thermique diminue lorsque la pression augmente. Mais on ne dispose pas de modèle totalement fiable pour prédire l'évolution de K_T et α avec P.

La masse volumique doit donc être mesurée directement dans les conditions qui nous intéressent, c'est-à-dire les conditions de pression et de température de la Terre : cela est possible grâce à la diffraction de rayons X, couplée aux techniques de la cellule à enclumes de diamant ou de presses gros volume. Si l'on revient au cas de MgO, on a mesuré que $\rho(P = 100\ \text{GPa})/\rho_0(P = 0) = 1,34$, à température ambiante. C'est une valeur bien différente de celle obtenue dans l'hypothèse où K_T est constant (1,86) : en fait, K_T triple entre 0 et 100 GPa.

Il est également possible de calculer la masse volumique des composants du manteau sous haute pression et haute température à l'aide d'expériences numériques (voir section 5 du chapitre 1).

À partir des équations d'état, pour les différents composants du manteau, on peut générer un profil de densité d'un manteau inférieur synthétique et le comparer au profil $\rho(z)$ donné par le modèle PREM, sachant que ce modèle commet une erreur relative d'environ 0,5 % sur la masse volumique. On peut faire la même chose pour le profil de $K_S(z)$.

Mais pour cela, il faut faire des hypothèses à la fois sur la composition chimique et la température du manteau. Voici celles que nous allons faire :

- le manteau inférieur est composé des phases cristallines suivantes : $(Mg_{1-x-y},Fe_x,Al_y)(Si_{1-y}Al_y)O_3$ (pérovskite, contenant à la fois du fer et de l'aluminium), (Mg,Fe)O (magnésiowüstite, qui est une solution solide de périclase MgO et de wüstite FeO), $CaSiO_3$-pérovskite ;
- le pourcentage massique en aluminium est le même dans le manteau inférieur que dans le manteau supérieur : 1,9 % ;

– le pourcentage massique en calcium est le même dans le manteau inférieur que dans le manteau supérieur : 2,3 %, ce qui fixe le pourcentage volumique en $CaSiO_3$ à 8 % ;

– le coefficient de distribution K du fer entre $(Mg,Fe)SiO_3$-pérovskite (pv) et magnésiowüstite (mw) est fixé à 3. K est défini de la manière suivante, x représentant des fractions molaires :

$$K = \frac{(x_{\mathrm{Fe}}/x_{\mathrm{Mg}})^{\mathrm{mw}}}{(x_{\mathrm{Fe}}/x_{\mathrm{Mg}})^{\mathrm{pv}}}; \qquad (2.23)$$

– la présence d'aluminium ne modifie pas les propriétés élastiques de la pérovskite. On manque de données précises à ce sujet, mais il est possible que cette hypothèse ne soit pas exacte ;

– le gradient géothermique est adiabatique (voir section 3.2) à partir d'une profondeur de 900 km. Cette profondeur de référence est choisie arbitrairement, mais en dessous d'une éventuelle couche limite thermique au niveau de la zone de transition du manteau : à 900 km, nous sommes sûrs que le manteau est convectif. La température à 900 km est choisie variant de 1 960 K (pas de couche limite thermique dans la zone de transition, hypothèse du « manteau froid ») à 2 360 K (une couche limite thermique dans la zone de transition, hypothèse du « manteau chaud »).

Les paramètres que nous pouvons alors faire varier sont les rapports molaires Si/(Mg+Fe) (abondance relative pérovskite/magnésiowüstite), Fe/(Mg+Fe) (taux global en fer). En faisant varier de cette manière la composition du manteau inférieur, on établit des profils de $\rho(z)$ et $K_S(z)$ correspondant aux hypothèses du « manteau froid » et du « manteau chaud ». Pour cela, on utilise le profil de pression $P(z)$ donné très précisément par le modèle PREM, et on se base sur les mesures récentes d'équations d'état. Pour que la composition envisagée soit possible, il faut que les profils calculés soient en accord avec les profils du modèle PREM. Cela permet d'établir la carte des compositions possibles du manteau (**figure 2.20**). Chaque domaine sur la figure 2.20 correspond à la composition possible du manteau inférieur dans les deux hypothèses extrêmes de température à son sommet. On obtient des nuages de points (autrement dit, on ne peut pas déterminer une composition unique) à cause des incertitudes sur les différentes mesures. On montre ainsi que manteau inférieur et manteau supérieur (dont

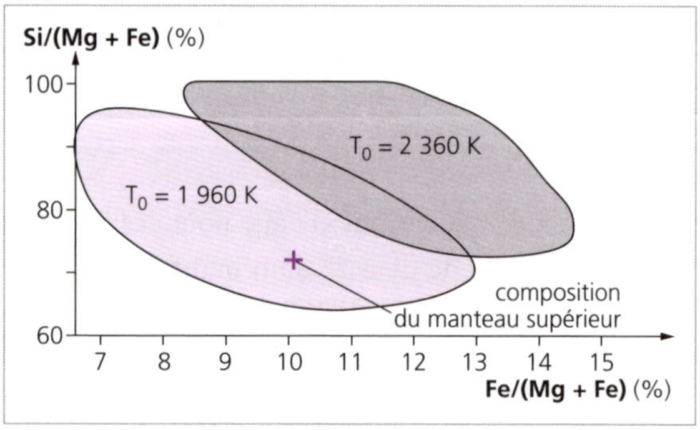

Fig. 2.20. Domaines des rapports d'abondance des éléments majeurs (en pourcentage molaire) pour le manteau inférieur. **Les deux domaines correspondent aux deux modèles thermiques extrêmes envisageables pour le manteau inférieur : 1 960 K au sommet du manteau inférieur pour un manteau « froid », 2 360 K au sommet du manteau inférieur pour un manteau « chaud ». Le manteau « chaud » serait enrichi en $MgSiO_3$ et en fer par rapport au manteau supérieur, alors que le manteau « froid » pourrait être homogène chimiquement avec le manteau supérieur (représenté par une croix).**

la composition est représentée par une croix sur la figure 2.20) pourraient avoir même composition, pour les éléments majeurs, au moins dans l'hypothèse du « manteau froid ».

L'hypothèse d'un manteau chimiquement homogène est donc plausible, du moins en ce qui concerne les éléments majeurs. C'est un argument en faveur d'un modèle de convection du manteau à une couche, ou une couche et demie. Il faut cependant souligner que l'effet des éléments moins abondants (Ca, Al), qui pourraient influencer quantitativement ces conclusions, sont encore controversés.

Notons que d'autres types d'informations sismologiques, provenant de la tomographie sismique, sont aussi utilisées pour obtenir des informations sur la composition chimique en éléments majeurs du manteau inférieur. En particulier, la confrontation de la mesure de l'épaisseur et des variations de profondeur des réflecteurs sismiques dans le manteau avec la mesure des conditions de pression et de température des transitions de phase qui en sont la cause permet de proposer des modèles chimiques du manteau. La conclusion de ces études est encore que le manteau inférieur peut être homogène chimiquement avec le manteau supérieur (voir Helffrich et Wood, 2001).

3.5 Influence des composés volatils sur le diagramme de phase des silicates : implications pour la dynamique du manteau

Les modèles géochimiques de la Terre font l'approximation que les éléments les plus volatils (H et C) se sont échappés de la Terre solide lors de sa formation. En réalité, comme l'analyse des gaz émis lors des éruptions volcaniques le montre, il reste une faible proportion de ces éléments, sous forme de CO_2, d'H_2O, ainsi que d'oxygène libre, dans le manteau supérieur. Leur quantité exacte, dans le manteau supérieur et à plus forte raison dans le manteau inférieur, est encore mal connue. Leur concentration est inhomogène car ces éléments sont réintroduits dans le manteau par les plaques subduites et extraits par la formation de magmas.

La présence de CO_2, H_2O et O_2, même en faibles proportions, influence le diagramme de phase des silicates. La **figure 2.21** illustre l'effet de la présence d'eau sur le diagramme de phase à haute pression de la forstérite Mg_2SiO_4, déterminée par des expériences en presse gros volume[10] : on constate que la température de fusion partielle peut être abaissée de plusieurs centaines de degrés. Une conséquence de ce résultat est que vers la profondeur de 100 km, et jusqu'à 200 km, la température dans la Terre peut être suffisante pour que l'on ait une fusion partielle du manteau. Cette fusion partielle expliquerait :

- la diminution des vitesses des ondes sismiques observée dans la « Low Velocity Zone » (voir section 1.2.1) et l'augmentation de leur atténuation observée à la même profondeur, un mélange liquide + solide n'ayant pas les mêmes propriétés élastiques qu'un solide pur ;
- le changement mécanique lithosphère → asthénosphère à la même profondeur, la fusion partielle du manteau diminuant fortement sa viscosité (voir **encadré 2.12**) .

[10] Le composé étudié est une forstérite formée en mélangeant $2Mg(OH)_2 + SiO_2$, voir Inoue *et coll.*, 1994.

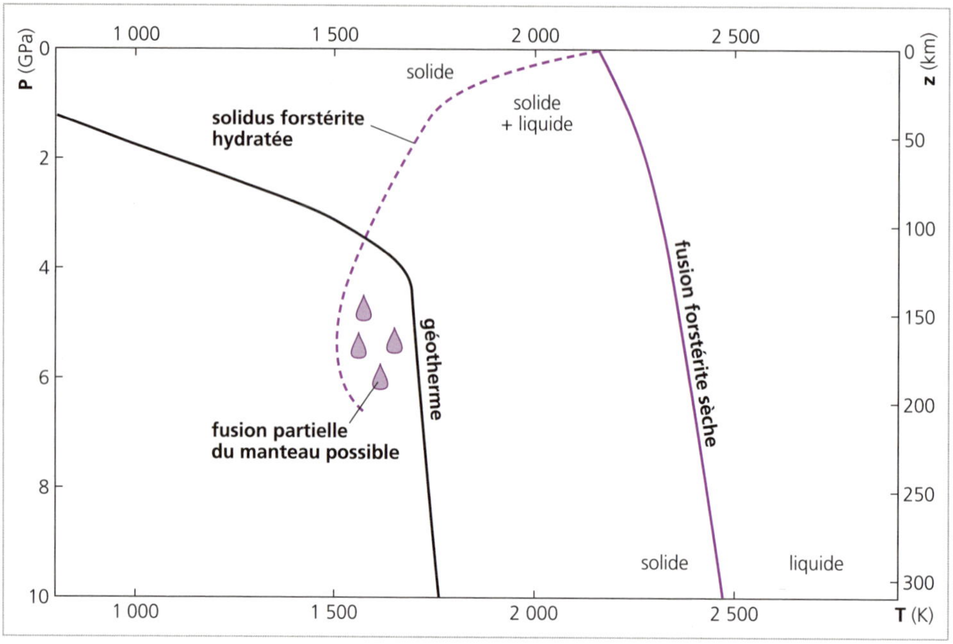

Fig. 2.21. Diagramme de phase de la forstérite sèche (traits pleins) et hydratée (pointillés longs). **Au-dessus de 4 GPa, on a fusion partielle de l'olivine hydratée à la température du manteau.**

Point de repère

2.12 Notions d'asthénosphère et de LVZ (« Low Velocity Zone »)

La définition de l'asthénosphère est d'abord une définition rhéologique : l'asthénosphère se déforme ductilement, à la base de la lithosphère qui, elle, se comporte de manière rigide, sous forme de plaques. Éthymologiquement, asthénosphère vient du grec *asthenos*, qui signifie sans résistance. Sur la **figure 2.22**, est tracée l'enveloppe rhéologique d'une lithosphère océanique, c'est-à-dire la valeur de la contrainte au-delà de laquelle la lithosphère ne résiste plus mais se déforme, et ce, en fonction de la profondeur. On voit que vers 100 km de profondeur, le manteau n'offre effectivement pratiquement plus de résistance.

L'asthénosphère n'a donc pas le même comportement mécanique que la lithosphère. Comme c'est essentiellement la température qui est responsable de ce changement de

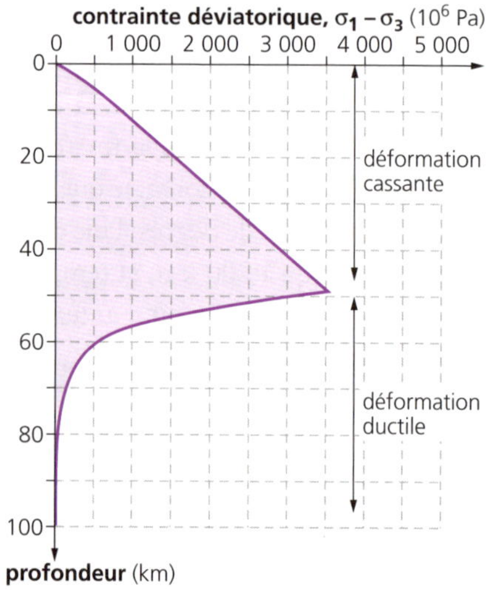

Fig. 2.22. Profil rhéologique de la lithosphère océanique.

comportement mécanique (la viscosité est une fonction exponentielle de l'inverse de la température : plus la température est élevée plus la viscosité est faible), une seconde définition de l'asthénosphère, définition thermique, a été fixée par les géophysiciens. L'asthénosphère est limitée à son sommet par l'isotherme 1 300 °C, isotherme située à une profondeur moyenne de 100 km sous les océans. S'il est donc simple de définir la limite supérieure de l'asthénosphère, il est en revanche plus compliqué de définir sa limite inférieure. L'intérêt du concept d'asthénosphère est de caractériser ce sur quoi se déplacent les plaques lithosphériques. Autrement dit, il est plus intéressant de définir son sommet que sa base. Cela se reflète dans la littérature scientifique où la base de l'asthénosphère n'est pas toujours définie, et quand elle l'est, c'est tantôt la limite manteau supérieur/manteau inférieur (à 670 km), tantôt les 200 à 300 km situés sous la lithosphère. C'est cette dernière limite que nous retiendrons par la suite dans cet ouvrage. Dans ce cas, l'asthénosphère se confond avec la zone de faibles vitesses sismiques (LVZ).

Point de repère

2.13 Le cycle interne de l'eau

La **figure 2.23** fait le bilan de la quantité d'eau entrant dans le manteau (avec les plaques subduites contenant des minéraux hydratés à la suite d'altération hydrothermale au niveau des dorsales médio-océaniques) et de celle qui en sort (volcanisme d'arc et dorsales).

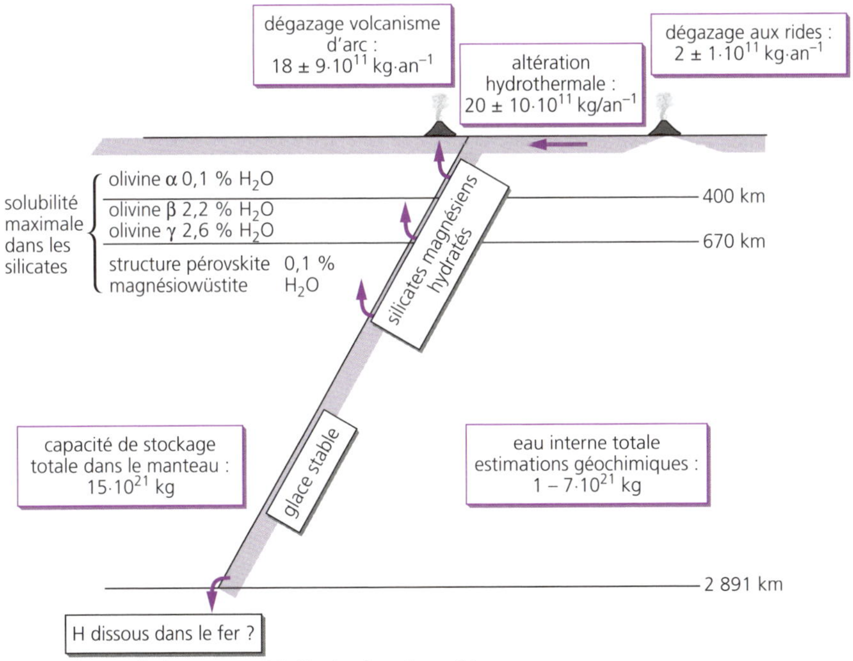

Fig. 2.23. Représentation et bilan des flux d'eau entrant et sortant du manteau.

La teneur totale en eau de la Terre, quant à elle, est estimée par les géochimistes à partir des scénarios de formation de notre planète. Ils font l'hypothèse que cette eau ne provient pas de la condensation d'une atmosphère primaire mais d'un apport météoritique tardif, c'est-à-dire après différenciation de la Terre. Il faut donc estimer la masse et la nature de cet apport tardif, à partir de la signature isotopique des océans (rapport D/H) par exemple. Pour la nature, il s'agirait de chondrites carbonées dont la teneur en eau est de 22 %. Quant à la masse de cet apport, elle est estimée entre 1×10^{22} et 4×10^{22} kg. En supposant que toute l'eau contenue dans cet apport tardif reste sur Terre, cela permet d'estimer une quantité totale d'eau : entre $2,2 \times 10^{21}$ et $8,8 \times 10^{21}$ kg. La masse des océans étant de $1,4 \times 10^{21}$ kg, on en déduit par différence une fourchette possible de la quantité d'eau contenue dans la Terre profonde : entre 1×10^{21} et 7×10^{21} kg.

Pour estimer la teneur totale en eau que « peut » contenir la Terre (voir figure 2.23, à gauche), c'est-à-dire sa capacité de stockage, on porte des mélanges silicates + eau aux conditions *P-T* du manteau, puis on analyse la teneur en eau des silicates par spectroscopie infrarouge (voir section 3.2 de l'annexe A). L'intensité de l'absorption dans la gamme de fréquence des groupes -OH est fonction de leur concentration. Des exemples de spectres sont reportés **figure 2.24**[11]. Il ressort de ces mesures que ce sont les minéraux de la zone de transition (en particulier, olivine β et γ) qui peuvent contenir le plus d'eau.

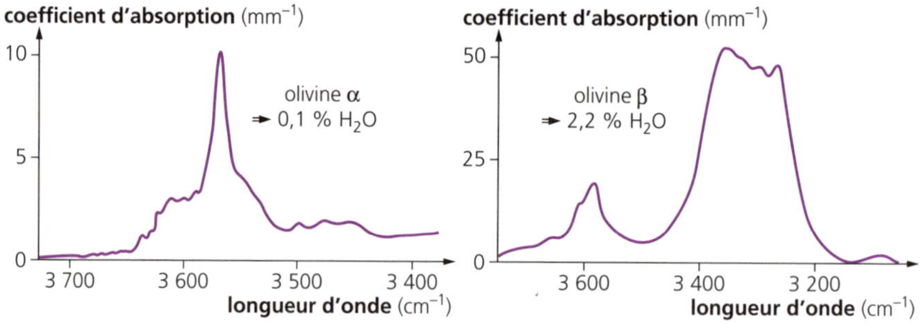

Fig. 2.24. Spectres d'absorption dans le domaine de l'infra-rouge de deux polymorphes de l'olivine (olivine α et olivine β, voir section 1.2). **Les pics d'absorption caractéristiques du groupe -OH sont à 3 570 cm^{-1} et entre 3 250 et 3 350 cm^{-1}. D'après Kohlstedt *et coll.*, 1996.**

Un dernier réservoir potentiel d'eau est le noyau liquide. Expérimentalement, un magma hydraté réagit effectivement avec le fer pour former des hydrures de fer. Ceci dit, ce phénomène est vraisemblablement limité par l'apport d'eau au niveau de la limite manteau-noyau, apport possible uniquement via les plaques subduites.

3.6 Les gaz rares, traceurs de la convection du manteau et de son dégazage

Un élément est dit **incompatible**, au sens d'une incompatibilité avec le réseau cristallin, s'il passe préférentiellement dans le liquide en cas de fusion partielle d'une roche. Autrement dit, son coefficient de partage, $D = C_s/C_\ell$ (où C_s est la concentration de l'élément dans la phase solide et C_ℓ sa concentration dans la phase liquide), est inférieur à 1.

[11] Pour le manteau inférieur, les teneurs en eau sont tirées de l'article de Murakami *et coll.*, 2002.

Les gaz rares sont un exemple d'éléments considérés comme incompatibles dans les roches, en particulier dans le manteau. Ainsi, les calculs de dégazage de l'atmosphère reposent sur l'hypothèse que lors de tout événement de fusion, les gaz rares passent en solution dans le magma et terminent leur course dans l'atmosphère. De fait, la mesure des coefficients de partage des gaz rares pour des compositions basaltiques et à pression ambiante donne des valeurs comprises entre 0,02 pour l'hélium et 0,05 pour le xénon. Ces deux éléments passent donc très majoritairement dans le liquide lors d'un épisode de fusion et sont ensuite relâchés dans l'atmosphère. Cette propriété d'incompatibilité des gaz rares est utilisée pour résoudre plusieurs problèmes importants en sciences de la Terre, comme le dégazage de l'atmosphère (datation I/Xe) ou la nature de la convection. Dans ce dernier cas, c'est l'argon qui peut être utilisé comme élément marqueur. En effet, l'argon étant considéré comme incompatible, s'il en reste dans un réservoir mantellique, c'est que celui-ci n'a pas été dégazé, autrement dit qu'il n'a pas été « brassé » avec l'ensemble du manteau, mais est au contraire resté isolé des zones du manteau supérieur où se produit la fusion partielle. C'est argument était utilisé par des géochimistes dans les années 1980 pour étayer un modèle de convection du manteau à deux couches.

Le problème peut être simplifié comme suit. On considère que les réservoirs contenant de l'argon sont l'atmosphère, la croûte continentale, le manteau source des basaltes de rides océaniques (assimilé dans le calcul suivant au manteau supérieur) et le manteau restant (assimilé au manteau inférieur). On peut mesurer la quantité d'argon dans les trois premiers réservoirs et estimer combien le dernier en contient si l'on connaît la quantité totale d'argon dans la Terre silicatée non différenciée (**tableau 2.10**). Pour ce faire, on estime le rapport K/U de la Terre silicatée. L'argon (^{40}Ar) étant produit par désintégration radioactive du ^{40}K, on en tire la teneur totale en ^{40}Ar.

Terre silicatée ^{40}Ar : $1,3 \times 10^{17}$ kg	=	Atmosphère : $M_{At} = 6 \times 10^{18}$ kg, $[\mathrm{Ar}]_{At} = 1,1$ % $\Rightarrow$ $^{40}\mathrm{Ar}_{At} = 6,6 \times 10^{16}$ kg + Croûte continentale : $^{40}\mathrm{Ar}_{cc} = 0,6 \times 10^{16}$ kg + Manteau supérieur : (assimilé à la source des basaltes de rides océaniques) $M_{MS} = 1,33 \times 10^{24}$ kg, $[\mathrm{Ar}]_{MS} = 4$ ppb $\Rightarrow$ $^{40}\mathrm{Ar}_{MS} = 5,4 \times 10^{15}$ kg + Manteau inférieur : $M_{MI} = 2,67 \times 10^{24}$ kg, $^{40}\mathrm{Ar}_{MI}$?

Tableau 2.10. Réservoirs terrestres en ^{40}Ar.

En résolvant le bilan de masse pour l'argon, on obtient :

$$\mathrm{Ar}_{Terre} = \mathrm{Ar}_{At} + \mathrm{Ar}_{CC} + \mathrm{Ar}_{MS} + \mathrm{Ar}_{MI},$$

soit :

$$Ar_{MI} = 5,28 \times 10^{16}\text{kg} \Rightarrow [Ar]_{MI} = 20 \text{ ppb}.$$

Le manteau inférieur aurait ainsi une concentration de 20 ppb (1 ppb $= 1 \times 10^{-9}$), valeur 5 fois supérieure à celle du manteau supérieur 40 % de l'argon de la Terre y seraient cachés. On peut alors en tirer la conclusion suivante : le manteau inférieur n'a pas été dégazé, il est donc isolé du manteau supérieur, autrement dit la convection du manteau se déroule en deux couches.

Comme dans tout modèle, ce calcul repose sur des hypothèses qui peuvent être remises en question. D'une part, la quantité globale de ^{40}Ar dans la Terre peut être mal estimée, du fait d'erreurs sur l'estimation du rapport K/U. D'autre part, l'argon n'est peut-être pas incompatible à haute pression. Dans ce cas, les épisodes de fusion partielle ayant lieu au-delà d'une certaine profondeur ne libéreraient pas d'argon dans le liquide silicaté.

Cette dernière hypothèse a été testée par des expériences utilisant une cellule à enclumes de diamant couplée à un chauffage laser. Les silicates ainsi étudiés sont le quartz, l'olivine et l'anorthite (feldspath sodique). Lors de ces expériences, l'échantillon est chargé avec de l'argon dans la cellule, comprimé et chauffé jusqu'à fusion du silicate. L'échantillon est alors trempé et récupéré à des fins d'analyse chimique par microsonde électronique (voir section 6 de l'annexe A), afin de déterminer si l'argon pénètre dans le silicate fondu sous pression. Qu'observe-t-on ? Au-delà de 5 GPa, l'argon n'est plus soluble dans le liquide (SiO_2 et Mg_2SiO_4), après une hausse régulière de sa solubilité entre 0 et 5 GPa (**figure 2.25**, dans le cahier couleur, p. VI). Il y a donc un brusque changement de comportement de l'argon induit par la pression : sa tendance à passer dans le liquide silicaté diminue, indiquant peut-être une augmentation de son caractère compatible.

Outre l'argon, le xénon pourrait aussi devenir compatible à haute pression et haute température. Cela expliquerait un autre paradoxe observé par les géochimistes : l'atmosphère terrestre et celle de Mars sont très appauvries en xénon par rapport aux autres gaz rares et aux chondrites (**figure 2.26**).

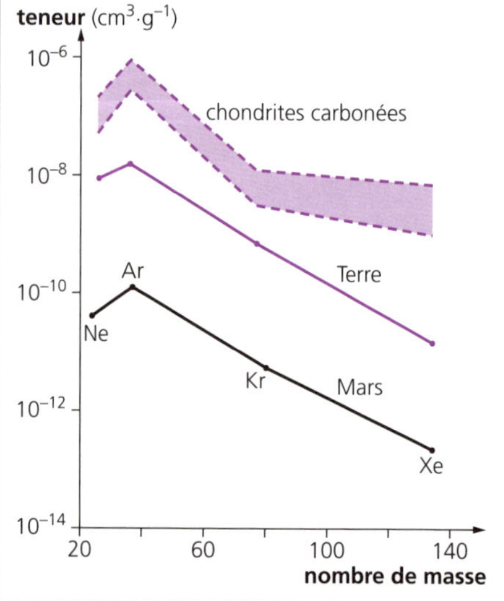

Fig. 2.26. Abondance en gaz rares de l'atmosphère terrestre, martienne et de différentes chondrites carbonées (météorites non différenciées). **Attention : l'échelle est logarithmique en ordonnées.**

Pour résoudre ce paradoxe bien embêtant pour les géochimistes qui datent la formation de l'atmosphère grâce à la radioactivité éteinte de ^{129}I ($^{129}I \rightarrow {}^{129}Xe$ avec une période de 17 Ma), on a cherché le xénon manquant dans des sédiments océaniques ou dans les calottes polaires sans jamais en trouver en quantités significatives. Une autre explication serait que le xénon, s'il est compatible à haute pression/haute température, reste alors caché dans la Terre profonde (croûte continentale inférieure, manteau ou noyau).

Chapitre 3

Le noyau terrestre

Comportement du fer et de ses alliages

Le noyau est l'enveloppe la plus profonde du globe. Son principal élément chimique est le fer. Quelles mesures peut-on effectuer sur ce « morceau de Terre » qui puisse nous aider à mieux le comprendre ? Dans les sections 1 et 2, nous nous intéresserons aux approches complémentaires qui permettent d'obtenir des informations sur la composition chimique actuelle du noyau, en particulier sur les éléments minoritaires qui, en dehors du fer, le composent. Dans la section 3, nous verrons en quoi le comportement chimique du fer et de ces éléments minoritaires sous haute pression et haute température peut donner des pistes concernant la formation et l'évolution du noyau. Dans la section 4, nous aborderons les propriétés du fer sous haute pression et haute température qui servent à étudier la dynamique du noyau et donc la géodynamo.

1. Composition chimique du noyau : apport des modèles géochimiques globaux de Terre

Les modèles géochimiques de la composition du noyau reposent sur des modèles globaux de Terre. Ces derniers ne sont pas forcément les plus pertinents pour étudier la composition du manteau, enveloppe pour laquelle on dispose de mesures directes ou presque directes concernant sa composition. Mais ils sont indispensables pour étudier la composition du noyau, duquel on ne dispose d'aucun élément.

Les modèles géochimiques globaux de Terre déterminent la composition globale de la Terre, celle du manteau puis, par différence, celle du noyau. Les péridotites (voir section 1.1 du chapitre 2) sont considérées comme représentatives du manteau supérieur. On prend soin cependant de choisir celles qui sont les plus riches en fer, c'est-à-dire les moins affectées par des processus de fusion partielle/métamorphisme au cours de leur remontée jusqu'à l'affleurement et dont la composition est donc la plus proche de celle du manteau supérieur. Comme représentant de la composition globale de la Terre, on choisit ensuite un matériau météoritique (provenant d'une météorite), représentatif des matériaux à partir desquels la Terre se serait formée. Cette étape est sans doute la plus arbitraire (voir section 1.1), mais elle est nécessaire à l'établissement d'un modèle géochimique de composition du noyau.

Pour aboutir à un modèle de Terre comprenant la composition du manteau primitif (c'est-à-dire le manteau actuel et la croûte) et celle du noyau, un certain nombre d'hypothèses vont devoir être faites, selon le modèle choisi. Trois notions importantes sous-tendent ces hypothèses. La première est la notion de volatilité d'un élément chimique. Un élément **volatil** est un élément dont la température de condensation est inférieure à 700 K pour une pression de 10 Pa (par exemple, H, He, C, N et les gaz rares). Les deux autres notions importantes sont celles d'élément **lithophile**, c'est-à-dire ayant une forte affinité pour les silicates (par exemple Mg, Ca et Al) et celle d'élément **sidérophile**, c'est-à-dire ayant une forte affinité pour le fer (par exemple S, Ni et Co). Schématiquement, les éléments lithophiles sont regroupés dans le manteau et les éléments sidérophiles dans le noyau. Quant aux éléments volatils, ils se sont échappés, au moins en partie, lors de la formation de la Terre. Notons que ces notions ne sont pas exclusives : par exemple, le soufre est à la fois un élément volatil et sidérophile.

1.1 Quelle météorite choisir comme représentant chimique de la Terre ?

Certaines météorites, en particulier les **chondrites**, dont l'âge varie entre 4,560 Ga et 4,555 Ga (1 Ga = 10^9 ans), sont des témoins de l'histoire précoce du système solaire. On choisit du matériel chondritique comme représentant chimique de la Terre dans sa globalité. Les chondrites sont constituées d'une matrice (agglomération de silicates, autres oxydes, métal, sulfures et composés carbonés) et de chondres (éléments sphériques, voir

figure 3.1, cahier couleur, p. VI). Le fer est présent sous forme oxydée dans les silicates, ou sous forme métallique dispersée dans la matrice. Les éléments chimiques majeurs y sont en même abondance que dans la photosphère solaire, qui reflète la composition chimique du système solaire (voir le **tableau 4.1** dans le chapitre 4). Les chondrites n'ont pas été affectées par des processus de fusion partielle voire de différenciation (processus qui sont à la base de la formation des planètes telluriques), contrairement aux **achondrites**. Ces dernières sont constituées soit de silicates (dans ce cas, elles peuvent être interprétées comme des roches analogues à celles du manteau ou de la croûte terrestres), soit d'alliages de fer (dans ce cas, elles peuvent être interprétées comme des matériaux analogues à ceux du noyau), soit très rarement des deux, mais alors dans des phases distinctes (pallasites).

Le groupe des chondrites comprenant plusieurs sous-classes, il faut choisir celle qui est la plus susceptible d'être représentative de la Terre. Le critère le plus classique est celui de la richesse en éléments volatils : *a priori*, plus une chondrite est riche en éléments volatils, plus elle est primitive car elle a subi peu de transformations. Ce critère peut mener au choix d'une chondrite dite de type C, ou encore **chondrite carbonée** car riche en carbone et, plus précisément, chondrite CI (3,22 % de carbone en masse). L'exemplaire le plus documenté de chondrite CI est la météorite d'Orgueil, tombée dans le département du Tarn-et-Garonne en 1864 (voir **encadré 3.1**).

Au lycée

3.1 La composition chimique du globe : modèle chondritique

Le but de l'exercice proposé est de montrer qu'à partir de l'étude des météorites, on peut avoir une idée assez précise de la composition totale de la Terre et surtout de son noyau, alors que ce dernier est totalement inaccessible à l'observation. L'exercice est donc dans l'esprit des activités associées au programme de Sciences de la Vie et de la Terre de la classe de 1re S.

Pour adapter le modèle chondritique du globe présenté dans ce chapitre aux élèves de lycée, un certain nombre de simplifications doivent être faites. Les programmes proposent donc de partir des hypothèses suivantes :

- la composition totale de la Terre est celle d'une chondrite carbonée CI ;
- le manteau est chimiquement homogène et a la composition d'une péridotite ;
- les proportions massiques de manteau et noyau sont des données de l'exercice :

$$m_{\text{manteau}} = 0,68 \times m_{\text{Terre}}$$

et

$$m_{\text{noyau}} = 0,32 \times m_{\text{Terre}}.$$

Supposer une composition de péridotite pour le manteau permet par ailleurs de faire de la pétrologie en classe, cette roche étant simple d'un point de vue minéralogique. La composition du manteau est obtenue après analyse minéralogique d'une péridotite (voir chapitre 2, encadré 2.1).

Les étapes de calcul peuvent être allégées pour les élèves en utilisant des tableurs informatiques dans lesquels seraient contenues les étapes de calculs intermédiaires.

La terre globale a, par hypothèse, la composition d'une chondrite CI. Cette hypothèse suppose donc que la Terre s'est formée par l'accrétion (accumulation) de corps de type chondrites CI (se référer au texte pour les arguments qui appuient cette hypothèse). Lors de l'accrétion du globe, une grande partie des éléments volatils s'est échappée du champ de gravité terrestre et n'est pas prise en compte dans la composition globale de la

Terre. Ces éléments sont essentiellement le carbone et l'hydrogène et, dans une moindre mesure, le soufre. L'exercice étant lui-même assez long, on peut partir directement d'une composition de la Terre après départ des éléments volatils : entièrement pour le carbone et l'hydrogène et en proportion fixée pour le soufre (comme reporté dans le **tableau 3.1**). Pour déterminer la composition du noyau, il suffit ensuite de retirer la part du manteau à celle de la Terre globale.

Prenons l'exemple de l'oxygène :

$$[O]_{Terre} = 0,68 \times [O]_{manteau} + 0,32 \times [O]_{noyau}$$

$$\Leftrightarrow [O]_{noyau} = \frac{[O]_{Terre} - 0,68 \times [O]_{manteau}}{0,32}$$

En faisant ce calcul pour les autres éléments chimiques, on peut compléter le tableau 3.1.

• **Commentaire des résultats**

Ce modèle donne une assez bonne idée de la teneur en éléments majeurs de chacun des réservoirs, manteau et noyau. Les résultats obtenus appellent cependant au moins deux commentaires :

– le cas du magnésium (*) pose problème : pour satisfaire la composition péridotitique du manteau, il faut plus de magnésium (25,0 % × 0,68 = 17,0 %) qu'il n'y en a dans la Terre globale chondritique (14,65 %). Cet écart n'est pas très important mais peut cependant permettre de critiquer les hypothèses de départ : ou bien l'on se trompe sur la composition du manteau, qui ne serait dans ce cas pas entièrement assimilable à une péridotite (ce qui voudrait dire que le manteau inférieur n'est pas homogène chimiquement avec le manteau supérieur) ; ou bien la composition globale de la Terre est légèrement différente de celle d'une chondrite CI ;

– au niveau du noyau, ce modèle surestime la quantité d'éléments légers (estimée entre 5 et 15 % en masse par d'autres méthodes géophysiques). Les éléments O, S, Si sont sans doute tous présents dans le noyau, mais en quantité moindre pour le soufre.

Élément	Terre globale	Manteau	Noyau
O	31,29	44,0	4,28
Fe	27,79	6,4	73,24
Si	16,28	20,4	7,50
Mg	14,65	25,0	–7,34*
S	4,80	-	15,00
Ni	1,65	-	5,16
Al	1,33	1,9	-
Ca	1,45	2,3	-

Tableau 3.1. Composition des réservoirs majeurs de la Terre (en pourcentages massiques), dans le cas d'un modèle chondritique simplifié. * : voir texte.

Certains chercheurs ne font pas le choix d'une chondrite particulière mais considèrent plutôt l'ensemble des classes de chondrites carbonées et utilisent des corrélations entre rapports d'éléments au sein des chondrites (voir Allègre *et coll.*, 1995). Pour cela, ils considèrent que les éléments lithophiles sont entièrement concentrés dans le manteau. Cela permet de considérer que les rapports de concentrations massiques entre éléments lithophiles connus pour le manteau primitif sont identiques à ceux de la Terre globale (par exemple : $(Mg/Al)_{Terre} = (Mg/Al)_{manteau}$). La concentration des éléments sidérophiles dans la Terre globale est alors tirée de corrélations au sein des chondrites entre un rapport de concentrations massiques entre un élément sidérophile et un élément lithophile (Fe/Al ou Si/Al par exemple) et un rapport entre deux éléments lithophiles (Mg/Al par exemple, voir **figure 3.2**). En effet, la Terre étant formée, par hypothèse, de matériel chondritique, ses rapports d'éléments doivent se situer sur la droite de corrélation observée pour ces météorites.

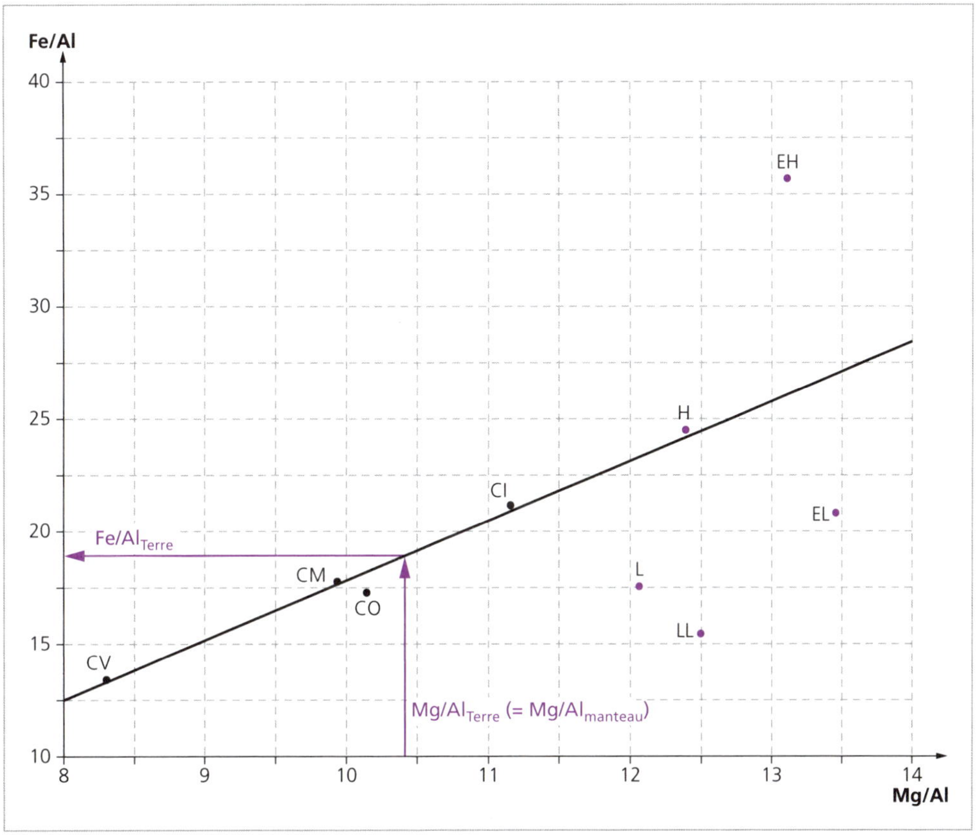

Fig. 3.2. Exemple de méthode pour déterminer la composition globale de la Terre : corrélation au sein des chondrites carbonées entre un rapport de concentrations massiques entre éléments lithophiles (Mg/Al) et un rapport de concentrations massiques entre un élément lithophile et un élément sidérophile (Fe/Al). La droite est la régression linéaire pour les chondrites carbonées (CV, CM, CO et CI). Les cercles violets correspondent aux autres sous-classes de chondrites, non carbonées (L, LL, EL et EH).

D'autres choix de classes de météorites, fondés sur d'autres critères, sont aussi possibles. Par exemple, les rapports isotopiques de l'oxygène des roches terrestres se situent sur la même droite de **fractionnement de masse** (un processus de fractionnement de masse « fractionne » les isotopes d'un même élément chimique proportionnellement à l'écart de masse entre ces isotopes ; exemple : par rapport à l'eau dont elle est issue, la vapeur d'eau est appauvrie en isotopes lourds de l'oxygène, ^{18}O et ^{17}O, et enrichie en isotope léger, ^{16}O) que celle des chondrites de type EH (**figure 3.3**[1]), constituées majoritairement de pyroxènes. D'où le choix d'une Terre de composition EH fait par certains chercheurs[2]. Ce modèle présente l'avantage de calculer la quantité globale d'oxygène, élément chimique le

[1] La notation δ exprime les variations isotopiques par rapport à un standard, en l'occurrence l'eau de mer (Standard Mid-Ocean Waters). $\delta^{18}O = \left(\frac{^{18}O/^{16}O}{^{18}O/^{16}O_{standard}} - 1 \right) \times 1\,000$.

[2] Voir Javoy, 1995.

plus abondant de la Terre, au lieu de l'ajuster *a posteriori*. En effet dans les autres modèles, la quantité globale d'oxygène est obtenue en sommant la quantité d'oxygène du manteau (voir section 1.2) et celle du noyau, une fois cette dernière déterminée (voir section 1.3).

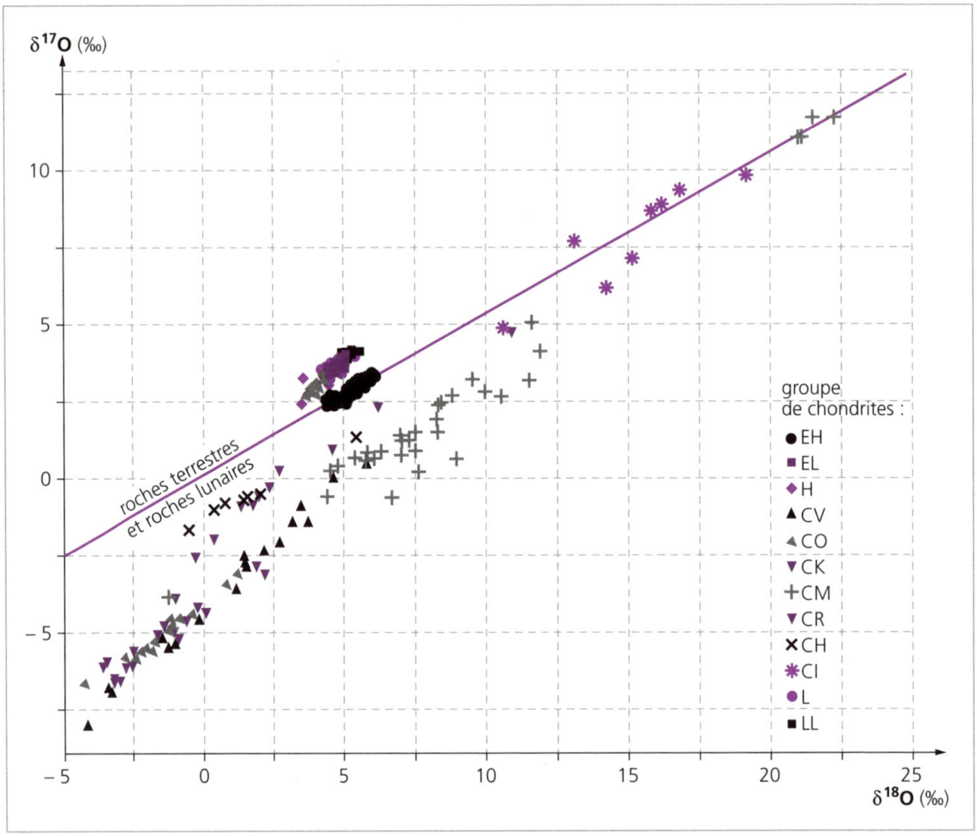

Fig. 3.3. Exemple de méthode pour déterminer la composition globale de la Terre. : **teneur en isotopes stables de l'oxygène pour les différents groupes de chondrites. Le groupe des chondrites à enstatite (EH) a la même signature isotopique que les roches terrestres et lunaires représentées par la droite. La légende donne la correspondance entre symbole et groupe de chondrite.**

1.2 Composition du manteau supérieur primitif

La méthode choisie dans la plupart des modèles pour établir la composition du manteau primitif, c'est-à-dire du manteau avant formation de la croûte, dérive de celle inventée par E. Jagoutz (Mayence, Allemagne) en 1979. Il établit des corrélations entre rapports de concentrations en éléments majeurs lithophiles (Mg/Si, Al/Si, Ca/Al, etc.) sur un grand nombre d'échantillons de péridotites. Il fit la même chose pour des échantillons chondritiques. On constate que ces rapports sont grossièrement alignés, le long de droites de corrélation (**figure 3.4**). Le manteau supérieur primitif, qui est issu de matériau chondritique (en ce qui concerne les éléments lithophiles, qui ne sont pas partis dans le noyau), et qui est la source des péridotites actuelles, doit avoir une composition qui se situe sur les deux droites de corrélation ainsi établies. L'intersection des droites de corrélation des péridotites et des chondrites donne donc le rapport considéré pour le manteau primitif (**figure 3.4**). On procède de cette façon pour l'ensemble des éléments majeurs lithophiles. Pour les éléments sidérophiles, on considère le rapport de concentration entre un élément sidérophile et un élément lithophile (Fe/Al par exemple) uniquement au sein des échantillons de péridotites, et l'on suppose que l'échantillon le moins différencié correspond à celui du manteau supérieur primitif. Les pourcentages massiques en éléments sont ensuite convertis en pourcentages massiques d'oxydes (les « oxydes simples » qui sont répertoriés dans le tableau 2.1 du chapitre 2), et l'on obtient de cette façon la teneur du manteau en oxygène. Prenons l'exemple du magnésium :

$$m_{\mathrm{MgO} \quad \mathrm{manteau}} = n_{\mathrm{MgO}} \times \mathrm{M}_{\mathrm{MgO}} ,$$

où $\mathrm{M}_{\mathrm{MgO}}$ est la masse molaire de MgO et n_{MgO}, son nombre de moles dans le manteau. Or, $n_{\mathrm{MgO}} = n_{\mathrm{Mg}}$ (MgO est l'oxyde simple qui contient Mg). Donc :

$$m_{\mathrm{MgO} \quad \mathrm{manteau}} = m_{\mathrm{Mg}} \times \frac{\mathrm{M}_{\mathrm{MgO}}}{\mathrm{M}_{\mathrm{Mg}}}.$$

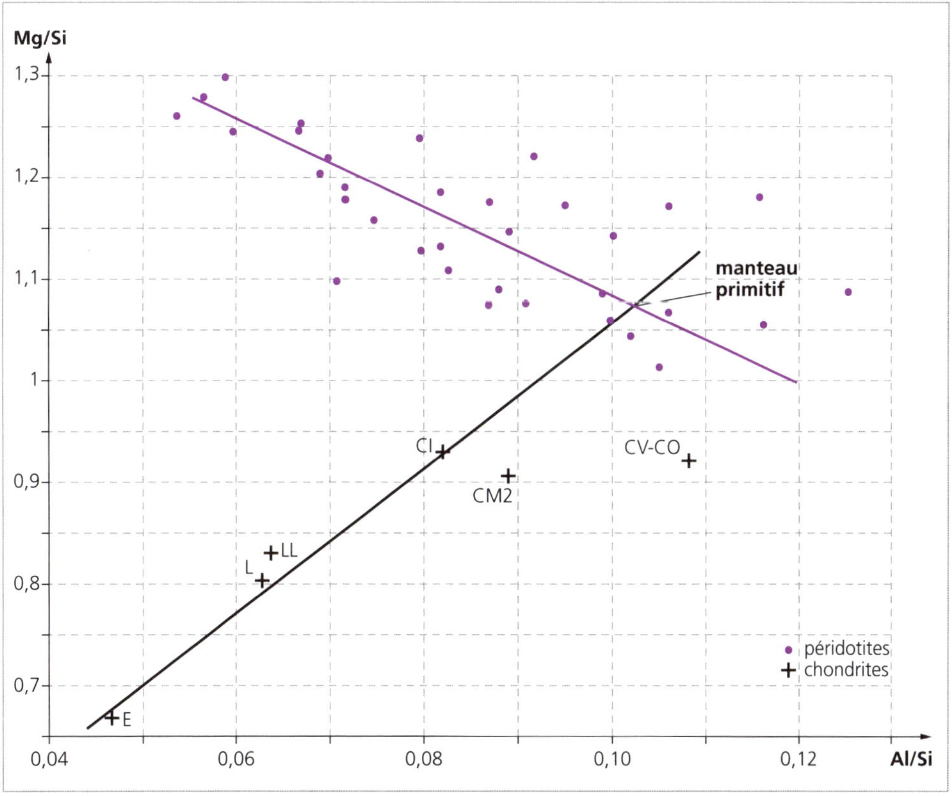

Fig. 3.4. Détermination de la composition du manteau supérieur primitif. **Le manteau supérieur primitif se trouve, par hypothèse, à la fois sur la droite de corrélation des péridotites et sur celle des chondrites. D'après Jagoutz *et coll.*, 1979.**

Puisque cette méthode repose sur des corrélations d'éléments dans les péridotites, elle implique que le manteau primitif ainsi déterminé est en fait le manteau primitif **supérieur**, les péridotites dont nous disposons provenant d'au plus 300 km de profondeur. Reste ensuite à supposer que manteau supérieur et manteau inférieur sont homogènes d'un point de vue chimique. Le modèle de chondrite EH repose au contraire sur l'hypothèse d'un manteau inférieur chimiquement différent du manteau supérieur. Postuler un manteau inférieur de nature chimique différente permet en effet de résorber le déficit en magnésium important des chondrites EH par rapport aux péridotites (**tableau 3.2**). Notons que dans ce cas, ce n'est pas nécessairement l'ensemble du manteau inférieur qui est distinct du manteau supérieur mais du moins une partie, de sorte que la moyenne satisfait la composition calculée. Notons enfin que cette méthode ne permet pas de déterminer la teneur du manteau primitif en éléments volatils.

1.3 Composition du noyau

Parvenu à cette étape, il ne reste plus qu'à soustraire la quantité de matière du manteau à celle de la Terre globale pour accéder à la composition chimique du noyau. On obtient ainsi la teneur du noyau en fer, nickel et silicium. Cette méthode ne permet par contre pas de traiter le cas des éléments volatils, dont le soufre, ni le cas de l'oxygène. Il y a donc un choix *a priori* des éléments légers présents dans le noyau, choix qui se limite souvent au trio soufre, silicium, oxygène (plus rarement à l'oxygène seul comme dans le modèle CI, voir tableau 3.2).

- **Le cas des éléments volatils (S, C et H)**

Contrairement au silicium, soufre, carbone et hydrogène sont des éléments volatils. Dans le cas du soufre, à la fois sidérophile et volatil, une méthode consiste à estimer sa teneur dans le noyau à partir de son degré de volatilité. Par exemple, zinc et soufre ont une volatilité similaire mais le zinc est un élément lithophile, alors que le soufre est un élément sidérophile. À partir de l'appauvrissement du manteau en zinc par rapport aux chondrites, et en supposant que tout le zinc va dans le manteau alors que tout le soufre va dans le noyau, on estime la concentration en soufre dans le noyau à environ 2 % en masse. Des méthodes similaires permettent d'estimer la concentration du noyau en carbone et hydrogène. Ces deux éléments étant plus volatils que le soufre, les estimations obtenues sont inférieures à 0,2 % pour le carbone et encore bien moins pour l'hydrogène.

- **Le cas de l'oxygène**

Aucun argument géochimique ne permet de calculer la teneur en oxygène du noyau. Elle est donc estimée en se fondant sur le fait que l'ajout de soufre, de silicium et d'oxygène au noyau doit donner un matériau qui explique les mesures sismologiques donnant un déficit de masse volumique de 10 % par rapport au fer pur (voir section 2.2).

1.4 Résultats

Les résultats sont donnés dans le **tableau 3.2** pour trois modèles chondritiques : le premier est fondé sur une chondrite CI (« modèle CI »), le second sur des corrélations d'éléments parmi les chondrites carbonées (« modèle Ch. carbonées ») et le troisième sur une chondrite à enstatite (« modèle EH »).

Élément	Manteau primitif supérieur	Modèle CI		Modèle Ch. carbonées		Modèle EH		
		Terre	**Noyau**	Terre	**Noyau**	Terre	Manteau inférieur	**Noyau**
O (l)	44,76	31,29	**8,99**	32,44	**4,10**	30,28	43,80	**1,61**
Fe (s)	5,89	27,79	**85,62**	28,18	**79,39**	33,39	12,69	**80,25**
Si (l)	21,35	16,28		17,22	**7,35**	19,23	24,28	**10,34**
Mg (l)	23,21	14,65		15,87		12,21	16,18	
S (v/s)	0,01	4,80	*	0,70	**2,30**	0,85	0,01	**2,57**
Ni (s)	0,25	1,65	**5,16**	1,61	**4,87**	2,02	0,71	**4,99**
Al (l)	2,13	1,33		1,51		0,93	1,10	
Ca (l)	2,32	1,45		1,61		1,01	1,20	

Tableau 3.2. Modèles de Terre chondritiques. **Les compositions sont données en pourcentages de masse. Les labels (l), (s) et (v) qui suivent les éléments désignent leur caractère lithophile, sidérophile ou volatil. * : dans ce modèle de Terre fondé sur une chondrite CI, les auteurs ont supposé que la totalité du soufre a été volatilisée lors de la formation de la Terre.**

1.5 Questions soulevées

Alors qu'ils sont fondés sur une composition globale de la Terre différente, ces trois modèles conduisent à des pourcentages massiques en éléments légers dans le noyau relativement proches (entre 9 et 14,5 % selon les modèles) et à un consensus sur leur nature (Si, O, S hormis pour le modèle CI), bien que le rapport entre ces éléments varie.

Si les modèles chondritiques de Terre apportent des informations essentielles sur la teneur en éléments majeurs des réservoirs terrestres, le choix d'une chondrite ou d'un mélange de chondrites particulier reste critiquable. De plus, ces modèles ne permettent pas de résoudre plusieurs problèmes importants :

- Le manteau est-il effectivement chimiquement homogène ? À l'heure actuelle, il semblerait que ces différences, si elles existent, soient mineures (voir chapitre 2, section 3.4).
- Une critique majeure formulée à l'encontre des modèles chondritiques de Terre est le faible rapport Mg/Si des chondrites (environ 8 %) par rapport à celui du manteau primitif (environ 11 %, sauf pour le modèle EH, voir tableau 3.2). Si les deux éléments ont le même comportement, lithophile, ce rapport devrait effectivement être

identique dans le manteau et dans les chondrites représentantes de la Terre globale. Deux solutions sont envisageables : 1) il y a du silicium dans le noyau, 2) le manteau inférieur, ou une partie du manteau inférieur, est enrichie en silicium et/ou appauvrie en magnésium. Cette dernière solution correspond à l'hypothèse d'un manteau chimiquement inhomogène et d'un manteau inférieur chaud (voir chapitre 2, section 3.4 et figure 2.20).

– quels sont les éléments légers du noyau ? Le modèle chondritique CI exposé ci-dessus est évidemment très simpliste sur le choix de l'élément léger : O seulement ; les deux autres modèles le sont moins, ils considèrent un mélange Si, S et O.

Ce sont là les limites des modèles de Terre chondritiques. Différentes pistes peuvent être suivies pour tenter d'aller plus loin. La première est d'identifier la composition du noyau à partir des données géophysiques disponibles. La seconde est de comprendre comment les éléments se sont répartis entre manteau silicaté et noyau lors de l'individualisation de ces deux enveloppes. Cela implique de connaître les coefficients de partage des éléments entre fer et silicates aux conditions de pression et de température de la différenciation planétaire. Ces coefficients de partage quantifient le caractère lithophile des éléments (voir section 3.2, **équation 3.1**). La connaissance des conditions physiques de la formation du noyau et la connaissance de sa composition chimique sont donc étroitement liées. L'objet de la suite de ce chapitre est de donner quelques éléments concernant chacune de ces pistes.

A priori, on pourrait répondre à ces différentes questions en soumettant une chondrite aux conditions de pression/température de la Terre à ses débuts, en supposant qu'on en ait une connaissance assez fiable. Par exemple, il serait intéressant de charger un petit volume de chondrite dans une cellule à enclumes de diamant, puis la comprimer et la chauffer et observer ce qu'il se passe : comment les différents minéraux évoluent-ils ? La chondrite fond-elle et, si oui, dans quelles conditions ? Observe-t-on plutôt un liquide métallique au sein d'une matrice silicatée solide ? Comment se répartissent les éléments chimiques entre fer et silicates ? Malheureusement, une telle expérience serait bien trop difficile à contrôler et surtout à interpréter. L'un des problèmes majeurs des expériences de haute pression est la faiblesse du signal obtenu lorsque l'on travaille sur un mélange de nombreux composants. En effet, non seulement il provient d'un échantillon de petite taille mais il est aussi filtré par l'appareil même qui génère la pression. De plus, les échelles de taille et de temps sont très différentes entre une telle expérience et ce qui a pu se passer dans la Terre : entre l'évolution d'un échantillon de 0,1 mm^3 pendant quelques heures et l'évolution d'un système de milliers de kilomètres sur des millions d'années, éventuellement avec plusieurs étapes impliquant des conditions de pression et température différentes, il y a un saut d'échelle que peu de géophysiciens osent franchir ! Les recherches expérimentales se focalisent donc souvent sur des systèmes plus simples (on parle de systèmes modèles), l'étude d'un minéral donné par exemple, ou bien le partage d'un élément chimique particulier entre une phase silicatée et un alliage de fer.

2. Composition chimique du noyau : apport du comportement du fer et de ses alliages à haute pression et haute température

2.1 Diagramme de phase des composants du noyau

2.1.1. La phase du fer aux conditions de la graine

Le diagramme de phase du fer pur est relativement bien établi à haute pression et température ambiante, ainsi qu'à haute pression et haute température jusqu'à 100 GPa-3 000 K (**figure 3.5**). Dans les phases cristallines α, γ et δ, les atomes de fer sont arrangés suivant des structures cristallines cubiques (voir encadré A.1 de l'annexe A pour un rappel sur les structures cristallines), alors que dans la phase ϵ, la structure cristalline est hexagonale (**figure 3.6**). La **figure 3.7** illustre la similarité entre les phases γ-Fe et ϵ-Fe. À chaque structure cristalline du fer correspond un spectre de diffraction de rayons X caractéristique (**figure 3.8a**) et, comme lors de toute transition de phase de 1er ordre, le passage d'une structure cristalline à une autre est accompagné d'une discontinuité de

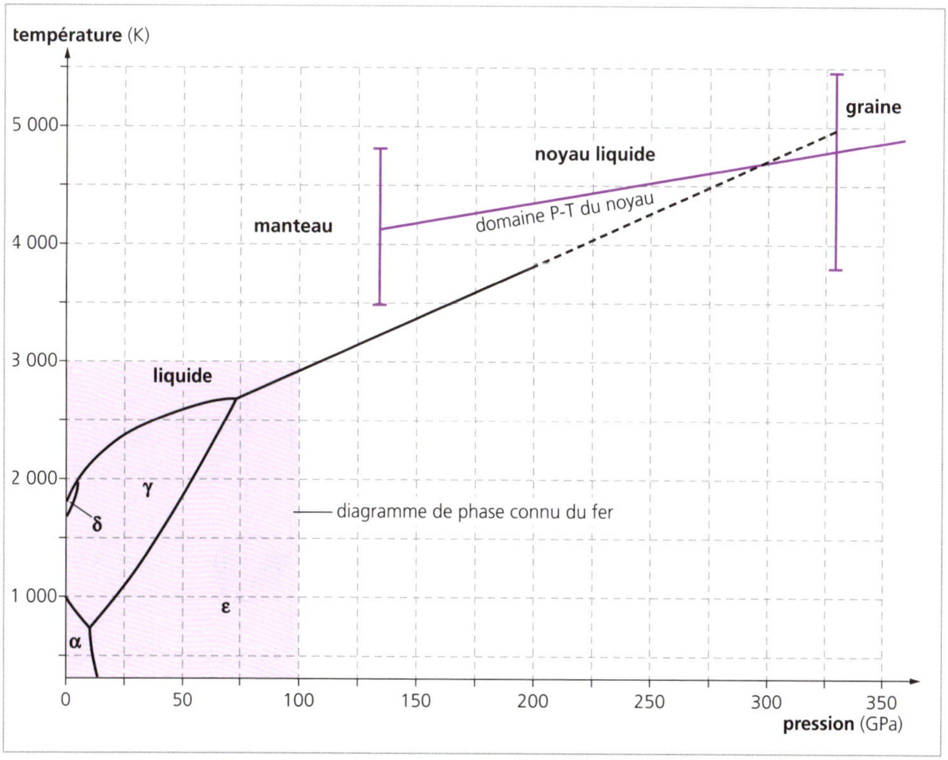

Fig. 3.5. Diagramme de phase du fer exploré expérimentalement par la technique de la cellule à enclumes de diamant (fond coloré). **Le domaine *P-T* du noyau est reporté pour comparaison. La phase du fer aux conditions de pression et de température de la graine ne fait pas encore l'objet d'un consensus.**

volume (voir encadré 2.3, chapitre 2). La **figure 3.8b** en donne un exemple : lors de la compression du fer à température ambiante en cellule à enclumes de diamant, la transition α-Fe$\rightarrow$ ϵ-Fe est associée à une diminution de volume de 4,5 %.

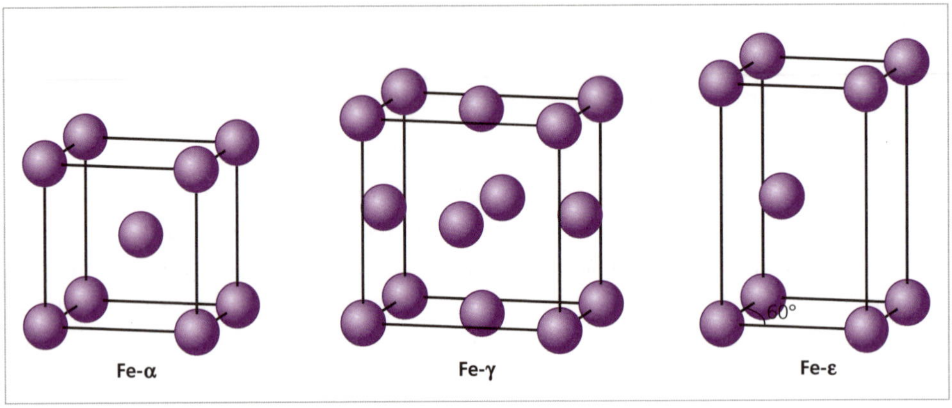

Fig. 3.6. Dessin de la maille cristalline des différentes phases du fer : phases α (δ a la même structure), γ et ϵ. Les phases α et γ ont toutes deux une structure cubique, mais il y a un atome au centre de la maille pour la phase α (cubique centrée, arête : 2,86 Å dans les conditions ambiantes) alors qu'il y a un atome au centre de chaque face pour la phase γ (cubique à faces centrées, arête : 3,59 Å dans les conditions ambiantes). La phase ϵ a une structure hexagonale. Quand ils ne sont pas indiqués, les angles entre arêtes valent 90°.

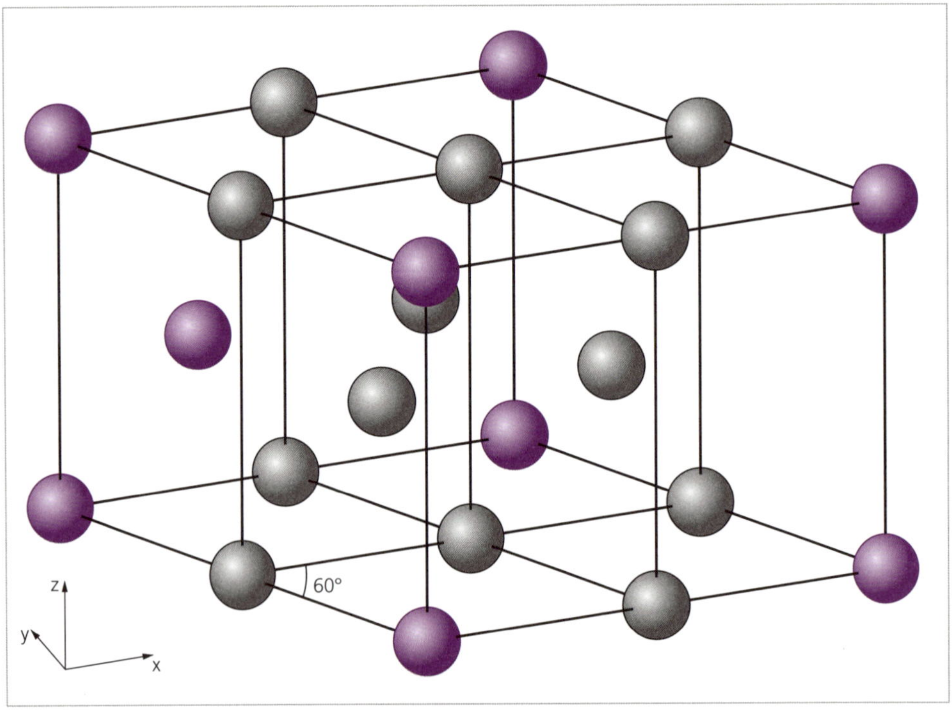

Fig. 3.7. Dessin de 4 mailles de la phase ϵ du fer. On y devine la maille de la phase γ déformée (atomes de couleur grise).

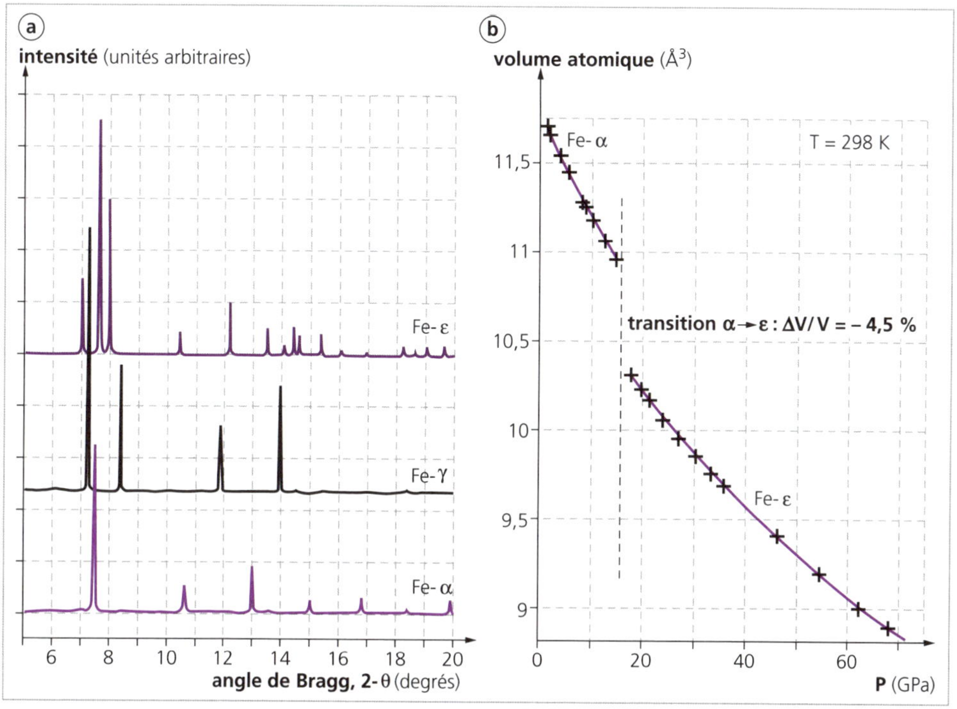

Fig. 3.8. Phases et équation d'état du fer sous haute pression. **a.** Spectres de diffraction de rayons X des phases α (pression et température ambiantes), γ (à 4,3 GPa et 1 300 K) et ϵ (à 13,3 GPa et température ambiante) du fer ; ces spectres ont été obtenus lors d'expériences en presse gros volume Paris-Edimbourg. **b.** Volume atomique du fer en fonction de la pression à température ambiante ; ces données on été obtenues lors d'expériences en cellule à enclumes de diamant.

Pour les conditions de la graine (P>330 GPa, T $\simeq$ 5 000 K), où le fer est solide, il n'y a pas encore de consensus sur sa structure cristalline : certains proposent que la phase ϵ y est toujours stable, d'autres proposent une nouvelle phase. La structure cristalline du fer dans la graine reste donc une énigme à l'heure actuelle.

2.1.2. Courbes de fusion et géotherme

La température de solidification du noyau à 330 GPa, pression correspondant à la limite noyau liquide/graine, est une donnée fondamentale pour la connaissance du géotherme car il s'agit de l'un de ses points d'ancrage. Il est donc important de connaître le plus précisément possible la fusion des matériaux potentiels du noyau. Les principaux résultats obtenus sont :

– Fer pur : la courbe de fusion du fer (**figure 3.9**) est déterminée essentiellement à partir d'expériences réalisées en cellule à enclumes de diamant chauffée par laser. Dans ces expériences, la détection du point de fusion se fait en général par observation visuelle au microscope optique. Ces mesures ont été faites jusqu'à 200 GPa et sont ensuite extrapolées jusqu'aux conditions de la limite noyau liquide/graine. On obtient alors :

$$T_{\text{fusion}} = 5\,000 \text{ K} \pm 500 \text{ K à } 330 \text{ GPa.}$$

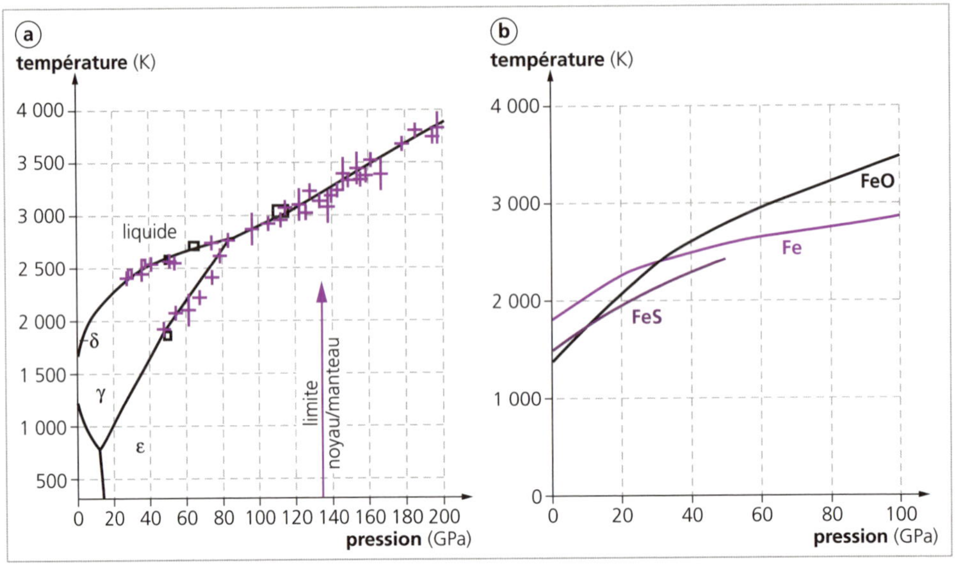

Fig. 3.9. Fusion des alliages de fer sous haute pression. **a.** **Courbe de fusion du fer pur, établie à partir d'expériences en CED jusqu'à 200 GPa. b. Comparaison entre les courbes de fusion de FeO, FeS et Fe. D'après Boehler, 1992 et Boehler, 1993.**

– Alliages de fer : selon l'élément léger qui est associé au fer, la température du solidus, qui marque le début de la fusion partielle (voir **encadré 3.2**), est plus ou moins abaissée par rapport à celle du fer. L'incertitude sur la nature des éléments légers du noyau contribue donc à l'incertitude sur l'estimation du géotherme. Les systèmes Fe-S et Fe-O ont été ainsi étudiés à très haute pression, de la même façon que le fer pur, pour des compositions particulières (FeS, FeS_2, FeO). Ceci dit, le point de fusion de compositions particulières ne suffit pas : l'évolution du solidus et du point eutectique, s'il y en a un, avec la pression (voir encadré 3.2), sont nécessaires à la compréhension de l'interface noyau liquide/graine. Ce travail a été effectué de façon systématique pour le système Fe-S jusqu'à 25 GPa en utilisant les presses gros volume et en se fondant sur des analyses chimiques des échantillons *ex situ*. On a obtenu que la température du point eutectique est pratiquement constante entre 0 et 25 GPa : $T_{\text{eutectique}} = 1\,300\ \text{K} \pm 50\ \text{K}$. Parallèlement, la composition de l'eutectique se déplace vers les compositions plus riches en fer (**encadré 3.3**). La présence de soufre abaisse donc beaucoup le point eutectique de l'alliage fer-soufre relativement à la température de fusion des corps purs, Fe et FeS : −600 K à pression ambiante, et −1 000 K à 25 GPa. Dans le système Fe-O, FeO fond à température plus basse que le fer à pression ambiante mais à température légèrement plus forte au-delà de 30 GPa. Comme par ailleurs le système n'a pas de point eutectique, on peut considérer que la présence d'oxygène influence peu la fusion du noyau par rapport au fer pur. Enfin, peu de données sont disponibles pour les diagrammes binaires complets et sur les autres systèmes (Fe-Si, Fe-C).

En résumé, la température d'ancrage à la limite noyau liquide/graine est sans doute à la fois plus basse que la température de fusion du fer à 330 GPa et entachée d'une plus grosse barre d'erreur : $T_{ancrage} = 4\,800$ K $\pm$ 1 000 K. Une autre information sur le géotherme du noyau provient du fait que le manteau inférieur reste solide jusqu'à la limite noyau/manteau, comme l'attestent les mesures sismologiques. Cela impose des températures inférieures à 4 000 K au sommet du noyau. À cette température, la magnésiowüstite du manteau inférieur serait à l'état liquide, soit un taux de fusion de 10 à 20 % en masse du manteau inférieur. Malgré les caractéristiques sismologiques extraordinaires de la couche D″ (voir chapitre 2, section 3.3), cela semble impossible. La température variant d'environ 1000 degrés entre la base et le sommet du noyau liquide (voir chapitre 2, section 3.2), cela impose $T_{ancrage} < 5\,000$ K.

Point de repère

3.2 Diagrammes binaires

Un système composé de plusieurs corps purs peut adopter plusieurs formes, pour différentes conditions de pression, de température et de composition. Il peut être entièrement solide, chaque corps cristallisant séparément ; entièrement solide, les corps étant parfaitement mélangés ; constitué d'un mélange solide-liquide ; entièrement liquide, constitué de liquides non miscibles ou d'un seul liquide homogène ; constitué d'un mélange liquide-gaz ; un gaz homogène.

Lorsque le système ne contient que deux corps purs A et B, 3 paramètres peuvent être fixés indépendamment : P, T et la composition, exprimée par exemple sous la forme $x = n_B/(n_A + n_B)$ (n_A nombre de moles de A et n_B nombre de moles de B dans le système). Les formes adoptées par le système à l'équilibre thermodynamique peuvent donc en principe être représentées sur un diagramme tridimensionnel en fonction de ces trois variables. Souvent, on ne fait varier que deux d'entre elles : P et x ou T et x. On peut alors représenter les formes adoptées par le système sur un diagramme bidimensionnel.

Quand les liquides et les solides sont totalement miscibles, on peut observer soit un solide, soit un liquide, soit un mélange solide-liquide. Dans le plan x-T, le diagramme binaire est en « fuseau » comme sur la **figure 3.10a**. Les lignes représentent les limites entre les domaines énumérés ci-dessus. Si l'on chauffe un solide de composition x_0 (flèche), il va commencer à fondre à la température T_{S0} et la première goutte de liquide aura la composition x_1, enrichie en B (le corps le plus facile à fondre) par rapport à x_0. On parle de **fusion partielle** et de fusion **incongruente** car le liquide formé n'a pas la même composition que le solide. La ligne qui décrit la composition du liquide formé est le **liquidus**. En continuant à chauffer, la composition du liquide va se rapprocher peu à peu de x_0. Le solide qui reste après cette fusion est enrichi en A, le corps le moins facile à fondre ; le dernier morceau qui reste solide à la température T_{L0} a la composition x_2. Entre T_{S0} et T_{L0}, on a donc coexistence entre un liquide et un solide, de compositions variables. La ligne qui décrit la composition du solide restant après fusion partielle est le **solidus**.

Il est très courant que les deux corps ne soient pas miscibles à l'état solide : l'état solide est alors un mélange des deux corps A et B cristallisant séparément. On observe alors un diagramme binaire du type de la **figure 3.10b**, ou même plus complexe. Un point particulier dans ce diagramme est le point **eutectique**, qui est un minimum du liquidus : lors de la fusion partielle, la première goutte de liquide formé a toujours sa composition. Si l'on fait fondre un mélange de composition x_E, il se comportera comme un corps simple et fondra entièrement à température fixée.

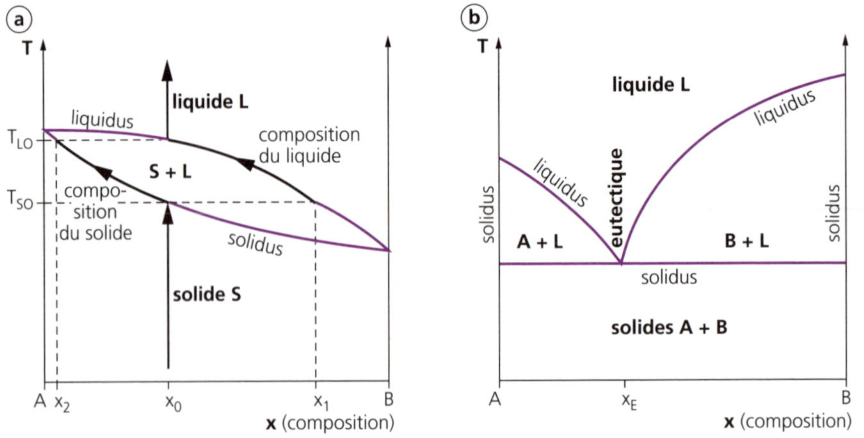

Fig. 3.10. Exemples de diagrammes binaires.

Point de repère

3.3 Les phases du noyau martien

Les conditions de pression et de température estimées à l'intérieur de la planète Mars, ainsi que la pression à la limite noyau-manteau dans cette planète (entre 21 et 25 GPa), sont représentées sur la **figure 3.11**. Les modèles de composition chimique globale de Mars proposent un noyau de composition variant de Fe-15 %S à Fe-25 %S en masse. Le diagramme de phase binaire Fe-FeS change beaucoup sous l'effet de la pression (**figure 3.12**) : par rapport au diagramme établi à pression ambiante, non seulement la composition de l'eutectique varie mais de nouvelles phases apparaissent.

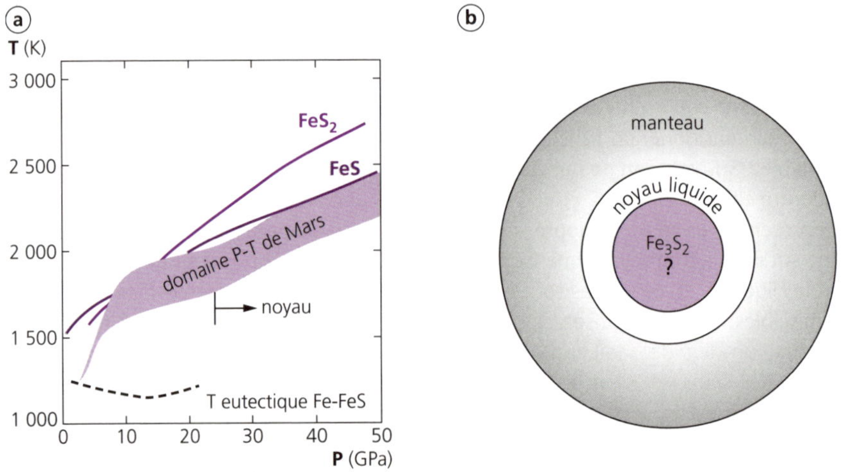

Fig. 3.11. Les alliages de fer et le noyau martien. **a.** Courbes de fusion de FeS, FeS_2 et de l'eutectique Fe-FeS comparées au domaine *P-T* du noyau martien ; **b.** modèle de la structure interne de Mars.

La conséquence est que la phase « au solidus », c'est-à-dire celle qui cristallise et va donc contribuer à un noyau solide, aura une teneur en soufre différente selon la pression. En prenant une composition de Fe-20 %S (**figure 3.12**), on voit que ce noyau serait partiellement liquide et que la phase du noyau solide martien pourrait être Fe_3S_2.

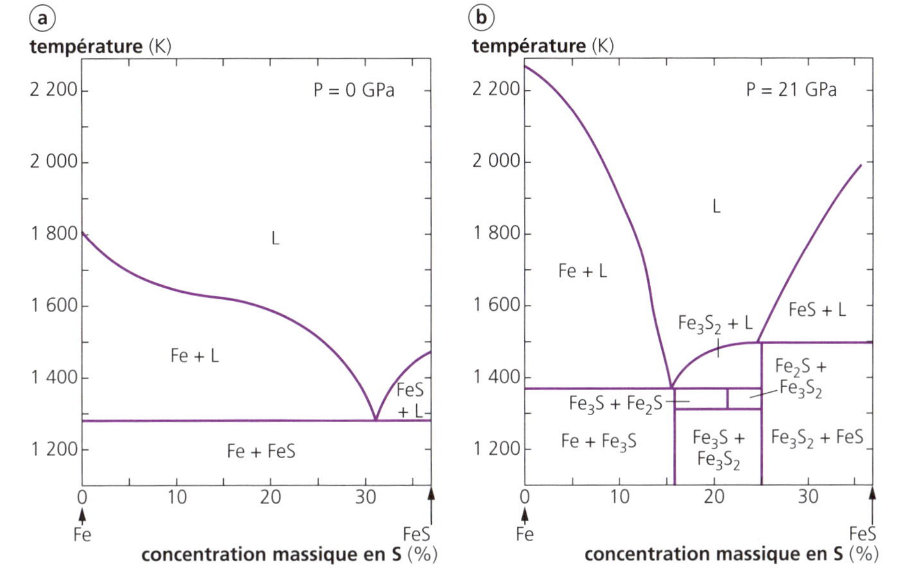

Fig. 3.12. Évolution du diagramme binaire Fe-FeS. **Les diagrammes à pression ambiante (a) et à une pression de 21 GPa (b) sont représentés. D'après Fei *et coll.*, 2000.**

2.2 Les propriétés élastiques du fer

2.2.1. Les travaux précurseurs de F. Birch (loi de Birch)

Pour montrer que le noyau est constitué essentiellement de fer, F. Birch (voir introduction, encadré 3) procéda en deux étapes.

La première étape fut de montrer expérimentalement que la vitesse des ondes de compression v_P, dans un matériau donné, peut être reliée à la masse volumique de ce matériau, ρ, par une loi linéaire simple : $v_P = a\rho + b$ où a et b sont des constantes dépendant de la masse molaire moyenne M du matériau considéré (voir Birch, 1961). Cette loi empirique, dite loi de Birch, fut établie à partir de mesures de v_P et ρ menées sur un ensemble de 250 roches différentes (**figure 3.13**) à haute pression (P = 1 GPa), la haute pression étant nécessaire pour s'affranchir des effets de porosité sur la mesure de v_P à pression ambiante.

Il utilisa ensuite les données obtenues lors d'expériences d'ondes de choc sur différents corps purs pour vérifier cette loi. Mais il lui a fallu l'adapter aux paramètres disponibles expérimentalement. En effet, sous haute pression, il est beaucoup plus facile de mesurer la vitesse $v_\phi = \sqrt{K_S/\rho}$ (voir **équation 2.20**) que la vitesse v_P car on peut mesurer ρ, par des mesures de diffraction de rayons X (voir section 1.1 de l'annexe A) en cellule à enclumes de

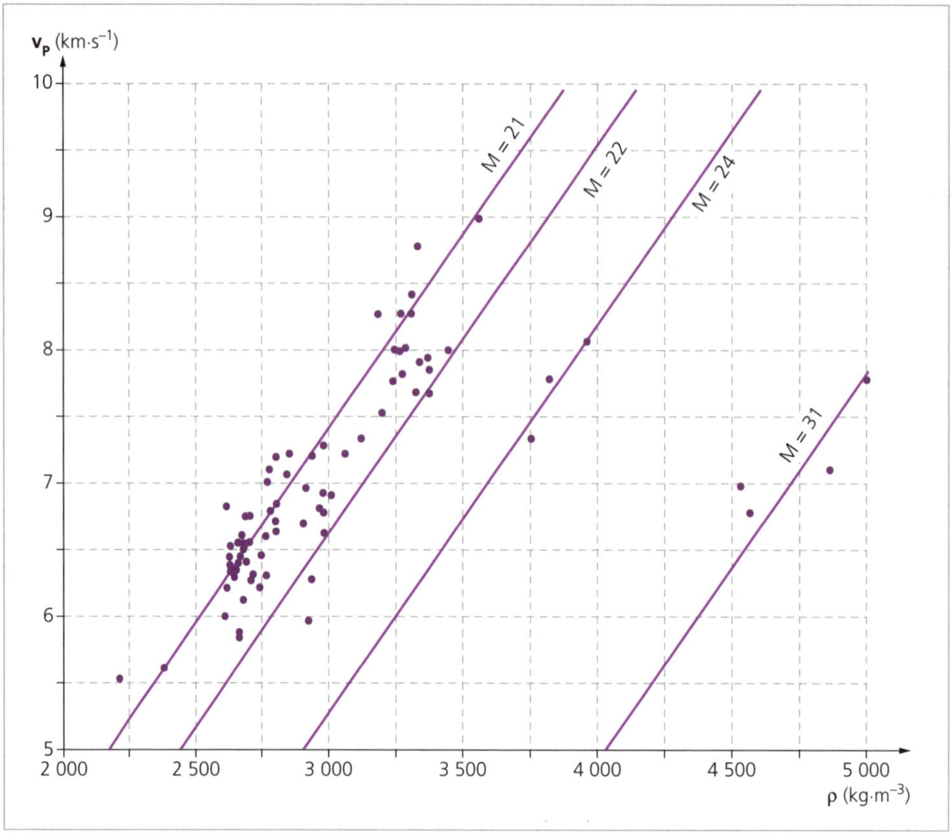

Fig. 3.13. Vitesse des ondes de compression à 1 GPa en fonction de la masse volumique mesurée sur silicates et oxydes. **Les droites soulignent la relation linéaire obtenue pour des échantillons de même masse atomique moyenne (M, donnée en grammes par mole). D'après Birch, 1961.**

diamant ou par des mesures de compression par ondes de choc (voir chapitre 1, section 4) et en déduire K_S, module d'incompressibilité adiabatique. En comparant les points (ρ, v_ϕ) obtenus lors de ces expériences, pour Mg, Si, Fe, etc. avec les profils terrestres de vitesse v_ϕ et de masse volumique ρ, il vérifia que le noyau de la Terre est composé essentiellement de fer et le manteau essentiellement de silicates[3].

2.2.2. L'affinement des résultats de Birch

Le raisonnement de Birch sur la composition du noyau peut dorénavant être affiné : la vitesse v_P a été calculée, toujours à partir de mesures de la masse volumique lors d'expériences d'ondes de choc sur le fer, sur une gamme de pression couvrant complètement le domaine du noyau (entre 77 GPa et 400 GPa), à la fois noyau liquide et graine. Ces mesures montrent que l'accord entre mesures sur fer pur et observations sismologiques (modèle PREM) est effectivement bon pour la graine (**figure 3.14**). En revanche, dans

[3] Voir Paul et Warschauer, 1963, pp. 137-162 (chapitre rédigé par F. Birch).

le domaine du noyau liquide, le décalage important entre la courbe expérimentale et le modèle sismologique de Terre implique la présence d'éléments légers.

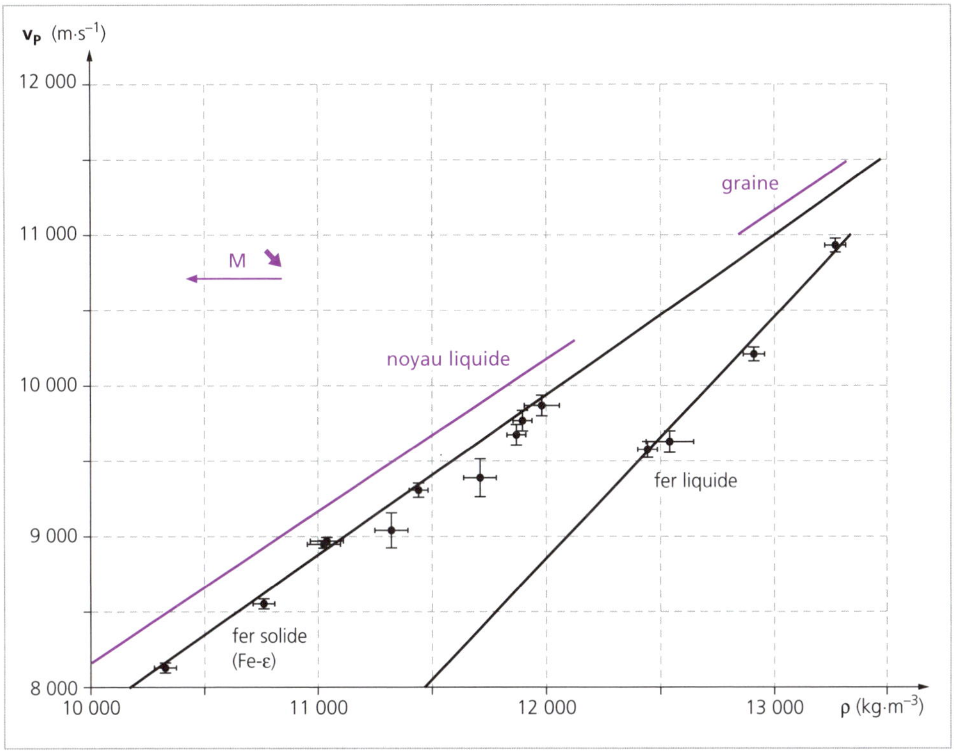

Fig. 3.14. Vitesse v_P en fonction de la masse volumique dans le fer solide (phase ε) et dans le fer liquide déduite d'expériences d'ondes de choc. **Le modèle sismologique de Terre (PREM), pour le noyau externe et la graine, est représenté par le trait coloré. Le décalage entre mesures et modèle PREM indique la présence d'éléments légers dans le noyau liquide (M : masse atomique moyenne). D'après Brown et McQueen, 1986.**

Ces observations sont compatibles avec les diagrammes binaires des alliages de fer qui constituent le noyau. En effet, l'existence de fusion incongruente entre ses composants implique que la composition chimique de la graine, formée par solidification du noyau liquide, diffère de celle du noyau liquide (voir encadré 3.2). La graine est ainsi appauvrie en éléments légers par rapport au noyau liquide.

Notons que le noyau contient également plusieurs pourcents de nickel, mais le comportement de cet élément à haute pression est très proche de celui du fer. En particulier, l'équation d'état des alliages de fer-nickel solides est identique à celle du fer pur. On peut donc négliger son effet.

Peu de mesures analogues à celles présentées sur la figure 3.14 sont disponibles sur les différents systèmes Fe-élément léger. Néanmoins, on peut à partir de là, et grâce à des expériences numériques sur les propriétés du fer liquide, estimer la proportion d'éléments légers dans le noyau externe. Il en découle que la **teneur en éléments légers du noyau liquide** est comprise entre **5 % (calculs théoriques)** et **15 % (expériences)**.

2.3 Nature des éléments légers

2.3.1. Influence des éléments légers sur les propriétés élastiques du fer liquide : peut-il y avoir du soufre dans le noyau ?

Expérimentalement, il est plus facile d'étudier les propriétés de la phase liquide des alliages fer-soufre car leur fusion se produit à relativement basse température (dès 1 300 K environ) et les mesures s'en trouvent facilitées.

Les données présentées dans la **figure 3.15** proviennent d'une expérience de radiographie X en presse Paris-Edimbourg (voir chapitre 1, section 2.4). La radiographie par des rayons X permet de mettre en évidence des contrastes de masse volumique (voir section 2.2 de l'annexe A). On en déduit la masse volumique du liquide en fonction de la pression et de la température, c'est-à-dire l'équation d'état du liquide.

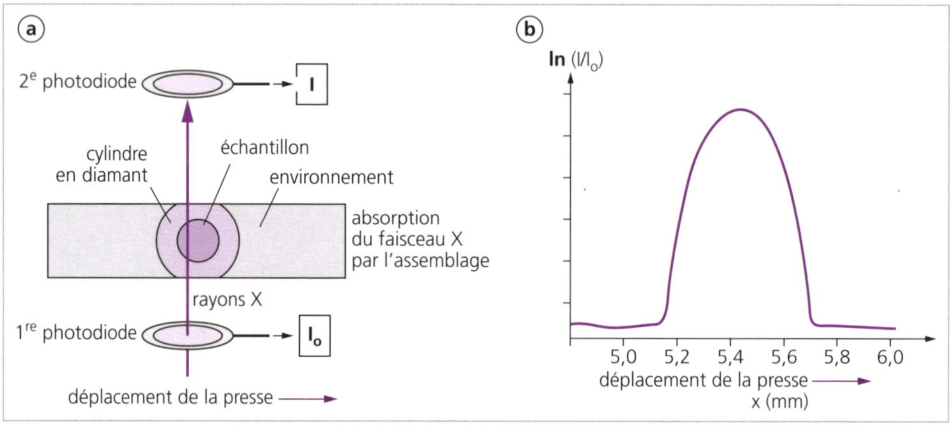

Fig. 3.15. Mesure de masse volumique des liquides à haute pression. **a.** Schéma du principe expérimental ; la presse, et donc l'échantillon au sein de l'assemblage, est déplacée perpendiculairement au faisceau de rayons X et simultanément, deux photodiodes mesurent l'intensité du faisceau avant et après son passage dans l'échantillon. **b.** Profil d'absorption acquis sur un liquide Fe-25 %Si à 1 GPa-1 800 K : le signal d'absorption intense au centre du profil correspond au passage du faisceau dans l'échantillon.

Ces expériences montrent que la présence de soufre augmente beaucoup la compressibilité des alliages de fer liquide (par exemple, un liquide Fe-15 %S est deux fois plus compressible que le fer liquide pur), alors que la présence de silicium modifie peu cette compressibilité.

Revenons de nouveau à la méthode de F. Birch, c'est-à-dire la comparaison des vitesses des ondes de compression mesurées sur matériaux et celles des modèles sismologiques de Terre (type modèle PREM). Pour les liquides, $v_P = \sqrt{K_S/\rho}$ car μ, le module de cisaillement est nul (voir **équation 6**). Soufre et silicium abaissent la masse volumique ρ de l'alliage de fer liquide dans des proportions similaires, leur masses molaires étant proches (32 $g \cdot mol^{-1}$ pour le soufre, 28 $g \cdot mol^{-1}$ pour le silicium). En revanche, seul le soufre modifie notablement son module d'incompressibilité K_S. Si l'on ajoute du silicium au fer, v_P augmente donc, et se rapproche du profil sismique PREM (**figure 3.16**). En revanche, si l'on ajoute du soufre dans le fer liquide, v_P diminue et l'écart par rapport au modèle PREM augmente. Si cet effet perdure aux conditions de pression et température du noyau liquide terrestre, alors sa teneur en soufre ne peut dépasser plus de 2 à 3 %, vu le faible écart entre le modèle PREM et les propriétés du fer liquide pur. Ce résultat confirme l'estimation géochimique de la teneur en soufre du noyau à partir de son degré de volatilité (près de 2 %).

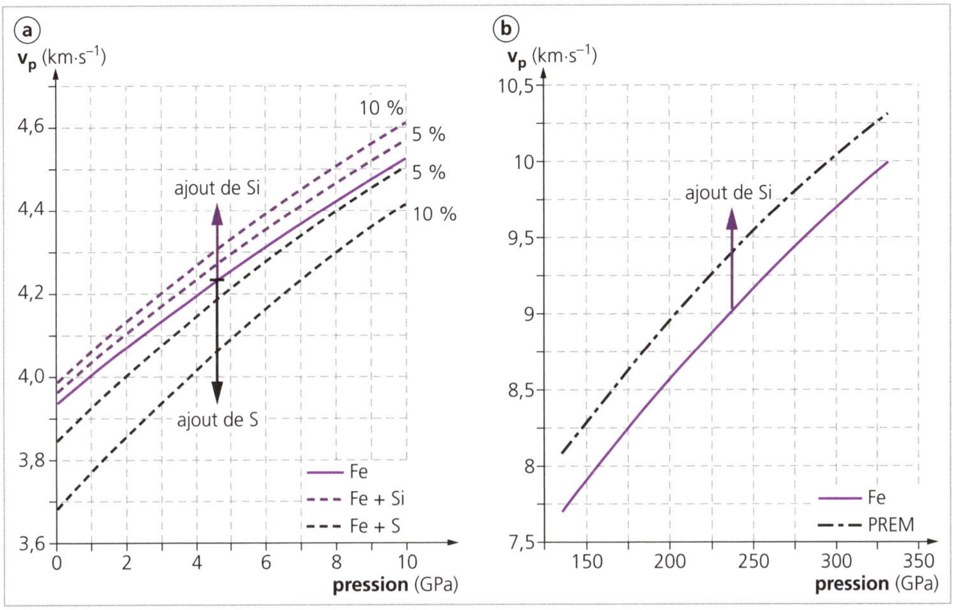

Fig. 3.16. **Évolution de la vitesse des ondes de compression, v_P, dans des alliages de fer liquide en fonction du taux en éléments légers : soufre et silicium. a. Dans le domaine de pression accessible expérimentalement. b. Extrapolation au domaine de pression réel du noyau liquide terrestre. D'après Sanloup *et coll.*, 2004a.**

Il apparaît donc que le silicium est un élément léger majeur plausible du noyau liquide. Il reste à savoir si le silicium peut effectivement entrer dans le noyau dans certaines conditions (voir ci-dessous et section 3.2), c'est-à-dire être un élément sidérophile, ce qui n'est pas le cas à pression ambiante.

2.3.2. Partage des éléments légers entre fer et silicates : cas du potassium, du silicium et de l'oxygène

Pour comprendre à la fois la composition du noyau et sa formation, il est essentiel d'étudier comment et dans quelle mesure les éléments chimiques se partagent entre fer liquide et silicates suivant leur caractère lithophile ou sidérophile, ce dernier étant lui-même susceptible de changer en fonction des conditions de pression et de température. Cette approche « chimique » est complémentaire de l'étude des propriétés physiques des matériaux du noyau et de leur comparaison avec les données sismologiques. Elle repose sur l'hypothèse que l'ensemble des éléments chimiques présents dans la Terre profonde se partagent entre matériaux du noyau et matériaux du manteau et que cette répartition s'est faite à l'équilibre thermodynamique. Cette hypothèse d'équilibre thermodynamique permet d'espérer que l'on pourra reproduire au laboratoire le mécanisme de ce partage.

- **Le potassium**

Le potassium est un élément volatil et plutôt lithophile. Les mesures du coefficient de partage du potassium entre silicates et fer fondus ont longtemps été vaines, du fait de difficultés expérimentales et analytiques. De par son caractère très volatil, le potassium est fréquemment perdu lors des expériences à haute température à pression ambiante et il passe en solution dans la plupart des produits de polissage. Or le polissage des échantillons est un préalable nécessaire à toute analyse chimique. Mais ces difficultés ont été surmontées et ce type d'expériences a été réalisé (voir Rama Murthy *et coll.*, 2003). Pour cela, un mélange de fer (+ soufre) et de péridotite naturelle a été préparé puis comprimé (1 GPa à 3 GPa) et chauffé (1 500-2 000 K) dans un appareil piston-cylindre (voir encadré 1.1 du chapitre 1). Après trempe de l'expérience, les échantillons ont été récupérés puis analysés (**figure 3.17**, cahier couleur p. VII) grâce à une microsonde électronique (voir section 6 de l'annexe A). Des analyses ponctuelles de la phase métallique révèlent des teneurs en potassium faibles, mais non négligeables et d'autant plus fortes que la température est élevée. Le coefficient de partage du potassium entre liquide métallique et liquide silicaté reste tout de même toujours inférieur à 1, c'est-à-dire que le potassium demeure un élément lithophile.

La quantité de potassium potentiellement présente dans le noyau est estimée, sur la base de ces expériences, entre 60 et 130 ppm. Cela ne suffit pas pour faire du potassium un élément léger majeur du noyau, mais cela suffit pour en faire l'une des sources de chaleur interne dans le noyau. Le ^{40}K est un isotope radioactif du potassium, qui se désintègre en ^{40}Ar avec une période de $1,25 \times 10^9$ ans. La contribution du ^{40}K à la production de chaleur interne du globe pourrait s'élever à 0,4-0,8 TW, soit une contribution significative par rapport à celle de la solidification de la graine (voir tableau 2.4 dans le chapitre 2).

- **Le silicium et l'oxygène**

Les cas du silicium et de l'oxygène sont plus complexes. À pression ambiante, ces éléments sont tous deux très lithophiles. Dans le cas de l'oxygène, son caractère lithophile s'explique en partie par le fait qu'à l'état liquide, Fe et FeO sont immiscibles à pression ambiante, de sorte que moins de 1 % d'oxygène peut être dissous dans le fer liquide. D'après des expériences de partage métal/silicates, il semble que le caractère lithophile du silicium s'affaiblisse pour des conditions très réductrices (plus réductrices que celles du manteau supérieur) et des températures très élevées (T > 3 000 K). Nous verrons plus loin (section 3.3) que cela peut-être le cas aux conditions de la limite noyau/manteau.

3. Formation et évolution du noyau

En ce qui concerne la formation de la Terre, deux classes de modèles sont proposées. Dans les modèles d'**accrétion homogène**, la Terre résulte de l'agglomération de matériel uniforme. Dans les modèles d'**accrétion hétérogène**, il y a eu plusieurs étapes avec apport de matériel différent. Mais ces modèles d'accrétion ne présupposent pas des processus de la différenciation terrestre, sauf pour un cas extrême et peu probable d'accrétion hétérogène avec des apports successifs de métal formant le noyau et de silicates formant le manteau, auquel cas la différenciation n'aurait pas lieu d'être. Autrement dit, on peut considérer un modèle de formation de la Terre avec un premier apport de l'essentiel de la masse terrestre, suivi de sa différenciation puis d'un second apport de matériel, comme étant également un cas d'accrétion hétérogène.

En ce qui concerne la formation du noyau, nous allons identifier quels sont les processus plausibles d'un point de vue physique et géochimique.

3.1 Les planétésimaux : apports de matériel différencié à basse pression

Nous allons voir s'il est possible que la Terre se soit formée à partir de planétésimaux déjà différenciés (c'est-à-dire comportant un manteau silicaté et un noyau métallique), ou bien qu'elle se soit différenciée dès le début de sa formation, alors qu'elle n'avait pas atteint sa taille finale. Les **planétésimaux** sont les premiers corps solides de taille importante à s'être formés dans la nébuleuse solaire, à partir de la coalescence de particules (voir section 1.1 du chapitre 4).

Pour qu'un liquide métallique au sein de silicates puisse migrer vers le centre d'une planète, deux scénarios sont à envisager : soit la matrice silicatée environnante est liquide (cas du modèle de l'océan magmatique, voir **encadré 3.4**), soit elle est solide. Dans ce second cas, la percolation du fer liquide à travers la matrice silicatée solide vers le centre de la planète est possible à nouveau dans deux cas : soit si les poches intergrains de liquides sont connectées (ce qui correspond au cas où l'angle dihédral est inférieur à 60°, voir **figure 3.18a en haut**), et ceci quelle que soit la fraction de liquide, soit si la fraction de liquide est supérieure à une valeur seuil (dans le cas où l'angle dihédral est supérieur à 60°, voir **figure 3.18a en bas**).

Jusque récemment, l'étude de la ségrégation d'un alliage de fer au sein d'une matrice silicatée portait uniquement sur la mesure de l'angle dihédral et, de plus, uniquement sur échantillon trempé, c'est-à-dire *ex situ*. Mais la mesure de l'angle dihédral n'est qu'une preuve indirecte et peu sûre de la percolation. La première expérience de percolation *in situ* a été mise en œuvre par une équipe japonaise (voir Yoshino *et coll.*, 2003). Cette équipe a réalisé une série de mesures en presse gros volume sur un mélange olivine/alliage Fe-S, en mesurant la conductivité électrique *in situ*, à 3 GPa et jusqu'à 1 600 K, température suffisante pour faire fondre l'alliage de fer mais pas l'olivine. Le diagnostic de l'expérience est simple : si le liquide métallique est connecté au sein de la matrice d'olivine, alors le courant électrique va passer dans l'échantillon via le liquide métallique et la conductivité électrique sera forte. Si le liquide métallique n'est pas connecté, le courant passera très mal, l'olivine étant un mauvais conducteur et la conductivité électrique sera très faible. Le résultat de l'expérience est que si la teneur d'alliage de fer est supérieure à 10 % en volume, le courant passe à travers l'échantillon, attestant la percolation du liquide métallique dans la matrice silicatée (**figure 3.18b**).

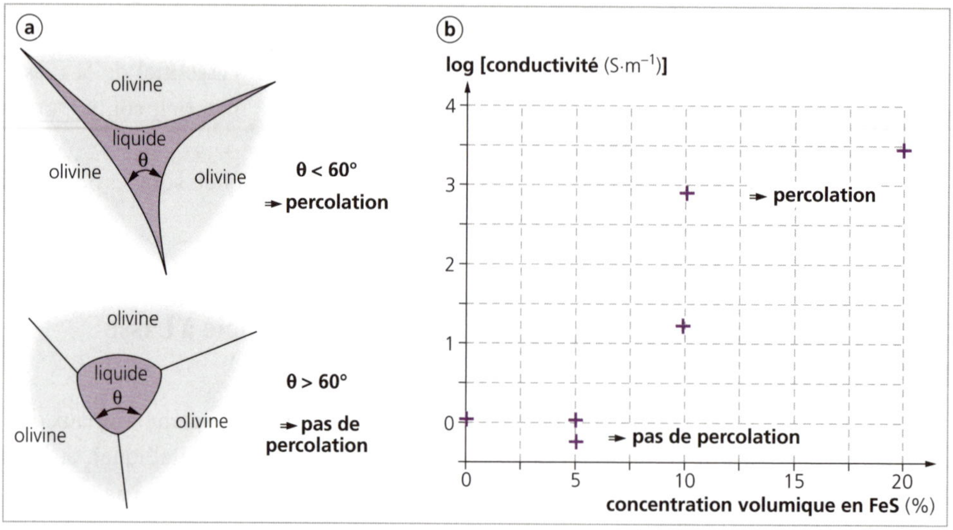

Fig. 3.18. Percolation d'un alliage de fer à travers une matrice silicatée solide. **a.** Le liquide métallique peut percoler si l'angle dihédral, θ, est inférieur à 60°. **b.** Mesure de la conductivité électrique d'un mélange d'olivine San Carlos et de $Fe_{64}S_{36}$ à 3 GPa .

Cette concentration était atteinte dans les planétésimaux qui ont ensuite formé la Terre, en supposant que leur composition chimique globale est chondritique (voir tableau 3.2). Si la température a atteint 1 500 K environ en leur cœur, ce qui est probablement le cas du fait de la chaleur libérée par la désintégration radioactive d'éléments à courte période (^{26}Al, ^{60}Fe), la fusion partielle des alliages Fe-S a pu se produire dans les conditions de basse pression des planétésimaux (< 5 GPa). Elle a alors été suivie d'un processus de percolation au sein de la matrice silicatée, avec pour conséquence la formation d'un noyau. Dans la mesure où la Terre et les autres planètes telluriques se sont probablement formées par accrétion de tels planétésimaux, il est possible que le noyau de ces planètes résulte du « mélange » de noyaux déjà formés par percolation au sein de leur corps parent.

Point de repère

3.4 La théorie de l'océan magmatique

La théorie de l'océan magmatiquestipule que, lors de la formation de la Terre, une partie au moins du manteau était à l'état liquide. Cette théorie repose sur une étude des isotopes des gaz rares dans le manteau (voir Harper et Jacobsen, 1996). Dans cette étude, des basaltes d'îles océaniques, et par suite leur source mantellique (dans des basaltes contemporains, la composition isotopique est identique à celle de la roche-mère), avaient des rapports isotopiques du néon et de l'hélium intermédiaires entre une composante solaire et le pôle « air », suite aux contaminations des échantillons par l'air ambiant (**figure 3.19**). La signature solaire a été interprétée comme résultant de l'équilibre entre une atmosphère primitive de composition solaire et un océan magmatique, les gaz ayant pu se dissoudre dans le magma silicaté.

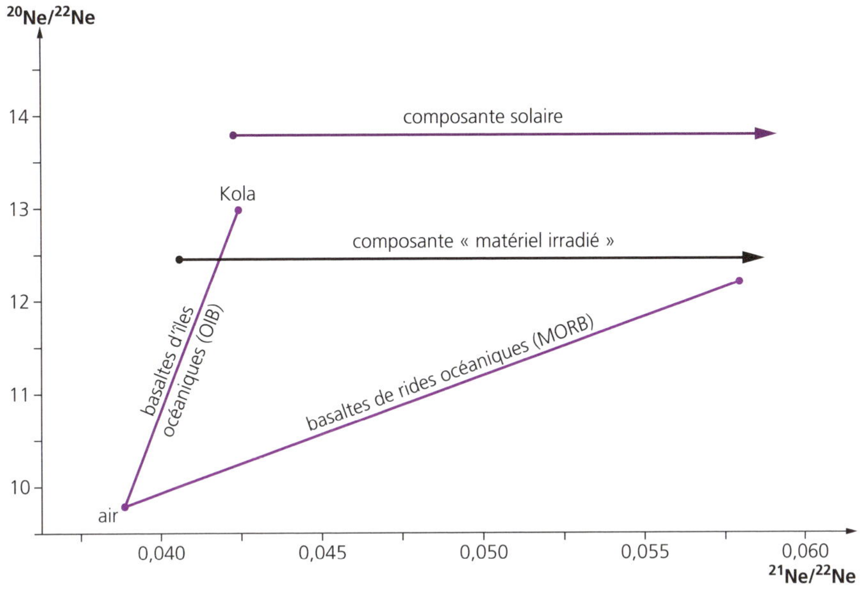

Fig. 3.19. Rapports isotopiques du néon dans les basaltes de rides (MORB) et les basaltes d'îles océaniques (OIB). Les composantes solaire et « matériel irradié » peuvent être modifiées par addition de ^{21}Ne nucléogénique suite aux collisions entre particules α et atomes ^{18}O des silicates du manteau.

Il fut ensuite démontré que l'excès d'éléments sidérophiles dans le manteau peut s'expliquer par une différenciation à haute pression (voir section 3.2), vers 25 GPa, pression qui fut alors interprétée comme correspondant à la base de l'océan magmatique. Cette profondeur correspond au début du champ de stabilité de la pérovskite silicatée (voir chapitre 2, section 1.2), ce qui tombe bien puisque la température de fusion de celle-ci est plus élevée que celle des phases de l'olivine. Dans la théorie de l'océan magmatique, le manteau inférieur serait resté à l'état solide. Cette théorie pouvait donc en même temps justifier l'inhomogénéité chimique du manteau supérieur et du manteau inférieur.

Par ailleurs, il semblait impossible que du fer liquide puisse percoler au sein d'une matrice silicatée solide avant que les premières expériences de percolation *in situ* ne soient réalisées et montrent que c'est en fait possible. La présence d'un océan magmatique semblait donc incontournable pour pouvoir expliquer la migration du fer vers le centre du globe.

Cependant, la pierre de fondement de cette théorie, c'est-à-dire la signature isotopique solaire du manteau pour les gaz rares, est l'étude d'échantillons rares et atypiques (les basaltes de la province de Kola, Japon). L'essentiel du manteau peut s'expliquer par un mélange entre la composante atmosphérique actuelle et une composante acquise par le matériel préterrestre (composante « matériel irradié » de la figure 3.19), suite à une irradiation des météorites par le vent solaire avant accrétion, (voir Ballentine *et coll.*, 2005).

3.2 Les éléments sidérophiles : un scénario à haute pression

Une autre piste d'investigation des processus à la base de la formation du noyau est l'étude du comportement sidérophile de certains éléments à haute pression. L'idée est ici d'utiliser des éléments très sidérophiles à pression ambiante comme traceurs des conditions de pression et de température de la formation du noyau. Nickel et cobalt sont deux de ces éléments marqueurs.

Par définition, le **coefficient de partage** du nickel entre phase métallique (noyau) et phase silicatée (manteau primitif) est défini par :

$$D^{\mathrm{Ni}}_{\text{métal/silicates}} = \frac{[\mathrm{Ni}]_{\text{métal}}}{[\mathrm{Ni}]_{\text{silicates}}}, \tag{3.1}$$

les crochets indiquant la concentration massique. Supposons que la différenciation se soit déroulée à basse pression (P<5 GPa) et que noyau métallique et manteau silicaté se soient individualisés à l'équilibre thermodynamique. On peut alors écrire le bilan de masse du nickel :

$$[\mathrm{Ni}]_{\text{Terre}} = [\mathrm{Ni}]_{\text{silicates}} \times M_{\text{manteau}} + [\mathrm{Ni}]_{\text{métal}} \times M_{\text{noyau}},$$

et donc :

$$[\mathrm{Ni}]_{\text{silicates}} = \frac{[\mathrm{Ni}]_{\text{Terre}}}{M_{\text{manteau}} + D^{\mathrm{Ni}}_{\text{métal/silicates}} M_{\text{noyau}}}.$$

De même, pour le cobalt, on a :

$$[\mathrm{Co}]_{\text{silicates}} = \frac{[\mathrm{Co}]_{\text{Terre}}}{M_{\text{manteau}} + D^{\mathrm{Co}}_{\text{métal/silicates}} M_{\text{noyau}}},$$

avec :

- $[\mathrm{Ni}]_{\text{Terre}} = 1,65$ % (en prenant le modèle de Terre chondritique, voir tableau 3.2) ;
- $[\mathrm{Co}]_{\text{Terre}} = 0,08$ % (en prenant le modèle de Terre chondritique, voir tableau 3.2) ;
- $M_{\text{manteau}} = 0{,}68$ (68 % de la masse terrestre, par intégration du modèle PREM) ;
- $M_{\text{noyau}} = 0{,}32$.

Les coefficients de partage du cobalt et du nickel mesurés expérimentalement à pression ambiante valent respectivement $D^{\mathrm{Co}}_{\text{métal/silicates}} = 130 \pm 30$ et $D^{\mathrm{Ni}}_{\text{métal/silicates}} = 5\,000 \pm 2\,500$. Donc, si noyau et manteau silicaté se sont différenciés à l'équilibre et à pression ambiante, on devrait avoir :

$$[\mathrm{Co}]_{\text{silicates}} = 0,002 \text{ \% et } [\mathrm{Ni}]_{\text{silicates}} = 0,001 \text{ \%}.$$

Ces concentrations sont représentés **figure 3.20**. Or, on observe en fait des valeurs bien plus élevées dans les péridotites, surtout pour le nickel :

$$[\text{Co}]^{\text{observé}}_{\text{silicates}} = 0,0102\ \%\ (102\ \text{ppm})\ \text{et}\ [\text{Ni}]^{\text{observé}}_{\text{silicates}} = 0,19\ \%\ (1\,860\ \text{ppm}).$$

Ces résultats sont en fait généralisables à l'ensemble des éléments sidérophiles du manteau : l'excès d'éléments sidérophiles dans le manteau est un problème bien connu des géochimistes. Deux hypothèses sont envisageables pour expliquer les teneurs réelles du manteau en nickel et cobalt.

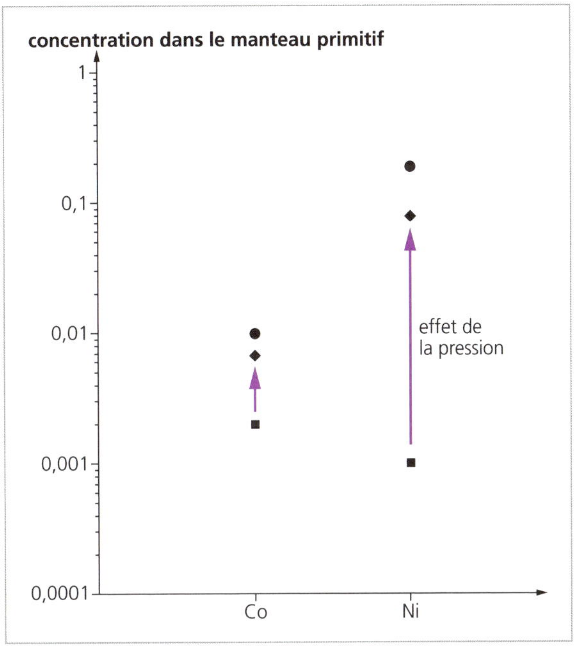

Fig. 3.20. Concentrations massiques du manteau primitif en nickel et cobalt (éléments sidérophiles) observées (cercles), calculées en utilisant les coefficients de partage à pression ambiante (carrés) et à 20 GPa (losanges). **Attention : échelle logarithmique en ordonnées.**

On peut invoquer une formation du noyau et du manteau non à partir d'un même matériel (accrétion homogène), mais avec des apports différents suite à un processus d'accrétion en deux phases (accrétion hétérogène). Dans ce modèle d'accrétion hétérogène, la Terre se serait différenciée après avoir atteint une certaine taille, puis une nouvelle phase d'accrétion se serait produite : on parle de « vernis tardif ». Cela expliquerait pourquoi les concentrations en éléments sidérophiles du manteau ne résultent pas de fait d'une séparation du noyau à l'équilibre thermodynamique avec le manteau silicaté.

On peut également envisager que la formation du noyau a bien eu lieu à l'équilibre avec le manteau dans le cadre d'une accrétion homogène, mais à haute pression. Les désaccords entre mesures et calculs peuvent alors provenir du fait que les coefficients de partage sont dépendants de la pression.

L'expérience qui teste la seconde hypothèse consiste à mettre en contact silicates et alliages de fer (Fe-S ou Fe-Si par exemple) et à mesurer la répartition des éléments de trace sidérophiles entre les deux phases silicatée et métallique. Une telle expérience demande un volume d'échantillon assez gros et est donc réalisée en presse gros volume. Pour $P = 20$ GPa et $2\,300\ \text{K} < \text{T} < 3\,300\ \text{K}$, on a ainsi mesuré (voir Li et Agee, 1996) :

$$D^{\text{Co}}_{\text{métal/silicates}} = 34 \pm 10\ \text{et}\ D^{\text{Ni}}_{\text{métal/silicates}} = 60 \pm 10.$$

Les coefficients de partage du cobalt et du nickel, différents de plus d'un ordre de grandeur à pression ambiante, convergent donc à haute pression (entre 25 et 30 GPa). Il en résulte que :

$$[Co]_{silicates} = 7 \times 10^{-3}\ \%\ (70\ ppm)\ et\ [Ni]_{silicates} = 83 \times 10^{-3}\ \%\ (830\ ppm),$$

valeurs nettement plus proches des valeurs observées (figure 3.20).

Voilà donc un argument géochimique plaidant pour une étape finale de différenciation de la Terre à haute pression, dans une Terre pratiquement de taille actuelle et éventuellement au sein d'un océan magmatique.

3.3 L'évolution du noyau : composés du manteau et du noyau réagissent-ils dans la couche D″ ?

La limite noyau/manteau est à la fois une limite chimique, avec un changement drastique de composition et de conditions oxydo-réductrices (pour le fer, on passe d'un état d'oxydation Fe^{2+} à un état Fe^{0}) et une limite physique, avec d'un côté un manteau solide en convection lente et de l'autre, un noyau externe liquide en convection rapide. Les conditions pression-température à la limite noyau-manteau sont 135 GPa et 3 500-4 800 K. La structure complexe de cette limite est attestée par les mesures sismiques (voir section 3.3.3 du chapitre 2). La topographie de la limite pourrait varier entre 0,1 et 10 km et côté noyau, certaines études sismologiques suggèrant la présence d'une couche anormale, c'est-à-dire ayant une masse volumique et des propriétés élastiques un peu différentes de celles du reste du noyau.

L'étude de la réactivité chimique entre des composés aussi différents que ceux du manteau inférieur et ceux du noyau sous haute pression et haute température apporte des éléments de compréhension concernant la limite noyau-manteau. Les premières expériences qui documentent cette réactivité ont été menées en cellule à enclumes de diamant couplée au chauffage laser sur un assemblage constitué d'une feuille de fer au contact de $(Mg,Fe)SiO_3$-pérovskite (**figure 3.21**), silicate majeur du manteau inférieur.

Les analyses chimiques (voir section 6 de l'annexe A) montrent qu'à proximité du contact entre le fer et la $(Mg,Fe)SiO_3$-pérovskite, la feuille de fer s'est enrichie en oxygène et silicium au détriment de la pérovskite sur une distance d'environ 4 μm. Cet enrichissement est notable dans les expériences faites au-delà de 70 GPa et 3 500 K. Noyau et manteau peuvent donc réagir chimiquement et échanger des éléments. Cela implique que des hétérogénéités chimiques peuvent se développer à la limite noyau-manteau et, plus précisément, dans la couche D″. Dans le cas d'hétérogénéités liées aux réactions fer/silicates, on estime qu'elles peuvent avoir lieu sur une échelle spatiale de 10 à 100 m, échelle sur laquelle le fer liquide pourrait s'infiltrer par capillarité dans le manteau. Cette échelle est très petite par rapport aux deux à trois cents kilomètres de couche D″, mais des mouvements de convection pourraient étendre le domaine spatial de réaction fer-silicates. De tels mouvements entraîneraient les zones chaudes ayant réagi plus haut que la zone d'infiltration du fer liquide, mais cette ascension serait limitée du fait de

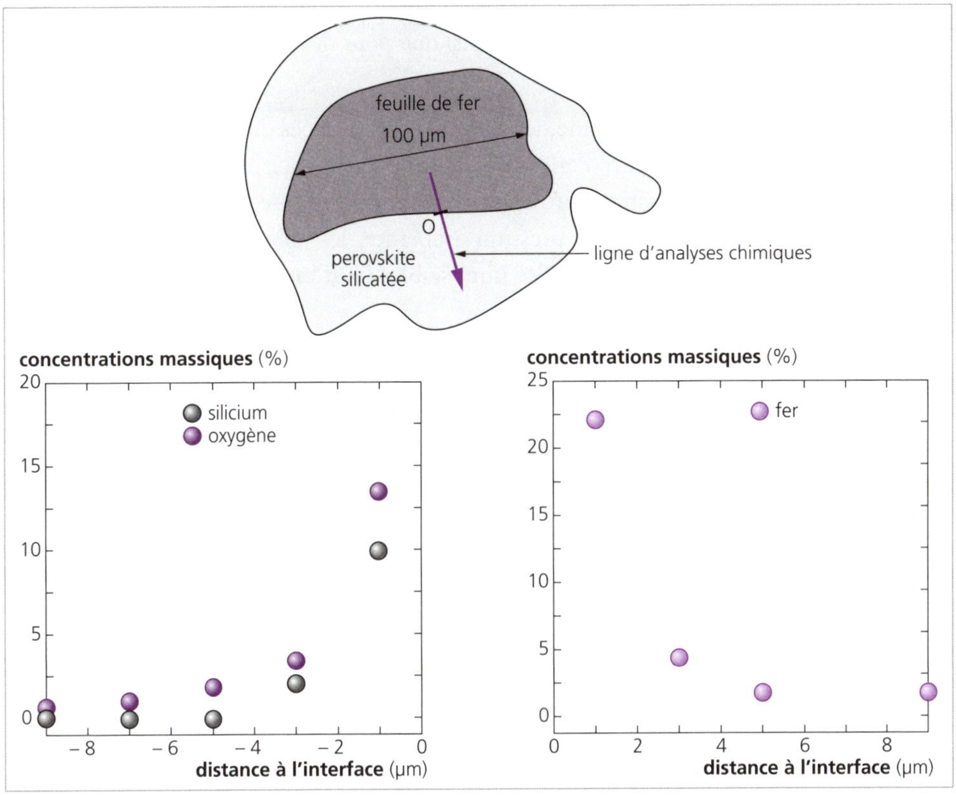

Fig. 3.21. Réactions chimiques entre fer et (Mg,Fe)SiO_3-pérovskite observées après chauffage laser à 70 GPa. **En haut : schéma de l'échantillon ; en bas : analyses chimiques (microsonde électronique). D'après Knittle et Jeanloz, 1991.**

l'enrichissement en fer, générant une masse volumique plus élevée que celle du manteau n'ayant pas encore réagi. Ces expériences dévoilent donc un mécanisme conduisant à une incorporation d'oxygène et de silicium dans le noyau liquide. La composition du noyau est ainsi susceptible d'évoluer aux cours des temps géologiques.

3.4 En conclusion sur les éléments légers du noyau

Les conclusions tirées des approches géophysiques expérimentales semblent actuellement confirmer celles des approches géochimiques (voir **tableau 3.2**).

- À pression modérée, l'ajout de silicium au fer liquide pur induit une augmentation de la vitesse de propagation des ondes de compression. La présence de silicium dans le noyau liquide pourrait donc expliquer la différence entre la vitesse de propagation des ondes sismiques et la vitesse calculée à partir d'expériences d'ondes de choc.
- Dans les mêmes conditions, l'ajout de soufre induit un effet opposé. Cet effet peut être contrebalancé par celui du silicium si ce dernier est plus abondant, mais cela limite la teneur du noyau liquide en soufre à quelques %.

– Si et O seraient sidérophiles aux conditions extrêmes (pression et température) et réductrices de la limite manteau/noyau, ainsi que pour des conditions de pression plus modérées dans le cas du silicium.

Si et O apparaissent donc comme des candidats bien placés dans la course à l'élément léger majeur du noyau, le soufre étant sans doute présent mais en quantités moindres. Ce consensus sur la composition du noyau liquide soulève une question concernant la structure de ce noyau : en effet, à pression ambiante, les alliages Fe-Si-S et Fe-FeO, lorsqu'ils fondent, donnent deux liquides immiscibles (voir **encadré 3.5**).

Point de repère

3.5 Les noyaux liquides des planètes sont-ils des vinaigrettes ?

La composition du noyau liquide terrestre, selon le consensus géochimique, est un mélange d'éléments légers Si, O, S (et C) et d'un alliage fer-nickel. Or, à pression ambiante, les mélanges Fe-Si-S, Fe-S-C, Fe-O, ressemblent, si on les fait fondre, à un mélange d'huile et de vinaigre : deux liquides immiscibles (**figure 3.22**).

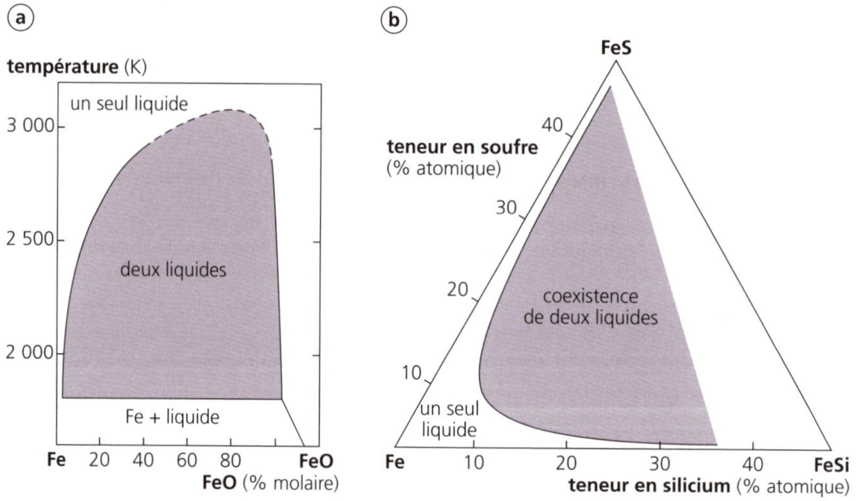

Fig. 3.22. a. Domaine d'immiscibilité dans le système Fe-FeO à 1 bar. **D'après Ohtani *et coll.*, 1989.**
b. Domaine d'immiscibilité dans le système Fe-S-Si à 1 bar et 2 000 K. **D'après Raghavan, 1988.**

Cela pose deux problèmes : 1) les noyaux liquides des planètes ont-ils une structure hétérogène ? et 2) comment dissoudre du silicium dans un liquide Fe-S, premier alliage à fondre lors de la différenciation d'une planète ?

L'expérience qui doit permettre de répondre à ces deux questions est simple : comprimer et chauffer un échantillon en presse gros volume, puis observer sa texture après trempe. Dans le cas du système Fe-S-Si, on observe ainsi un mélange de deux liquides (un liquide Fe-S et un liquide Fe-Si) jusqu'à 14 GPa. Au-delà, un seul liquide homogène est trempé (voir **figure 3.23**). Cette soudaine miscibilité est peut-être à relier à l'apparition d'une phase de haute pression dans le système Fe-FeS (Fe_3S_2, voir figure 3.12). L'organisation des liquides à l'échelle de la dizaine de nanomètres est en effet très proche de celle des phases stables en dessous du point de fusion. En revanche, pour le système Fe-FeO, l'état de vinaigrette semble persister jusqu'à au moins 30 GPa.

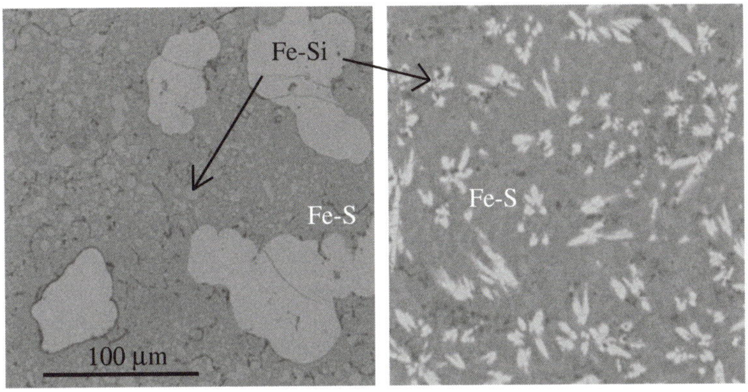

Fig. 3.23. a. Trempe à 10 GPa. **On observe une texture typique de vinaigrette, « huile » = Fe-Si, « vinaigre » = Fe-S. b.** Trempe à 15 GPa. **On observe une texture dendritique, typique de la trempe d'un liquide homogène. D'après Sanloup *et coll.*, 2004b.**

3.5 Conclusion sur la formation du noyau de la Terre et des autres planètes telluriques

Les données présentées sections 3.1 à 3.3, loin d'être incompatibles entre elles, peuvent s'interpréter en considérant que la formation du noyau terrestre a impliqué deux ou plusieurs étapes (**figure 3.24**) :

- une étape de basse pression, éventuellement préterrestre au sein de planétesimaux qui se seraient différenciés très tôt (en moins de quelque milliers d'années) et auraient ensuite participé à la formation de la Terre ;
- une seconde étape terrestre plus tardive, à l'intérieur de la Terre et avec une signature géochimique de haute pression.

Les conséquences sur la composition chimique du noyau sont que plusieurs éléments chimiques caractéristiques de mécanismes d'incorporation différents, en particulier le soufre et le silicium, peuvent y coexister. Le soufre est incorporable quelle que soit la pression, et le silicium à haute pression et en conditions réductrices uniquement. À basse pression, le liquide métallique peut s'être enrichi en soufre, du fait de la faible température de fusion du système Fe-FeS. Cela est compatible avec les cas des noyaux de Ganymède (satellite de Jupiter, voir section 2 du chapitre 4) et de Mars (voir encadré 3.3). Dans l'étape de différenciation à haute pression, silicium et oxygène peuvent s'être dissous dans un liquide contenant du soufre formé à plus basse pression et circulant dans le manteau. Cet enrichissement en Si et O est d'ailleurs susceptible de se poursuivre encore à l'heure actuelle via les réactions métal/silicates à la limite noyau/manteau (voir section 3.3).

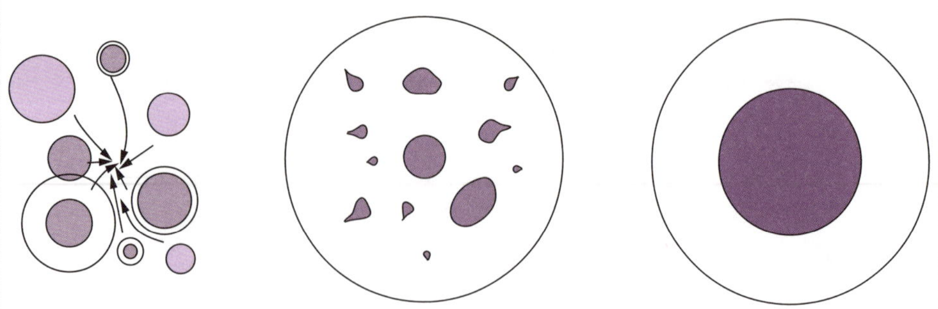

Fig. 3.24. Modèle d'accrétion de la Terre combinant étapes de basse pression et haute pression.

Pour dater la différenciation terrestre, les géochimistes utilisent le couple $^{182}Hf/^{182}W$. En effet, l'isotope ^{182}W du tungstène est produit par désintégration radioactive d'un isotope du hafnium, ^{182}Hf : $^{182}Hf \rightarrow ^{182} W$, avec une demi-vie de 9 Ma. Le hafnium est un élément lithophile qui se concentre dans le manteau, alors que le tungstène est un élément sidérophile qui se concentre dans le noyau. Il s'agit donc d'un bon couple pour dater l'individualisation du noyau. Le caractère sidérophile du tungstène est cependant dépendant de la pression (tout comme pour le nickel et le cobalt, voir section 3.2), ce qui biaise l'interprétation des données. Néanmoins, en négligeant ce biais, le manteau et la croûte terrestres ayant un excès de ^{182}W de 2 pour 10 000 par rapport aux chondrites, la formation du noyau terrestre est estimée avoir duré à quelques dizaines de millions d'années au plus[4].

4. Dynamique du noyau et géodynamo

4.1 Apports des observations géophysiques

Le champ magnétique terrestre ressemble beaucoup à un champ dipolaire qui serait créé par un aimant placé au centre du globe. Cependant, cela est impossible pour une raison physique simple : la température dans le noyau de la Terre est bien trop élevée pour que le phénomène physique à l'origine de l'aimantation, le ferromagnétisme, puisse se produire. La forme du champ magnétique terrestre attestant par ailleurs que sa source est très profonde, on pense qu'il est produit par des courants électriques dans le noyau, qui est conducteur. C'est le noyau liquide qui est la source du champ magnétique. En effet, on sait que ces courants électriques sont influencés par les mouvements de convection du milieu où ils circulent. Quelle est la source de ces courants électriques ? Le même champ magnétique. Cet effet bouclé est appelé « effet dynamo », qui est décrit plus précisément comme l'émergence et l'entretien de champs magnétiques par leur interaction

4 Voir Kleine *et coll.*, 2002, et Yin *et coll.*, 2002.

avec des écoulements dans un milieu conducteur. Il est intéressant de savoir que l'existence d'un tel effet a été proposée dès 1950, à cause de l'énigme présentée par le champ magnétique terrestre. Mais l'observation au laboratoire de l'effet dynamo n'a été faite pour la première fois que fin 1999, dans deux expériences indépendantes (à Riga et à Karlsruhe). La Terre et les autres astres ayant un champ magnétique dipolaire ont donc été pendant longtemps les seules preuves en grand format d'un effet physique mystérieux. Quant à l'énergie nécessaire au fonctionnement de la dynamo, plusieurs sources sont possibles et ont déjà été entrevues : la solidification de la graine (voir section 2.2.2 du chapitre 2) le refroidissement du noyau et, éventuellement, la chaleur radiogénique (^{40}K, voir section 2.3.2 de ce chapitre).

Les géophysiciens s'attachent à caractériser l'état passé et présent du champ magnétique terrestre. Cela doit permettre, avec l'aide des expériences de magnéto-hydrodynamique (numériques et en laboratoire), de mieux comprendre le noyau. En particulier, on a montré que le champ magnétique s'est inversé (le pôle Sud devient le pôle Nord et vice versa) assez fréquemment dans l'histoire de la Terre. Comment interpréter ces inversions, très rapides (moins de 10 000 ans), en termes de mouvements dans le noyau ? C'est une des questions auxquelles les géophysiciens doivent répondre. En ce qui concerne le champ magnétique récent, des résultats assez extraordinaires ont été obtenus récemment sur la nature des mouvements dominants à grande échelle du noyau (**figure 3.25** dans la cahier couleur p. VII). La méthode utilisée est l'étude du champ magnétique terrestre cartographié par les satellites Magsat en 1980 et Oersted en 2000. À partir des variations du champ en 20 ans ainsi mesurées, les mouvements du fluide à la surface du noyau ont été calculés (voir Cardin et Zelvelder, 1993). Ces mouvements sont caractérisés par des vortex polaires, expression en surface du noyau de cylindres d'axe parallèle à l'axe de rotation de la Terre, le tout dérivant globalement vers l'Ouest. La vitesse maximale mesurée est de 50 $km \cdot an^{-1}$, soit 5,7 $km \cdot h^{-1}$ ou encore 1,6 $mm \cdot s^{-1}$.

Nous n'approfondirons pas davantage ce problème. Remarquons simplement que l'étude magnéto-hydrodynamique du noyau nécessite la connaissance d'un certain nombre de paramètres physiques de l'alliage qui le forme, dans les conditions qui y règnent : la masse volumique, la viscosité, le coefficients de dilatation thermique, la conductivité électrique.

4.2 Viscosité du fer liquide et de ses alliages

La masse volumique et la vitesse des ondes acoustiques sont les données à obtenir en priorité sur les matériaux terrestres afin d'établir la composition d'une enveloppe du globe par comparaison aux modèles sismiques globaux. Dans le cas du noyau liquide, comprendre son fonctionnement implique de connaître un autre paramètre fondamental : sa viscosité. La viscosité est un paramètre de premier ordre dans les expériences en laboratoire (expériences analogiques) comme dans les simulations numériques de la géodynamo. De plus, et contrairement au manteau, les estimations de la viscosité du noyau à partir d'observations géophysiques varient sur plusieurs ordres de grandeur, de 10^{-2} à 10^{10} Pa·s, selon les méthodes utilisées (géodésie, atténuation des ondes sismiques ou géomagnétisme). On comprend bien que selon que l'on prend la borne inférieure ou supérieure de ces estimations, on modélisera une convection turbulente dominée par la force de Coriolis ou bien une convection beaucoup plus régulière avec des forces visqueuses importantes.

Expérimentalement, la viscosité est mesurée sous pression par la méthode de chute de bille (radiographie X en presse gros volume, **figure 3.26**). Elle peut être comparée à la viscosité mesurée à pression ambiante en viscosimètre, dont le principe est d'étudier le mouvement du fluide pris entre deux plaques lui imposant un gradient de vitesse (une plaque fixe, une plaque mobile).

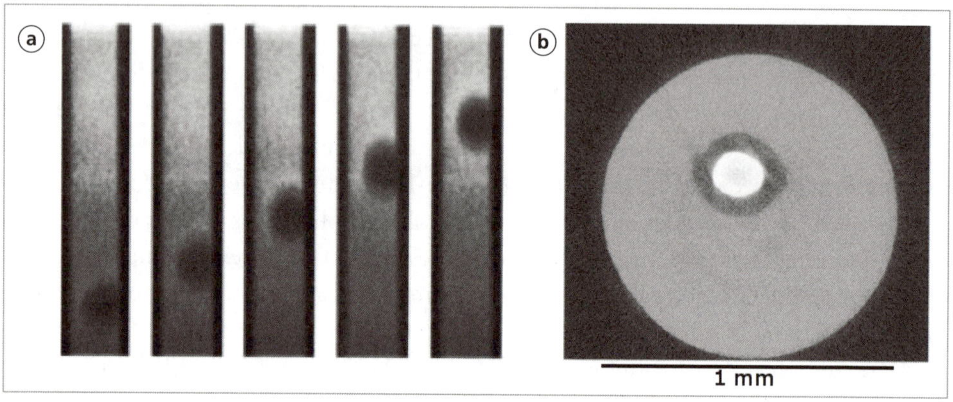

Fig. 3.26. Mesure de la viscosité du fer liquide sous haute pression et haute température. **a.** Images de radiographie X enregistrées au cours de la chute d'une bille de platine dans un échantillon de fer fondu à 5 GPa (le temps s'écoule de droite à gauche). **b.** Photographie de l'échantillon en coupe horizontale après arrêt de l'expérience : le fer métallique apparaît en gris clair, entouré par du MgO en gris foncé (conteneur de l'échantillon) ; la bille de platine, en blanc, est entourée d'une coquille d'alumine pour éviter sa dissolution dans le fer. D'après Rutter *et coll.*, 2002.

Les résultats importants tirés de ces expériences sont :

- la viscosité du fer liquide pur est proche de 2×10^{-2} Pa·s entre 0 et 7 GPa, valeur très proche de celle obtenue par expérience numérique pour les conditions *P-T* du noyau liquide, soit $1{,}5\times10^{-2}$ Pa·s ;
- la viscosité du liquide juste au-dessus du point de fusion est très peu variable quelle que soit la pression ; ce fait remarquable permet donc d'extrapoler la valeur de viscosité aux pressions du noyau ;
- la viscosité des liquides Fe-S est légèrement plus faible que celle du fer liquide, de l'ordre de 1×10^{-2} Pa·s. Malheureusement, dans le cas des mesures de viscosité, on ne dispose pas encore de données sur l'effet d'autres éléments légers comme Si ou O.

Pour se donner un ordre d'idée, $\nu_{\text{eau}}(20\ °\text{C}) = 10^{-3}$ Pa·s. La viscosité du noyau liquide est bien plus faible que celle du manteau ce qui entraîne des mouvements de turbulence importants. Or se sont justement les mouvements turbulents de petite échelle qui sont susceptibles de générer le champ magnétique terrestre. La dynamique du noyau externe, sphère liquide en rotation rapide, comporte à la fois des mouvements turbulents de petite échelle et des mouvements plus stables dans le temps, contrôlés par l'accélération de Coriolis et organisés en cylindres[5]. La mesure du champ magnétique par satellite, on l'a vu, montre aussi des mouvements du liquide à grande échelle organisés en cylindres d'axe parallèle à la rotation de la Terre.

[5] Pour une description plus complète de la dynamique du noyau et la génération du champ magnétique, se référer à Nataf et Sommeria, 2000, chapitre « Noyau et champ magnétique ».

Chapitre 4

Les matériaux des planètes géantes et de leurs satellites

Les planètes géantes gazeuses (Jupiter, Saturne, Uranus et Neptune) offrent un tout autre champ de recherches que les planètes telluriques car leur composition chimique est très différente, beaucoup plus proche de celle du système solaire dans son ensemble. Dans la section 1, nous verrons que leurs matériaux sont composés majoritairement d'hydrogène, d'hélium, d'oxygène, de carbone et d'azote. Ces matériaux sont soumis à une gamme de pression et de température qui excède largement, de plus d'un ordre de grandeur, celle régnant dans le globe terrestre. Dans la section 2, nous aborderons les corps beaucoup plus petits que sont les satellites de Jupiter, et en particulier ceux qui sont recouverts de glace d'eau, aussi appelés satellites de glace. Dans la section 3, nous verrons en quoi l'étude des clathrates permet de résoudre plusieurs paradoxes, notamment la présence actuelle de méthane dans l'atmosphère de Titan.

1. Les planètes géantes

Notre connaissance de la structure interne des planètes géantes du système solaire ne provient que d'informations indirectes et incomplètes : leurs caractéristiques astrophysiques (masse, rayon équatorial, champ de gravitation), physiques (luminosité dans différentes gammes de longueur d'ondes) et chimiques (composition des atmosphères planétaires par exemple), ainsi que notre connaissance du comportement de leurs constituants supposés à haute pression. Ces données ne permettent bien sûr pas de connaître l'intérieur des planètes géantes aussi précisément que nous connaissons l'intérieur de la Terre. De plus, à la différence de l'intérieur du globe terrestre, la gamme de pression et de température qui y règne excède largement les capacités expérimentales, du moins pour les techniques de hautes pressions statiques. On a donc recours soit à l'extrapolation de mesures faites dans des domaines pression-température atteints le plus souvent lors d'expériences d'ondes de choc, soit à des expériences numériques.

Par rapport aux planètes telluriques, les planètes géantes ont une composition globale beaucoup plus proche de celle du Soleil (**tableau 4.1**). Il est intéressant, dans un premier temps, d'appréhender la composition des planètes à partir de leur scénario de formation supposé.

Élément	Abondance	
	atomique	massique
H	91,02 %	71,59 %
He	8,87 %	27,91 %
C	32,95 ppm	311,0 ppm
N	10,21 ppm	112,4 ppm
O	77,64 ppm	977,1 ppm
Ne	11,22 ppm	176,5 ppm
Na	1,87 ppm	33,8 ppm
Mg	35,04 ppm	669,7 ppm
Al	2,77 ppm	58,8 ppm
Si	32,62 ppm	718,4 ppm
S	16,80 ppm	422,8 ppm
Ar	3,3 ppm	103,8 ppm
Ca	2,0 ppm	62,9 ppm
Fe	29,36 ppm	0,129 %
Ni	1,6 ppm	73,8 ppm

Tableau 4.1. Composition du système solaire. **Les abondances sont fondées sur l'étude de météorites chondritiques, sauf pour H, He, C, N et O pour lesquels on se base sur les abondances solaires. Seuls les éléments dont l'abondance atomique est supérieure à 1 ppm sont listés. Le Soleil, à lui seul, représente 99,85 % de la masse du système solaire. D'après Anders et Grevesse, 1989.**

1.1 Rappels sur la formation du système solaire

Dans le cadre de la théorie de la **nébuleuse solaire** (**figure 4.1**), élaborée par E. Kant en 1755 et P.-S. Laplace en 1796, le proto-système solaire est un nuage de gaz et de poussières en lente rotation. Cette théorie fut confirmée bien plus tard par l'observation d'objets analogues dans la nébuleuse d'Orion (grâce au satellite Hubble). Du fait de la gravitation d'une part et de la conservation du moment cinétique d'autre part, la rotation du nuage engendre sa contraction, engendrant à son tour une accélération de la rotation et cela jusqu'à atteindre un état d'équilibre hydrostatique. En effet, des forces s'opposent à l'effondrement gravitaire, à savoir la pression de gaz et la force centrifuge qui s'exercent vers l'extérieur. Ces forces sont de plus en plus intenses au fur et à mesure de la contraction et de l'aplatissement de la nébuleuse. Cet effondrement conduit finalement au démarrage des réactions nucléaires dans le Soleil, dont la masse représente 99,85 % de celle de l'ensemble du système solaire.

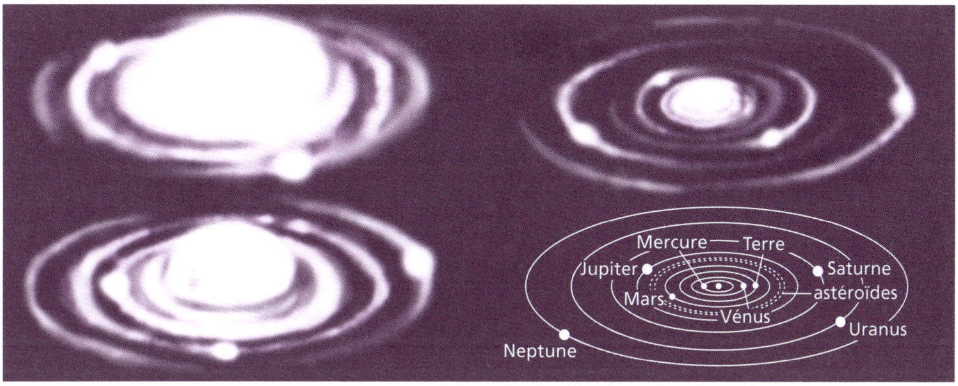

Fig. 4.1. Formation du système solaire : théorie de la nébuleuse solaire. D'après Prentice, 1978.

Les 0,15 % de masse qui restent vont essentiellement constituer les planètes du système solaire. La formation et la composition de ces dernières relèvent de deux facteurs principaux : 1) la température, en allant du Soleil aux confins du système solaire, 2) le flux de matière expulsée radialement. Les silicates et le fer, par exemple, ont une température de condensation élevée (**figure 4.2**) : ils peuvent donc se condenser dans les régions externes comme dans les régions internes (c'est-à-dire proches du Soleil), chaudes, du système solaire. Au contraire, l'eau et le méthane ont une température de condensation très faible. Ces gaz ne peuvent donc se condenser que dans des zones plus externes, car plus froides. À partir du moment où une quantité suffisamment importante de **glaces planétaires** se dépose sur un corps planétaire, celui-ci est alors capable de capturer directement des gaz (H, He) par attraction gravitaire, comme dans le cas des planètes géantes gazeuses. Notons que pour la communauté des planétologues, la notion de glaces planétaires couvre l'ensemble des composés H_2O-CH_4-NH_3, et cela quel que soit leur état (gaz, liquide ou solide). Ces principes expliquent grossièrement la présence de **planètes telluriques internes** (Mercure, Vénus, Terre, Mars), constituées essentiellement de silicates et de fer et de **planètes géantes externes**, Jupiter, Saturne, Uranus et Neptune, constituées essentiellement d'hydrogène, d'hélium et de glaces planétaires (figure 4.2).

L'observation de l'atmosphère des planètes géantes par spectroscopie infrarouge, depuis le sol terrestre ou bien depuis des satellites, a confirmé la présence d'hydrogène sous forme H_2, d'hélium et de molécules simples : H_2O, CH_4, NH_3. Cette première idée de la composition des planètes est la base de travail sur laquelle sont bâtis les modèles présentés dans les sections suivantes, à partir de résultats expérimentaux, numériques et de données astrophysiques. Le **tableau 4.2** résume les caractéristiques physiques des planètes externes.

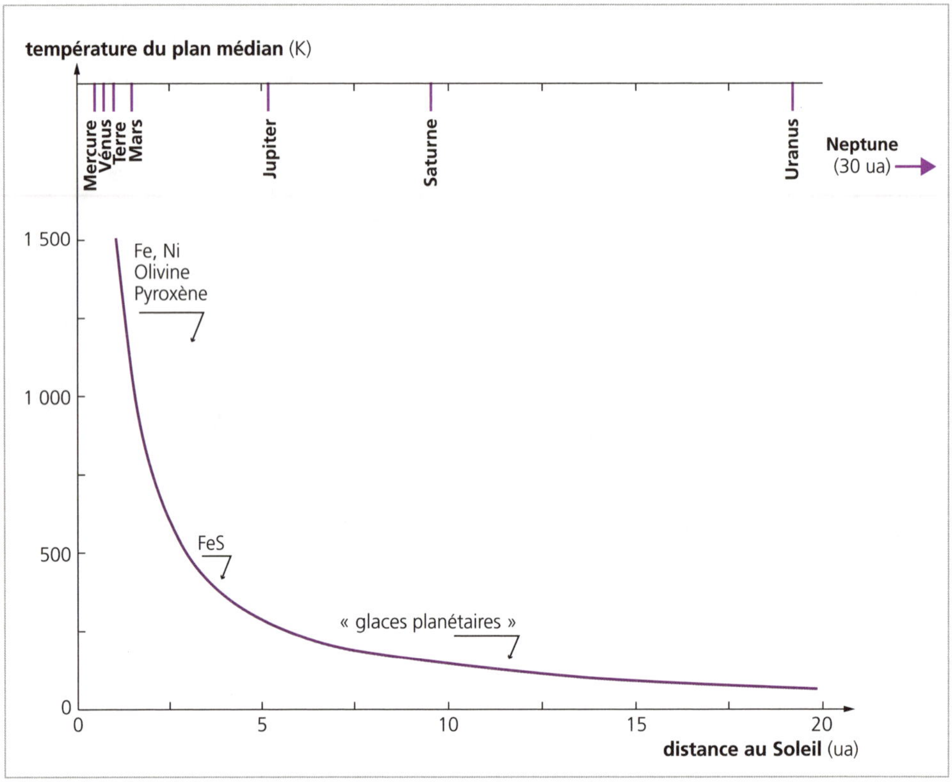

Fig. 4.2. Évolution de la température dans la nébuleuse solaire en fonction de la distance au Soleil. Une unité astronomique, u.a. = la distance Terre-Soleil = 149,7× 10^6 km. Les températures de condensation des principaux constituants planétaires, hormis H et He, sont reportées sur la courbe. D'après Boss, 1998.

Planète	Distance au Soleil (km/*)	Rayon équatorial (km/*)	Masse (kg/*)	Densité moyenne	I/MR^2
Jupiter	$778{,}6\times10^6/5{,}2$	71 492/11,2	$1\,899\times10^{24}/317$	1,33	0,254
Saturne	$1\,433{,}5\times10^6/9{,}6$	60 268/9,5	$568\times10^{24}/95$	0,69	0,210
Uranus	$2\,872{,}5\times10^6/19{,}2$	25 559/4,0	$87\times10^{24}/15$	1,27	0,225
Neptune	$4\,495{,}1\times10^6/30{,}0$	24 764/3,9	$102\times10^{24}/17$	1,64	Non mesuré
Pluton	$5\,870{,}0\times10^6/39{,}2$	1 195/0,2	$12{,}5\times10^{21}/0{,}002$	1,75	Non mesuré

Tableau 4.2. Caractéristiques physiques des planètes externes. * : le deuxième chiffre (indiqué après la barre) est le rapport entre la valeur donnée pour la planète et celle pour la Terre. Rappel : pour une sphère homogène de rayon *R* et de masse *M*, le moment d'inertie *I* est tel que $I/MR^2 = 0{,}4$; une valeur plus faible indique une plus forte concentration des masses vers l'axe de rotation.

Point de repère

4.1 Exploration spatiale des planètes géantes : les principales missions

- **Voyager 1 et 2 :**

– Lancées en 1977 par la « National Aeronautics and Space Administration », ou NASA (fin d'autonomie prévue en 2020), ces sondes jumelles ont exploré Jupiter, Saturne, Uranus, Neptune et Titan (satellite de Saturne).

– Objectif principal : étude des champs magnétiques planétaires (grâce à des magnétomètres) mais également collecte de données sur la chimie des atmosphères planétaires (grâce à des spectromètres ultraviolet et infrarouge) et d'images des surfaces planétaires (grâce à une caméra visible).

- **Galileo :**

– Lancée en 1989 par la NASA pour étudier Jupiter et ses satellites. Cette mission s'est achevée en 2003.

– Objectifs : étude du champ magnétique de Jupiter et de ses satellites (magnétomètres), analyse de l'atmosphère de Jupiter (sonde de descente atmosphérique équipée de spectromètres ultraviolet et infrarouge), analyse de la minéralogie de surface des satellites (spectromètre infrarouge), mesure de la masse et du moment d'inertie (voir ci-dessous).

Remarque : les scientifiques utilisent les systèmes de communication du satellite avec la Terre pour mesurer comment la fréquence d'un signal radio change entre son émission et sa réception. Lorsque la sonde s'approche de Jupiter ou de l'un de ses satellites, elle est attirée par gravité et sa vitesse est modifiée. En mesurant précisément le changement de fréquence de l'onde radio reçue sur Terre (effet Doppler), on peut estimer la masse et le moment d'inertie de Jupiter et de ses satellites.

- **Hubble Space Telescope :**

Mission conjointe « European Spatial Agency » (ESA)/NASA lancée en 1990 (fin prévue en 2010). Ce téléscope spatial observe l'Univers dans le visible, l'infrarouge et l'ultraviolet. Parmi les résultats les plus spectaculaires, citons l'observation de nébuleuses proto-stellaires dans le nuage d'Orion (voir section 1.1).

- **Cassini-Huygens :**

– Mission conjointe ESA/NASA lancée en 1997 (fin prévue en 2005) pour l'étude de Saturne et de son plus gros satellite, Titan.

– Objectifs : un orbiteur permet d'étudier l'atmosphère, les anneaux (spectromètres infrarouge et ultraviolet, radar) et la magnétosphère (magnétomètre) de Saturne. Une sonde de descente doit analyser l'atmosphère de Titan (spectromètres infrarouge et ultraviolet, spectromètre de masse).

1.2 Composition globale des planètes géantes

Pour estimer plus finement que dans la section précédente la composition globale des planètes géantes, l'exercice suivant a été fait : calculer ce que serait la masse d'une planète de composition homogène en fonction de son rayon. Ce calcul doit prendre en compte l'évolution de la masse volumique de ses composants sous l'effet des conditions de pression et de température, c'est-à-dire leur équation d'état. Il est donc nécessaire de connaître cette équation d'état pour les matériaux candidats : H_2, He et les glaces planétaires. Pour chaque composition (hydrogène, hydrogène + hélium, glaces planétaires), on obtient les courbes rayon = f(masse) présentées **figure 4.3**. Sur le même diagramme, on a représenté les points correspondant aux planètes géantes. Ce qui ressort de cet exercice, c'est que la composition de Jupiter et de Saturne est dominée par l'hydrogène et l'hélium et que celle d'Uranus et de Neptune est plus proche de celle des glaces planétaires.

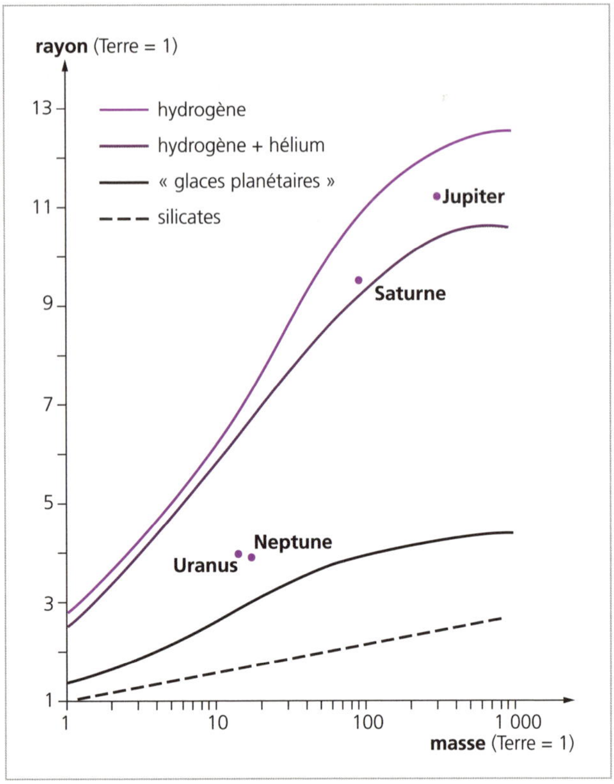

Fig. 4.3. Relation masse-rayon pour des corps homogènes de différente composition (hydrogène, mélange solaire hydrogène/hélium, glaces planétaires et silicates). **Les planètes géantes sont replacées sur ce diagramme. D'après Stevenson, 1982. Attention : l'échelle est logarithmique en abscisses.**

1.3 Structure interne de Jupiter et de Saturne

Bien que Jupiter et Saturne soient composées essentiellement d'un mélange d'hydrogène et d'hélium (figure 4.3), les modèles de structure interne classiques sont à trois couches : une couche H + He, une couche de glaces planétaires et une couche de silicates et de fer (**figure 4.4**). L'existence des deux premières découle des raisonnements tenus ci-dessus. La dernière couche existe probablement, car silicates et alliages de fer étaient présents partout dans la nébuleuse solaire, mais on ne connaît pas son importance par rapport aux deux premières. Les modèles de structure interne (c'est-à-dire les proportions relatives des différentes couches, les profils de pression et de température) sont calculés, de manière approximative, à partir des équations et données suivantes :

- l'équation d'équilibre hydrostatique d'un objet fluide en rotation, cette équation reliant le profil interne de pression au profil de masse volumique ;
- les équations d'état des matériaux constituants, les plus importantes étant celles de l'hydrogène et de l'hélium ;
- les données astrophysiques (masse, rayon, vitesse de rotation, moment d'inertie, champ de gravité) ;

– le profil de température, souvent supposé adiabatique en profondeur et contraint par le flux de chaleur d'origine interne observé près de la surface.

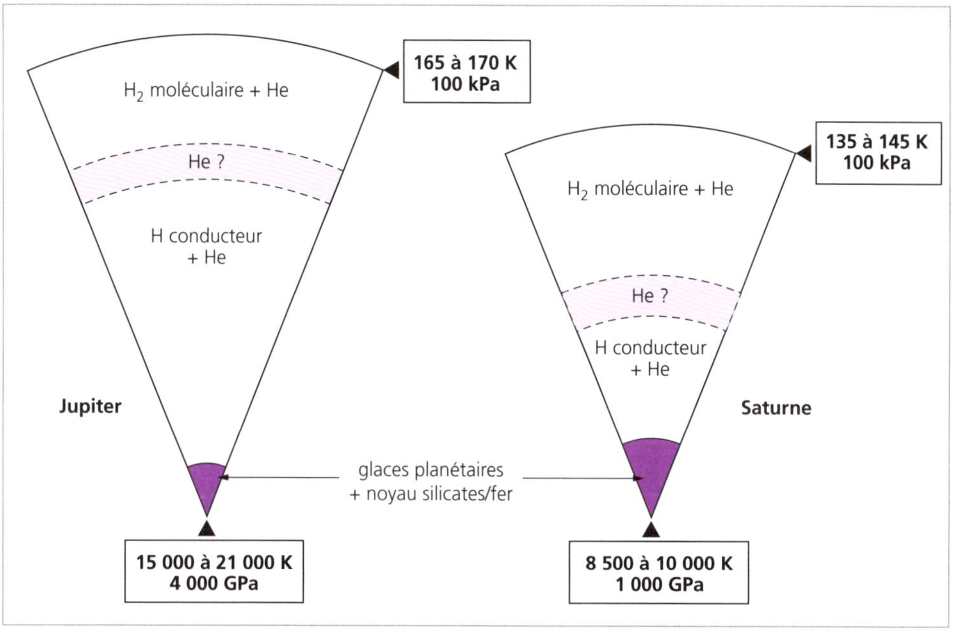

Fig. 4.4. Modèles de la structure interne de Jupiter et de Saturne. **Ces modèles sont fondés sur l'équation d'état de l'hydrogène et de l'hélium et sur les données astronomiques ; la taille du noyau central de roches et de glaces planétaires est incertaine. Aux conditions de l'intérieur de ces planètes, la molécule d'hydrogène, H_2, se dissocie et l'hydrogène devient conducteur (voir section 1.5.2). D'après Guillot, 1999.**

Sur le plan thermique, Jupiter perd plus d'énergie qu'elle n'en reçoit. À partir de la mesure de son émission lumineuse, essentiellement située dans le domaine infrarouge, on estime qu'environ 40 % du flux émis par la planète est d'origine interne. Cette libération de chaleur permet d'estimer la température en profondeur à des valeurs de l'ordre de 10 000 K. L'origine de cette énergie interne se trouve dans la libération d'énergie gravitationnelle de la planète. Cette dernière résulte d'une part du refroidissement de Jupiter et de la contraction qui en résulte et, d'autre part, de la sédimentation d'hélium vers l'intérieur de la planète au sein de l'important réservoir H_2-He. Des expériences numériques prédisent qu'au-delà de 200 GPa et 8 000 K, les deux fluides deviennent miscibles (voir encadré 3.5 du chapitre 3 pour d'autres exemples). Mais en deçà de ces conditions, ils sont immiscibles. L'hélium, plus dense que l'hydrogène dans ces mêmes conditions, sédimenterait donc par gravité vers le centre de la planète. On aurait donc une couche d'hélium pur au sein de cette planète jusqu'à une profondeur au-delà de laquelle hélium et hydrogène redeviennent miscibles. Cette séparation des deux éléments expliquerait par ailleurs le défaut d'hélium observé dans les couches supérieures de l'atmosphère de Jupiter (23 % en masse) par rapport à la teneur solaire (27,5 % en masse). Dans le cas de Saturne, son atmosphère est encore plus appauvrie en hélium (14 % en masse). Saturne étant une planète plus petite que Jupiter, sa température interne y est moins élevée avec pour conséquence qu'une plus grande partie de la planète relève du domaine d'immiscibilité H/He. Aussi, la sédimentation plus poussée d'hélium fait que Saturne est plus différenciée que Jupiter, voire complètement différenciée, puisque le flux de chaleur interne y est bien plus faible. Au contraire, ce n'est probablement qu'assez récemment que Jupiter est devenue suffisamment froide pour qu'hydrogène et hélium deviennent immiscibles sur une partie au moins de son atmosphère.

1.4 Structure interne d'Uranus et de Neptune

1.4.1. Généralités

Uranus et Neptune sont constituées essentiellement de glaces planétaires (figure 4.3). On considère qu'elles sont présentes en proportions solaires, soit 59 % H_2O, 33 % CH_4 et 8 % NH_3 (pourcentages massiques). Là aussi, il n'y a pas de raison de penser que roches et alliages de fer soient absents, mais il est difficile d'estimer la taille de ces réservoirs. Pour ces deux planètes, on dispose de moins d'informations astrophysiques que dans le cas de Jupiter et de Saturne. Néanmoins, on peut proposer des modèles de structure interne à trois couches comme présenté sur la **figure 4.5** : une couche externe mince d'hydrogène + hélium, une couche de glaces planétaires (dominante en volume) et un cœur de silicates + alliages de fer. Une contrainte forte supplémentaire vient du champ magnétique atypique de ces deux planètes (voir section 1.5). On verra par la suite que cela impose une subdivision de la couche de glaces planétaires en une couche supérieure mince, fluide, conductrice électriquement, en convection, siège de la dynamo et une couche inférieure fluide, conductrice mais pas en convection. Les mouvements de convection ont en effet plus de chances de se produire là où la force de Coriolis est la plus intense, c'est-à-dire dans la couche fluide la plus externe.

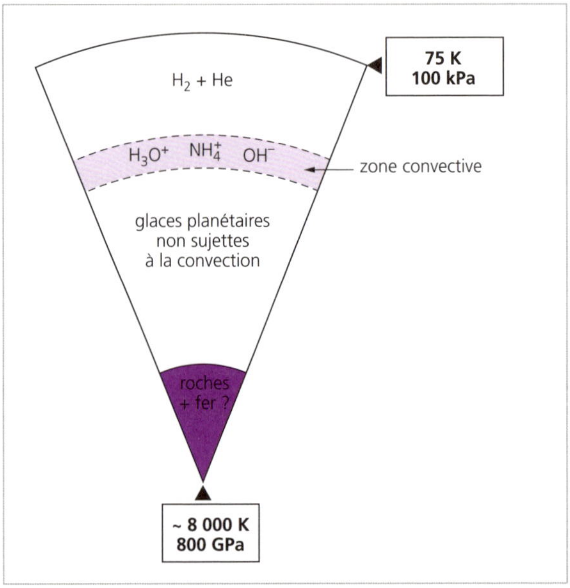

Fig. 4.5. Modèle de la structure interne d'Uranus et Neptune.

1.4.2. Pluie de diamants au cœur de Neptune ?

La présence de méthane dans des planètes au centre desquelles la pression atteint 800 GPa fascine les physiciens des hautes pressions. Sous l'effet d'une pression si forte, on peut en effet s'attendre à ce que la liaison chimique C-H soit rompue et que le méthane se dissocie en hydrogène + carbone. Dans ces conditions, la phase stable du carbone est le diamant. Cette prédiction a été vérifiée expérimentalement lors d'expériences d'ondes de choc en 1981. Des chercheurs annoncèrent alors qu'une mine géante de diamants pourrait être cachée dans le cœur de Neptune. Depuis, la dissociation du méthane a été également confirmée expérimentalement en cellule à enclumes de diamant et numériquement[1]. Ces travaux ont précisé le mode de dissociation, avec une étape intermédiaire : la formation de chaînes d'hydrocarbures. Ce mode de formation d'hydrocarbures pourrait expliquer, en partie, leur présence dans l'atmosphère de Neptune. Cette voie de synthèse des hydrocarbures s'ajouterait à la voie plus classique de production par photodissociation du méthane dans les couches supérieures de l'atmosphère sous l'effet des rayonnements ultraviolet solaires.

1.5 Origine du champ magnétique des planètes géantes

1.5.1. Comparaison avec le champ magnétique des planètes telluriques

Parmi les planètes telluriques, et en dehors de la Terre, seule Mercure possède actuellement un champ magnétique, sans doute de même origine que le champ magnétique terrestre, bien que d'intensité beaucoup plus faible. Parmi les planètes géantes gazeuses, au contraire, la présence d'un champ magnétique est la règle (**tableau 4.3**). Ces champs sont beaucoup plus intenses que la géodynamo : intensité de 428 nT (T : tesla) à l'équateur jovien contre 30,5 nT à l'équateur terrestre. On préfère, en général, comparer les moments dipolaires magnétiques plutôt que les champs magnétiques à la surface, car ils sont caractéristiques de l'intensité du phénomène magnétique. De façon générale, les champs magnétiques sont produits par des mouvements de convection dans les régions fluides et conductrices à l'intérieur des planètes. Dans le cas de la Terre, de Mercure et

Planète	Période de rotation (jours)	Moment dipolaire normalisé au moment terrestre	Même polarité que Terre ?	Angle entre axe de rotation et axe magnétique
Mercure	58,65	0,0007	oui	14°
Vénus	243,02	pas décelé	-	-
Terre	1,00	1	oui	10,8°
Mars	1,03	pas décelé	-	-
Jupiter	0,41	20 000	non	9,6°
Saturne	0,44	600	non	<1°
Uranus	0,72	50	non	58,6°
Neptune	0,67	25	non	47°

Tableau 4.3. Caractéristiques des champs magnétiques planétaires.

[1] Voir Scandolo et Jeanloz, 2003 et les références qui y sont citées.

sans doute de Ganymède (satellite de Jupiter), ce fluide est un alliage de fer liquide. Dans le cas des planètes géantes, même si un noyau métallique existe et même s'il est liquide, sa taille relative est trop faible pour expliquer les champs intenses observés. Cela exclut le fer liquide comme source du champ magnétique. Il faut donc trouver une ou plusieurs autres sources.

1.5.2. Jupiter et Saturne : hydrogène liquide conducteur

L'hydrogène est le constituant principal de Jupiter et de Saturne. À ce titre, il est la source la plus probable du champ magnétique de ces planètes. Comment cet élément est-il susceptible d'engendrer un champ magnétique ? C'est possible s'il devient un liquide conducteur. Il nous faut pour cela démontrer deux résultats : 1) que l'hydrogène existe à l'état liquide dans une large portion de l'intérieur de ces deux planètes, et 2) qu'il y est conducteur. Il faut donc déterminer le diagramme de phase de l'hydrogène dans les conditions $P-T$ des planètes géantes.

- **Courbe de fusion de l'hydrogène.**

Commençons par la courbe de fusion de l'hydrogène, c'est-à-dire la température du changement d'état solide-liquide en fonction de la pression. Une des méthodes utilisées pour l'établir est de mesurer par spectroscopie Raman (voir section 3.2 de l'annexe A) la fréquence de vibration de la liaison H-H (vibron) en fonction de la température, et ceci pour différentes pressions (en cellule à enclumes de diamant). Une hausse discontinue de la fréquence du vibron est observée lors de la transition solide-liquide (**figure 4.6**). Cette évolution est donc utilisée comme marqueur de la fusion de l'hydrogène. La courbe de fusion obtenue est présentée **figure 4.7**.

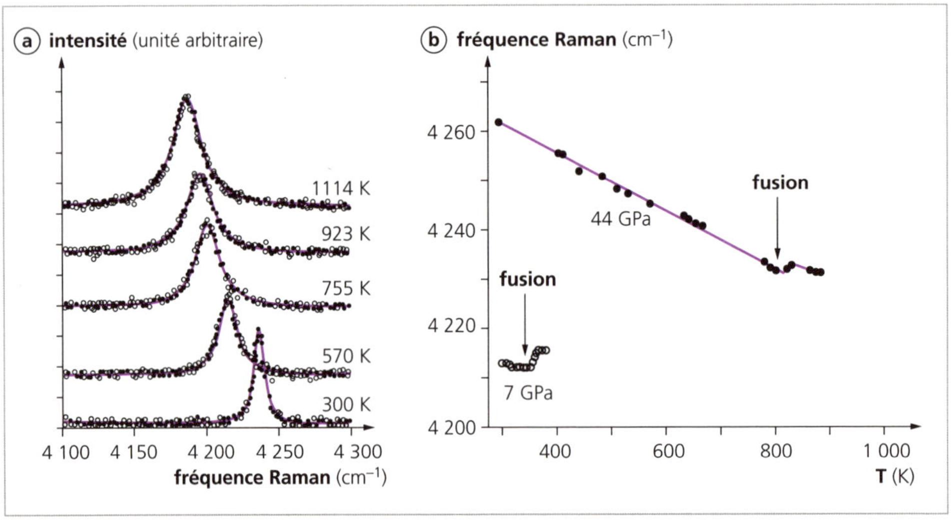

Fig. 4.6. a. Évolution du signal de H_2 en spectroscopie Raman en fonction de la température à 70 GPa. **b.** Évolution du maximum du pic Raman avec la température, à une pression donnée. **La discontinuité de cette évolution (pointée par une flèche) indique la fusion de l'hydrogène. D'après Gregoryanz *et coll.*, 2003.**

Il apparaît ainsi que la température de fusion de l'hydrogène diminue au-delà d'une certaine pression (entre 100 GPa et 150 GPa). Autrement dit, l'hydrogène doit être présent à l'état liquide sur une large gamme du domaine de pression-température à l'intérieur de Jupiter et de Saturne. Deuxième conséquence que l'on peut tirer de ces mesures : si un tel changement de pente $\mathrm{d}P/\mathrm{d}T$ est observé dans la courbe de fusion d'un matériau, (pente positive à négative), cela veut dire que le liquide devient plus dense que le solide dont il est issu, puisque cette pente a le même signe que la variation de volume entre le liquide et le solide (voir encadré 2.3 du chapitre 2). Cela traduit des changements de phase dans le liquide ou dans le solide.

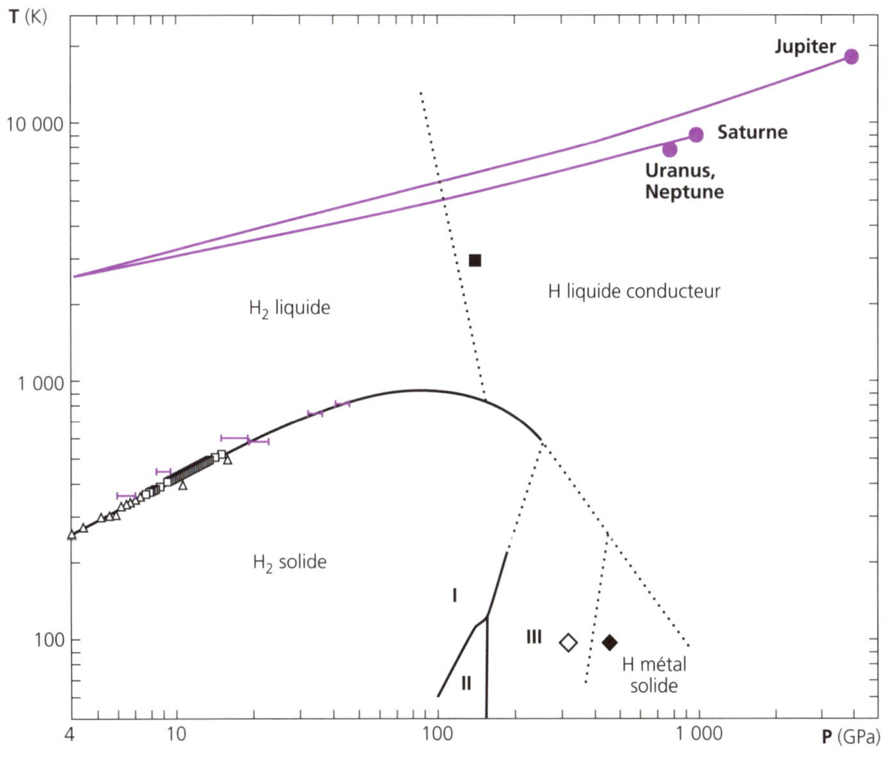

Fig. 4.7. Diagramme de phase de l'hydrogène et champ pression-température de l'intérieur de Jupiter et de Saturne. **Les domaines P-T de Jupiter et Saturne sont représentés par les courbes en violet. À l'état solide, l'hydrogène moléculaire existe sous la forme de trois phases selon le champ de pression-température (phases I, II et III). Carré noir : passage de l'état moléculaire à l'état conducteur de l'hydrogène liquide (données issues d'expériences d'ondes de choc, Weir *et coll.*, 1996.) ; losange vide : début d'opacification de l'hydrogène solide ; losange plein : prédiction de métallisation (données issues d'expériences en cellule à enclumes de diamant, Loubeyre *et coll.*, 2002). Courbe de fusion : d'après Datchi *et coll.*, 2000 et Gregoryanz *et coll.*, 2003. Les courbes de transition de phases sont en trait noir plein quand elles sont déterminées expérimentalement, en trait pointillé quand elles sont extrapolées. Attention : les échelles sont logarithmiques en abscisses et en ordonnées.**

- **Métallisation de l'hydrogène**

Quelles sont les conditions dans lesquelles l'hydrogène devient conducteur ? Cela se produit-il dans les planètes géantes ? L'hydrogène métallique est le « Graal » des expérimentateurs à haute pression et de nombreux efforts sont dédiés à la synthèse d'hydrogène métallique solide en cellule à enclumes de diamant, ainsi qu'à la caractérisation de l'hydrogène liquide conducteur créé lors d'expériences d'ondes de choc. Ces études ont deux motivations. D'une part, la compréhension de l'origine du champ magnétique des planètes géantes, par la présence d'un matériau conducteur dans leurs profondeurs ; d'autre part, l'étude physique des interactions dans la matière via la modification de l'atome le plus simple, H, sous l'effet de compressions importantes. Les premières expériences à mettre en évidence l'existence d'hydrogène conducteur furent des expériences d'ondes de choc. Dans ces dernières, de l'hydrogène a été mis sous haute pression et haute température ; sa conductivité électrique a été mesurée *in situ*. Les températures générées lors de ces chocs étaient de l'ordre de 3 000 K à 5 000 K, pour des pressions variant de 100 à 160 GPa, ce qui implique que l'hydrogène était à l'état liquide. La conductivité de l'échantillon augmenta de plus de trois ordres de grandeur vers une pression 140 GPa (**figure 4.8**). Cette augmentation de la conductivité électrique s'explique par une transformation du fluide moléculaire vers un plasma (protons et électrons) du fait de mécanismes de dissociation et d'ionisation.

Une hausse brutale de conductivité n'est cependant pas un critère absolu de métallisation. Des matériaux peuvent être de bons conducteurs électriques sans être métalliques. Un critère plus fiable pour détecter une transition isolant-métal est de mesurer la réflectivité optique d'un échantillon. Un métal réfléchit la lumière dans le domaine visible, l'absorbe dans l'infrarouge et est transparent dans le domaine des ultraviolets. À l'état solide, l'hydrogène devient « noir » une fois comprimé à 320 GPa à 100 K en cellule à enclumes de diamant placée dans un cryostat. Sa métallisation a ainsi été prédite vers 450 GPa à 100 K[2].

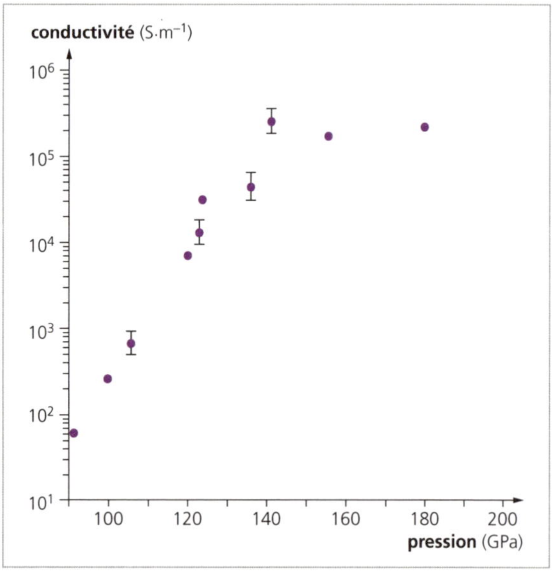

Fig. 4.8. Évolution de la conductivité de l'hydrogène en fonction de la pression. **D'après Weir *et coll.*, 1996. Attention : l'échelle est logarithmique en ordonnées.**

[2] Voir Loubeyre *et coll.*, 2002.

En conclusion, les études par expériences d'ondes de choc montrent que l'hydrogène semble être présent sous forme de liquide conducteur sur une large gamme du domaine de pression-température à l'intérieur de Jupiter et de Saturne. C'est ce liquide conducteur en convection qui produit le champ magnétique très intense observé pour ces planètes (voir tableau 4.3) par effet dynamo.

1.5.3. Uranus et Neptune : eau et ammoniac ionisés

Les champs magnétiques des planètes du système solaire, quand ils existent, ont une géométrie essentiellement dipolaire, sauf ceux d'Uranus et de Neptune (tableau 4.3). En effet, pour ces dernières, les composantes quadripolaire et octopolaire sont importantes, et l'inclinaison du champ par rapport à l'axe de rotation est beaucoup plus forte (respectivement 59° et 47°). Pour comprendre cette géométrie atypique, S. Stanley et J. Bloxham ont simulé numériquement le champ magnétique d'Uranus et de Neptune[3]. Une géométrie correcte du champ a été obtenue pour un liquide conducteur en convection confiné dans une couche mince proche de la surface, auquel cas des échelles spatiales plus petites étaient effectivement reproduites (composantes quadri- et octopolaires). La couche de liquide inférieure, plus épaisse, évacuerait sa chaleur par conduction et serait donc immobile, ne générant pas de champ magnétique.

Quant à la nature du liquide conducteur, ce sont à nouveau des expériences d'ondes de choc qui proposent une réponse. Elles ont montré qu'au-delà de 50 GPa et 3 000 K, la conductivité de l'eau et de l'ammoniac augmente fortement (**figure 4.9**). L'interprétation d'une telle évolution, confirmée par les expériences numériques, est l'augmentation soudaine de la concentration en ions H_3O^+, OH^- et NH_4^+ dans ces liquides. Ces ions libres permettent de conduire les courants électriques. Sous l'effet de l'ionisation des molécules H_2O et NH_3, la conductivité atteint environ 10 000 $S \cdot m^{-1}$, c'est-à-dire 1/100e de la conductivité estimée du fer dans le noyau terrestre.

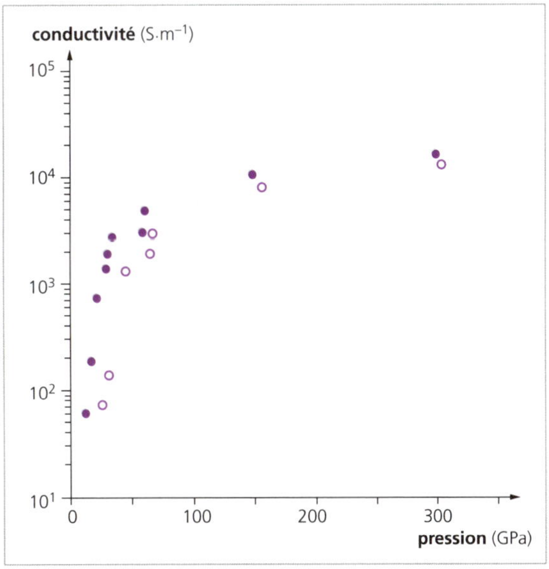

Fig. 4.9. Conductivité électrique de l'eau (cercles vides) et de l'ammoniac (cercles pleins) en fonction de la pression le long d'un gradient de température adiabatique. **Les données résultent d'expériences numériques et d'expériences de choc. D'après Cavazzoni *et coll.*, 1999. Attention : l'échelle est logarithmique en ordonnées.**

[3] Voir Stanley et Bloxham, 2004.

2. Diagramme de phase de l'eau : implications pour les satellites de Jupiter

2.1 Quelques données sur la structure interne des satellites galiléens

Gallilée a décrit quatre satellites en orbite autour de Jupiter : **Io**, **Europe**, **Ganymède** et **Callisto**, du nom de quatre nymphes séduites par Jupiter, également appelés **satellites galiléens** du nom de leur découvreur. Parmi ces corps, seul le plus proche de Jupiter, Io, n'est pas recouvert de glaces planétaires.

La sonde Galileo (NASA), en orbite autour de Jupiter entre 1995 et 2003, a révélé l'essentiel de nos connaissances sur la géophysique des satellites joviens. Outre les images à haute résolution de leur surface, Galileo a fourni des données magnétiques et gravitationnelles, desquelles peut être déduit le moment d'inertie.

Le **tableau 4.4** résume les caractéristiques astronomiques de ces satellites. Du point de vue de la structure interne, on peut faire quelques remarques importantes en étudiant ce tableau :

- la masse volumique moyenne des satellites galiléens est faible, surtout pour Ganymède et Callisto, ce qui s'interprète par l'importante quantité de glaces planétaires ;
- tous ces satellites sont différenciés : leur moment d'inertie (I) est inférieur à celui d'une sphère homogène (0,4 MR^2), preuve d'une concentration plus forte des masses vers l'axe de rotation ;
- Ganymède est le satellite le plus différencié car son moment d'inertie est le plus faible ; ce moment d'inertie est aussi inférieur à celui de la Terre ($I/MR^2 = 0,331$), ce qui s'explique par la présence d'une épaisse couche de glaces planétaires, matériaux de faible masse volumique, en surface ;
- la présence d'un noyau d'alliages de fer est donc très probable, sauf dans le cas de Callisto où la couche externe de glaces planétaires pourrait suffire à expliquer la valeur du moment d'inertie.

Planète	Rayon équatorial (km/*)	Masse (kg/*)	Masse volumique moyenne (kg/m³)	I/MR^2
Io	1 815/0,28	$88,86 \cdot 10^{21}$/0,015	$3,53 \times 10^3$	0,371-0,380
Europe	1 569/0,25	$47,85 \cdot 10^{21}$/0,008	$3,04 \times 10^3$	0,346
Ganymède	2 631/0,41	$148,1 \cdot 10^{21}$/0,025	$1,93 \times 10^3$	0,310
Callisto	2 400/0,38	$107,5 \cdot 10^{21}$/0,018	$1,83 \times 10^3$	0,355

Tableau 4.4. Caractéristiques astronomiques des satellites galiléens. Les satellites sont présentés par ordre croissant de distance à Jupiter. Rappel : pour une sphère homogène, le moment d'inertie I vaut 0,4 MR^2. * : normalisé au cas terrestre.

La figure **4.10** reprend ces conclusions. Il faut cependant garder à l'esprit la large barre d'erreur sur la taille des différents réservoirs. Seules deux données géophysiques sont disponibles : masse volumique moyenne et moment d'inertie, ce qui n'est pas suffisant pour déterminer les paramètres des modèles internes à trois couches. Le schéma général est correct pour chaque satellite, mais les épaisseurs sont très approximatives (nous ne donnons d'ailleurs pas de chiffres concernant les épaisseurs des couches dans la figure 4.10). Cependant, d'autres contraintes sont apportées indirectement (alliage Fe-FeS pour le noyau, présence d'une couche d'eau liquide) et sont développées ci-dessous.

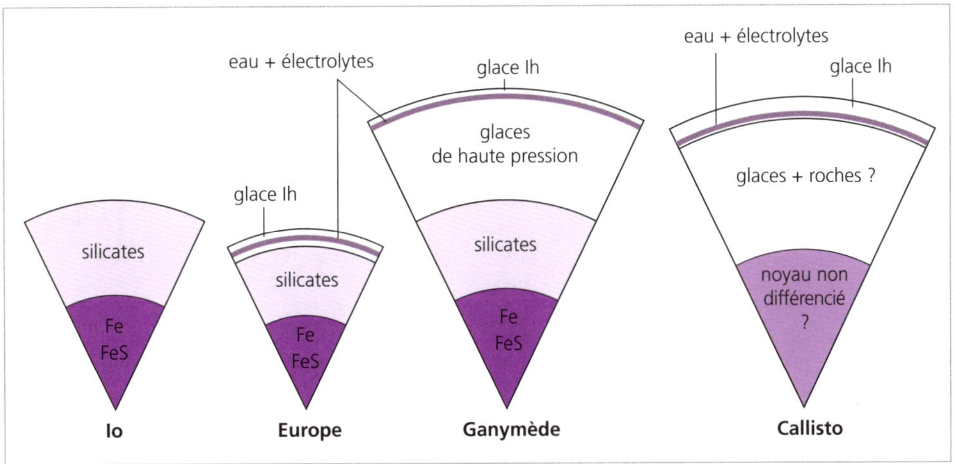

Fig. 4.10. Modèles de structure interne des satellites galiléens.

2.2 Les satellites de glace ont-ils des océans internes ?

Les surfaces d'Europe et de Ganymède présentent une tectonique, c'est-à-dire des déformations, qui a été révélée par la sonde Galileo. Cette tectonique est vraisemblablement créée par des **effets de marée** sous l'influence de Jupiter. On y observe de larges blocs de glace délimités par des zones semblables à des fleuves gelés. De telles structures peuvent s'expliquer par la remontée d'eau liquide, à la faveur du jeu de failles, depuis des zones plus profondes. De fait, si l'on comprime de la glace I à 260 K (–13 °C) par exemple (**figure 4.11**), elle passe à l'état liquide avant de se solidifier à nouveau en glace IV (glace I et glace IV sont deux structures cristallines différentes de la glace d'eau). Cette particularité du diagramme de phase de l'eau expliquerait donc la présence d'eau en profondeur. Les contraintes engendrées par les marées pourraient permettre à de l'eau liquide de remonter en surface grâce à la création de failles ou de fractures affectant la glace superficielle. L'effet de marée contribue par ailleurs au chauffage interne de Io, Europe et Ganymède, ce qui participe à la stabilisation de l'eau liquide avec l'effet conjoint de la pression.

De tels océans internes, recouverts d'une couche de glace d'eau, fascinent en tant que réservoirs potentiels de vie extra-terrestre et Europe pourrait bien être le lieu de futures missions spatiales à la recherche de vie (comme le projet de mission « Jupiter Icy Moons Orbiter » de la NASA).

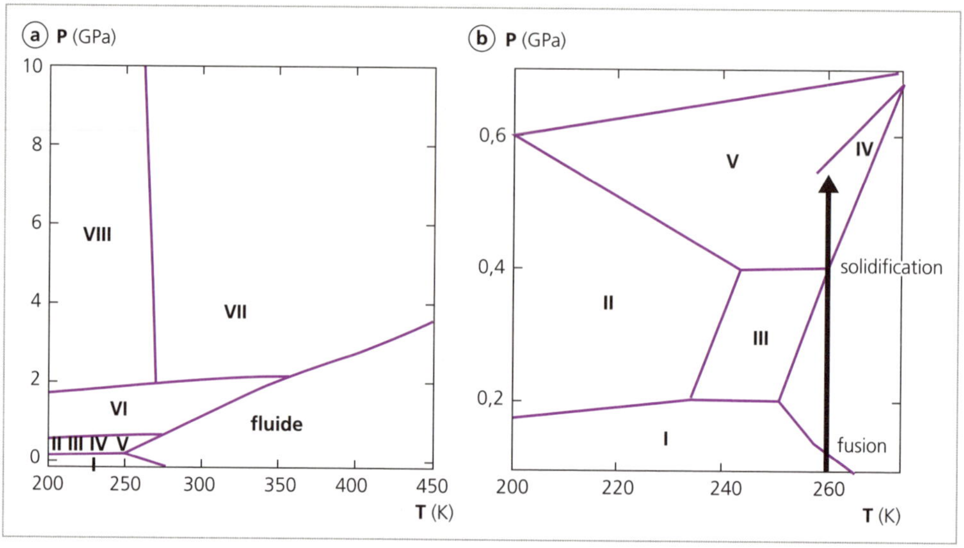

Fig. 4.11. a. Diagramme de phase de l'eau dans le domaine P-T des satellites galiléens. **b.** Zoom sur le domaine 0-0,7 GPa/200-280 K. **La glace IV est métastable dans le champ de stabilité de la glace V. La flèche grise indique les différentes transitions de phase rencontrées lorsque l'on comprime de la glace I le long de l'isotherme 260 K.**

2.3 Champs magnétiques, induits ou permanents

2.3.1. Ganymède

Lors de son passage près de Ganymède, la sonde Galileo détecta un champ magnétique d'origine interne[4]. Son origine est attribuée à une dynamo de type terrestre, générée par des mouvements au sein d'un alliage de fer liquide, très probablement un alliage fer-soufre puisque c'est l'alliage de fer qui a la plus faible température de fusion (point eutectique à 1 200 K environ pour la gamme de pression dans Ganymède). Ganymède est en effet un petit corps et le taux de chauffage interne produit par désintégration d'éléments radioactifs est proportionnel à sa taille. Les températures y sont donc vraisemblablement assez faibles.

2.3.2. Europe

Au voisinage d'Europe et de Callisto, la sonde Galileo n'a pas détecté de champ permanent, mais en revanche, elle y a détecté un champ induit par celui de Jupiter[5]. On parle de **champ magnétique secondaire**, et il se traduit par des perturbations périodiques. Pour expliquer ce champ induit, il faut imaginer une couche proche de la surface contenant des porteurs de charge subissant des forces créées par le champ magnétique de Jupiter,

4 Voir Kivelson *et coll.*, 1996.
5 Voir Khurana *et coll.*, 1998.

qui les mettent en mouvement et sont à l'origine d'un champ magnétique secondaire. La pression dans ce satellite n'est pas suffisante pour envisager des phénomènes d'ionisation de l'eau comme dans les planètes géantes. La solution envisagée est un océan interne chargé d'électrolytes, sels ou NH_4^+ par exemple.

2.3.3. Callisto

Le champ magnétique induit de Callisto est plus mystérieux que celui d'Europe. Autant la présence d'eau à l'état liquide à l'intérieur d'Europe est attestée (voir plus haut), autant cela paraît surprenant pour Callisto. Ce satellite galiléen le plus éloigné de Jupiter ne présente pas de tectonique de surface et n'est pas soumis aux forces de marée, contrairement aux trois autres. Sa température doit donc être inférieure à celle des autres satellites, ce qui rend plus difficilement explicable la présence d'eau liquide en son sein : si $T<250$ K, H_2O est stable sous forme de glace, ceci quelle que soit la pression. La présence d'« antigels » aiderait beaucoup à résoudre le problème. L'ammoniac, antigel présent dans ces zones du système solaire, abaisse le point de fusion de l'eau, mais cet abaissement devient très marqué quand la pression atteint 0,2 GPa, soit un équivalent de 150 km sous la surface du satellite (**figure 4.12**). Il pourrait donc y avoir un mélange d'eau liquide et d'ammoniac au sein de Callisto.

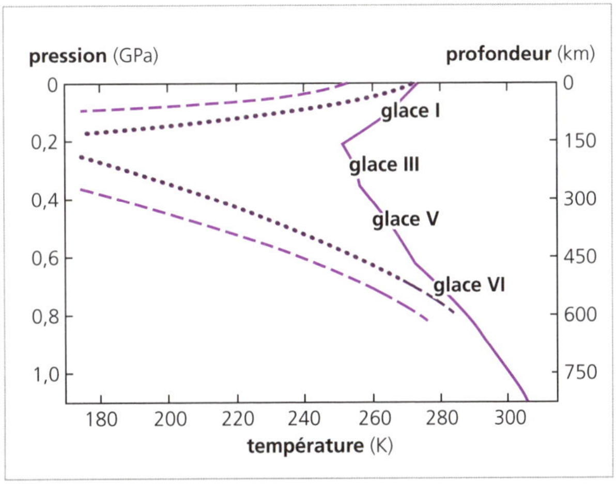

Fig. 4.12. Courbe de fusion de l'eau (trait continu), de l'eau + 5 % d'ammoniac (pointillés) et de l'eau + 15 % d'ammoniac (tiretés). Les phases de glace stables au-dessous du point de fusion ont été reportées. D'après Grasset *et coll.*, 2000.

3. Des composés H_2O-hôte : les clathrates d'eau

Les **clathrates d'eau**, également appelés **hydrates**, sont des composés très répandus dans le système solaire. On en a détecté sur les comètes, sur les calottes polaires de Mars, dans les zones de sol **permafrost** (sol gelé en permanence) sur Terre et dans le fond des océans. De façon générique, il s'agit de molécules d'eau organisées en cages autour d'une molécule ou d'un atome hôte qui stabilise la structure via des interactions de type van der Waals (**figure 4.13**). Parmi les hôtes fréquents et qui présentent un intérêt pour les sciences de la Terre et de l'Univers, on trouve : N_2, CH_4, CO_2 et les gaz rares (He, Ne, Kr, Ar, Xe).

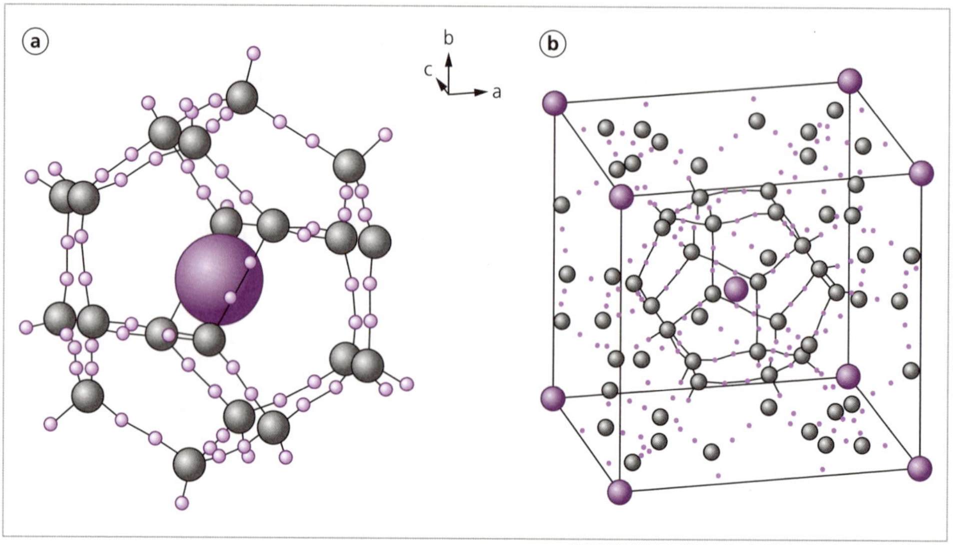

Fig. 4.13. Schéma de clathrate ayant une structure de type I. **a.** La « cage » est formée de molécules H_2O (H : boules claires, O : boules grises) et la molécule ou atome hôte est au centre (boule sombre). **b.** Maille cubique du clathrate (structure type I), une des cages y est mise en évidence, longueur d'un côté : 11,964 Å à pression ambiante et à 12 K.

Connus depuis longtemps à pression ambiante et à basse température (en dessous de 273 K), les clathrates commencent, depuis les années 1990, à être étudiés à haute pression. De nouvelles structures apparaissent, repoussant la limite de stabilité des clathrates à plusieurs gigapascals, selon la nature de l'hôte. Au-delà de cette limite, les clathrates se décomposent en deux phases (H_2O et hôte). Parce qu'ils sont essentiellement formés d'eau, ce sont des composés légers, de numéro atomique bas. La diffraction de rayons X (voir section 1.1 de l'annexe A) n'est donc pas la technique la mieux adaptée dans ce cas : l'interaction des photons X se faisant avec les électrons est d'autant plus sensible que les atomes ont un numéro atomique élevé. La diffraction de neutrons (voir section 1.2 de l'annexe A) est en revanche très indiquée. Une autre technique adaptée à l'étude des clathrates sous pression est la spectroscopie Raman (voir section 3.2 de l'annexe A).

3.1 Les clathrates : des réservoirs d'éléments volatils ?

La stabilité des clathrates en fonction de la pression peut être étudiée par spectroscopie Raman *in situ* en cellule à enclumes de diamant. Lors de la compression à température ambiante d'eau et de xénon, par exemple, on observe d'abord la croissance de cristaux (**figure 4.14**) dont la signature en spectroscopie Raman est celle des clathrates de structure I, puis la fréquence des vibrations O-H change à 1,8 GPa indiquant une transition de phase vers une nouvelle structure, elle-même stable jusqu'à 2,5 GPa avant d'être décomposée en glace + xénon (**figure 4.15**).

Les clathrates de xénon ont été une des pistes suivies pour tenter de résoudre le « paradoxe du xénon manquant » (voir section 3.6 du chapitre 2), à savoir la très faible teneur en xénon des atmosphères de la Terre et de Mars par rapport aux autres gaz rares et par rapport à leur concentration respective dans les météorites chondritiques (figure 2.26). Mais seulement 2 ppm (parties par million) de xénon ont été mesurés dans les clathrates d'une carotte de sédiments forée dans la marge continentale au large de la Virginie (États-Unis). Cette teneur est loin de pouvoir combler le déficit en xénon de l'atmosphère terrestre. Dans le cas de Mars et en l'absence de mesures, les clathrates de CO_2 présents dans les calottes polaires restent un réservoir possible de xénon.

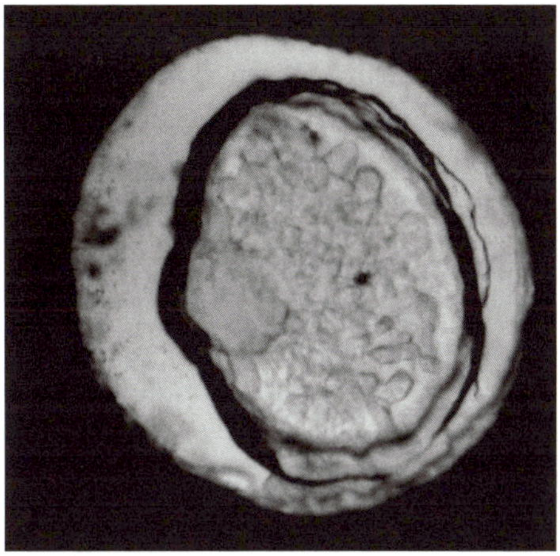

Fig. 4.14. Photographie dans une cellule à enclumes de diamant de cristaux de clathrates de xénon croissant dans une goutte d'eau. La goutte d'eau est elle-même entourée par du xénon (diamètre de la chambre de l'échantillon : 200 μm). Conditions : température ambiante, 1 GPa. D'après Sanloup *et coll.*, 2002.

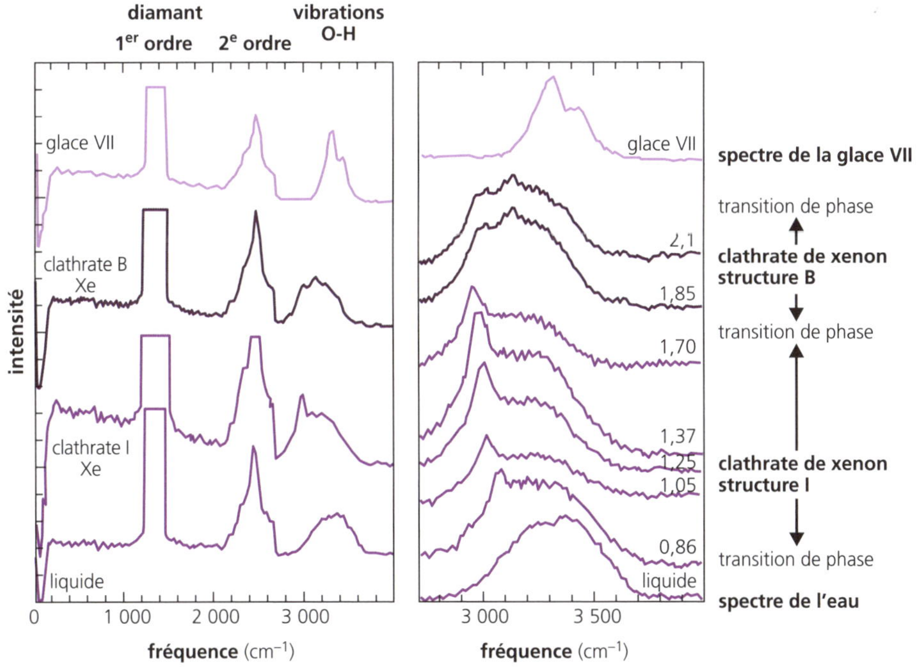

Fig. 4.15. Spectres Raman obtenus sur un échantillon d'eau et xénon chargé en cellule à enclumes de diamant. Les chiffres à droite des spectres donnent la pression en gigapascals. La pression initiale était de 0,6 GPa (spectre le plus en bas) et au cours de la compression, apparaissent des cristaux de clathrates structure I, puis une nouvelle phase à 1,8 GPa stable jusqu'à 2,5 GPa, pression au-delà de laquelle le clathrate se décompose en glace VII pure + xénon à l'état solide. D'après Sanloup *et coll.*, 2002.

3.2 Titan : relations entre son atmosphère et ses couches profondes

Titan, satellite de Saturne, est le second plus gros satellite des planètes du système solaire après Ganymède. C'est d'ailleurs le seul satellite de taille importante de Saturne, avec un rayon de 5 150 km, le rayon des autres étant inférieur à 1 550 km. Mais surtout, Titan possède une atmosphère stable, fait unique parmi les satellites des planètes, Triton (satellite de Neptune) et Io possédant également une atmosphère mais instable, liée à la présence d'éjections volcaniques sulfurées. Cette atmosphère se compose essentiellement d'azote (N_2) et de quelques % de méthane (CH_4). Par spectroscopie infrarouge, on y a aussi détecté des traces de nombreux composés organiques : éthane (C_2H_6), acétylène (C_2H_2), éthylène (C_2H_4), propane (C_3H_8), acide cyanhydrique (HCN) et monoxyde de carbone (CO) pour les principaux. De là tout l'intérêt porté à Titan dans le cadre des recherches sur l'origine de la vie. Ces divers composés organiques résultent de réactions photochimiques complexes, l'étape initiale étant la photodissociation du méthane sous le rayonnement ultraviolet solaire. Cela nous amène donc à la question suivante : d'où provient le méthane ? Le taux de photodissociation est tel que tout le méthane de Titan aurait dû disparaître sur une échelle de temps bien plus petite que la durée de vie du système solaire. Une hypothèse plausible serait un approvisionnement continu, ou du moins régulier, en méthane de l'atmosphère depuis un réservoir interne. Or, jusqu'à très récemment, cette hypothèse n'était pas étayée par les modèles de structure interne de Titan. Mélange de roches, de glaces planétaires et de clathrates d'ammoniac et de méthane lors de son accrétion, Titan a ensuite dû subir une différenciation assez rapide du fait de l'accumulation de chaleur. Jusque récemment, on pensait que le clathrate de méthane n'étant stable que jusqu'à 1,2 GPa, il aurait dû se dissocier en glace + méthane et, ensuite, le méthane moins dense que son environnement aurait dû être libéré dans l'atmosphère très tôt dans l'histoire de la planète.

Des expériences de diffraction de neutrons ont été menées en presse gros volume Paris-Edimbourg (voir section 2.4 du chapitre 1), presse qui permet facilement de couvrir le domaine pression-température de Titan (0-6 GPa/100-300 K). En comprimant un clathrate de méthane de structure I, on a observé non pas une décomposition en glace + méthane à 1,2 GPa mais l'apparition de deux nouvelles phases de clathrate de méthane (structures II et III), la structure III étant stable au moins jusqu'à 10 GPa (**figure 4.16**)[6].

Un réservoir potentiel de méthane en profondeur est donc identifié : il s'agit d'une couche de clathrate de méthane à haute pression (voir **figure 4.17**). Sous l'effet de mouvements de convection, ce clathrate pourrait se retrouver dans des conditions de pression trop faibles pour qu'aucun clathrate ne soit stable et le méthane serait ainsi libéré très lentement, la plus grande partie restant piégée dans le réservoir profond.

6 Voir Loveday *et coll.*, 2001.

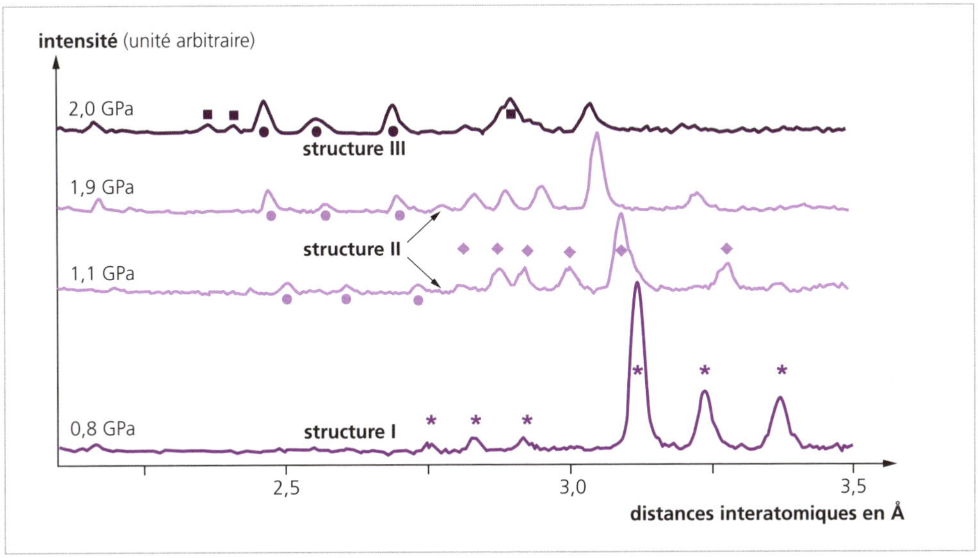

Fig. 4.16. Spectres de diffraction de neutrons sur des clathrates de méthane. **Les pics de diffraction des clathrates de méthane sont indiquées par des étoiles (structure I), des losanges (structure II) et des carrés (structure III) ; les pics de diffraction de la glace VI (cercles pleins) coexistent avec le clathrate de structure II. D'après Loveday et Nelmes, 2003.**

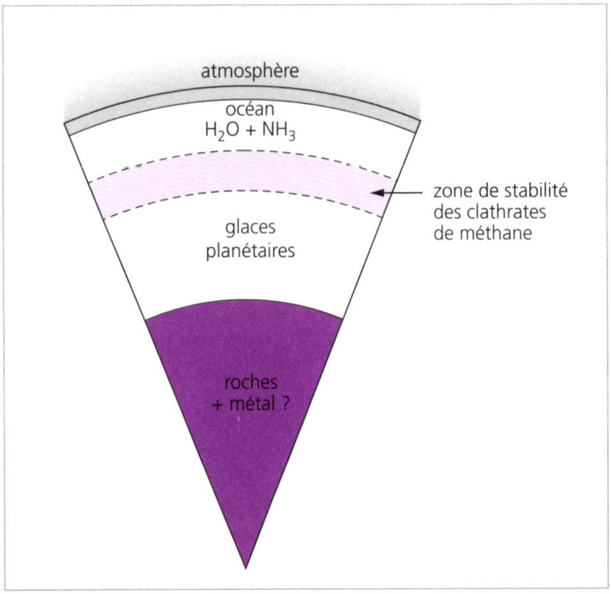

Fig. 4.17. Modèle de structure interne de Titan fondé sur les diagrammes de phase de ses composés. **D'après Loveday et Nelmes, 2003.**

Point de repère

4.2 Les clathrates de méthane : la plus grande réserve mondiale de carbone organique ?

C'est en tant que réserves potentielles de méthane que les clathrates ont motivé tant de travaux depuis les années 1960. Environ 10^{16} kg de méthane y seraient stockés, essentiellement dans les sédiments océaniques des marges continentales, mais également dans les zones de permafrost. Ces quantités, peut-être surestimées, représenteraient deux fois les réserves mondiales de charbon, de gaz et de pétrole réunies. Bien que moins riches en gaz piégés dans les clathrates, ce sont les permafrosts qui focalisent pour l'instant les efforts de prospection et d'extraction industrielles du fait de leur facilité d'accès. Le méthane n'est pas le seul gaz piégé (on trouve également CO_2 et H_2S par exemple), mais c'est le plus abondant. Deux voies de synthèse du méthane peuvent expliquer sa présence : ou bien comme déchet du métabolisme bactérien (méthane biogénique), ou bien par dégradation de la matière organique enfouie dans les sédiments (méthane thermogénique). Eau et méthane coexistant, la pression exercée par la couche d'eau océanique dans le contexte des marges continentales est suffisante pour que des clathrates se forment dès la surface des sédiments (**figure 4.18**). En revanche, dans les zones de permafrost, il faut pénétrer dans le sol pour rencontrer les zones de stabilité des clathrates.

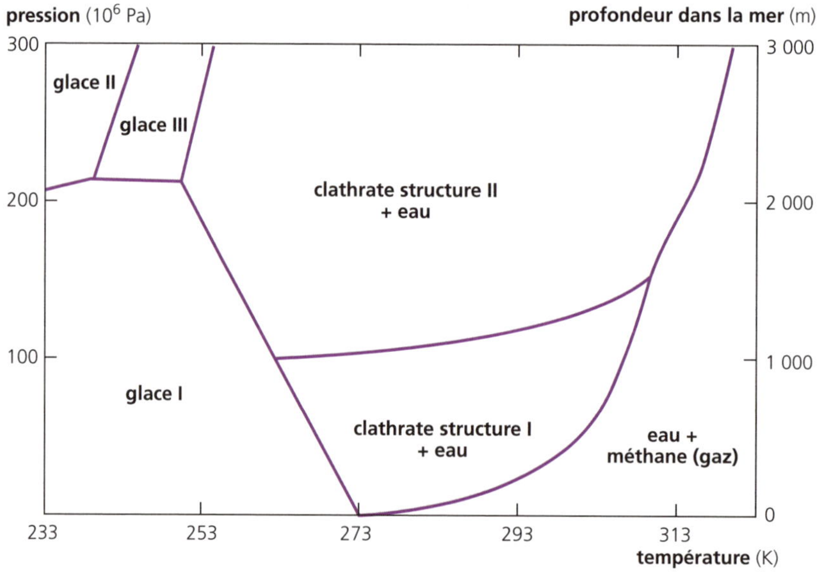

Fig. 4.18. Diagramme de phase du système H_2O-CH_4. **Au sommet des sédiments océaniques, la température varie entre 273 K et 293 K selon la profondeur.**

Des campagnes de mesures géophysiques (en particulier fondées sur la technique de sismique réflexion) et des forages ont permis de repérer un grand nombre de sites de stockage sous-marins. Reste à trouver comment extraire le méthane de ces sites, de façon rentable et sans provoquer de déstabilisation dangereuse des sédiments. Outre les dégâts physiques que pourrait causer une déstabilisation de terrain au large des côtes, elle pourrait entraîner un relargage massif de méthane dans l'atmosphère, avec des conséquences potentielles sur l'effet de serre. Il est d'ailleurs inévitable que dans le passé, des glissements de terrain sous-marins aient libéré du méthane de façon massive. Un réchauffement global de la planète pourrait entraîner une libération du méthane stocké dans les zones de permafrost, mais son effet sur les sites océaniques est moins évident, le réchauffement de l'eau étant contrebalancé par la plus grande quantité d'eau dans les océans et donc par une pression plus élevée au niveau du plancher océanique.

Annexe A

Comment mesurer quoi ?

Nous rappelons ici les principales techniques de mesure des propriétés physico-chimiques des matériaux sous haute pression et haute température qui sont les plus utiles aux scientifiques s'intéressant à l'intérieur des planètes. Cette liste n'est pas exhaustive mais présente la ou les techniques les plus communes.

1. Comment identifier la structure cristalline d'un minéral ?

1.1 Diffraction de rayons X

La diffraction de rayons X est une technique extrêmement importante pour la physique et la géophysique des hautes pressions, puisqu'elle permet de détecter de manière certaine d'éventuels changements de phase dans les matériaux, de caractériser la nouvelle phase et également de mesurer la masse volumique ρ des minéraux étudiés en déterminant l'ensemble (ou presque) des distances interatomiques.

De manière générale, la **diffraction** désigne l'ensemble des modifications d'une onde lorsqu'elle rencontre un obstacle qui a la même taille que sa longueur d'onde. Par exemple, lorsqu'une onde passe par un trou d'une taille comparable à sa longueur d'onde, on observe qu'elle se propage en dehors du chemin rectiligne. Les rayons X (longueur d'onde λ de 0,01 à 100 Å), qui voient les électrons comme des sortes d'obstacles, peuvent donc être diffractés par les atomes (taille typique quelques Å). L'intensité de ce phénomène est d'autant plus élevée que le nombre d'électrons est grand. Aussi les éléments lourds diffractent plus efficacement les rayons X que les éléments légers. De plus, dans les cristaux, les atomes sont ordonnés suivant la répétition géométrique de leur maille cristalline. Ceci donne lieu à des phénomènes d'interférences entre les rayons diffractés par chacun des atomes. Ces interférences sont constructives (tous les signaux s'additionnent, ce qui crée un signal mesurable) à la condition qu'il y ait dans le cristal une famille de plans cristallins, ayant entre eux une distance d, vérifiant la disposition géométrique de la **figure A.1** et tels que :

$$2d \sin\theta = n\lambda, \quad (n \text{ entier}) \tag{A.1}$$

avec 2θ l'angle de déviation des rayons X diffractés par rapport à la propagation rectiligne (on l'appelle aussi angle de diffraction). Cette loi (la **loi de Bragg**) montre que la mesure expérimentale de 2θ permet d'accéder à d. Pour un cristal donné, il y a autant d'angles 2θ de diffraction possibles que de classes de plans cristallins. La mesure de l'ensemble des angles de diffraction rendus possibles par les conditions expérimentales (position et taille du détecteur, ouverture angulaire du dispositif de haute pression, etc.) permet alors d'identifier la structure cristalline de la phase étudiée, ainsi que le volume de sa maille cristalline élémentaire (voir **encadré A.1**). Si l'on connaît le nombre d'atomes par maille, on peut facilement en déduire la masse volumique ρ du matériau étudié.

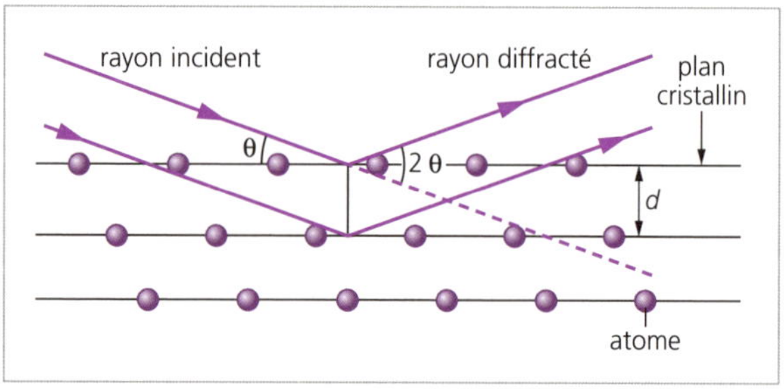

Fig. A.1. Géométrie de la diffraction de rayons X. **Pour avoir un signal mesurable, l'angle de diffraction 2θ doit vérifier la loi de Bragg (A.1).**

Point de repère

A.1 Les structures cristallographiques

Le milieu cristallin est un état ordonné de la matière dans lequel il y a arrangement régulier et symétrique des atomes. Dans les cristaux, l'arrangement des atomes est tri-périodique, c'est-à-dire qu'il y a répétition d'un volume élémentaire (à une échelle atomique) appelé **maille élémentaire** dans les trois directions de l'espace. Cette répétition constitue le réseau cristallin. Les minéraux cristallisent selon sept systèmes cristallins possibles, c'est-à-dire par agencement de sept types de mailles cristallines élémentaires (voir **figure A.2** et **tableau A.1**). Chaque maille est définie par six **paramètres de maille** : trois arêtes, a, b et c, et les angles entre ces arêtes $\alpha = \widehat{bc}$, $\beta = \widehat{ac}$ et $\gamma = \widehat{ab}$.

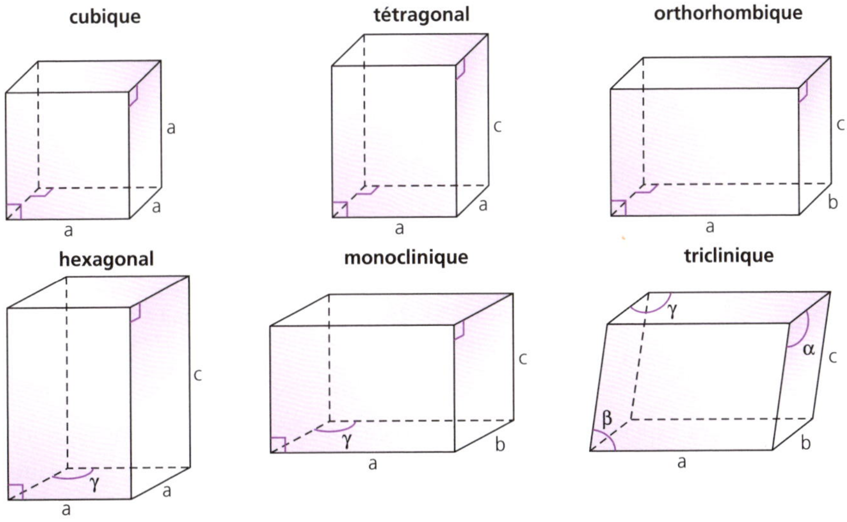

Fig. A.2. Schéma de la maille élémentaires des différents systèmes cristallins.

Système cristallin	Paramètres de maille	Volume de la maille
Cubique	$a = b = c, \alpha = \beta = \gamma = 90°$	$V = a \times b \times c$
Tétragonal	$a = b \neq c, \alpha = \beta = \gamma = 90°$	$V = a^2 \times c$
Hexagonal	$a = b \neq c, \alpha = \beta = 90°, \gamma = 120°$	$V = a^2 \times c \times \sin(\pi/3)$
Rhomboédrique	$a = b = c, \alpha = \beta = \gamma \neq 90°$	
Orthorhombique	$a \neq b \neq c, \alpha = \beta = \gamma = 90°$	$V = a \times b \times c$
Monoclinique	$a \neq b \neq c, \alpha = \beta = 90° \neq \gamma$ ou $\alpha = \gamma = 90° \neq \beta$	$V = a \times b \times c \times \sin\gamma$ ou $V = a \times b \times c \times \sin\beta$
Triclinique	$a \neq b \neq c, \alpha \neq \beta \neq \gamma$	$V = a \times b \times c \times (1 - \cos^2\alpha - \cos^2\beta - \cos^2\gamma + 2 \times \cos\alpha \times \cos\beta \times \cos\gamma)^{1/2}$

Tableau A.1. Caractéristiques des systèmes cristallins. **Le système rhomboédrique peut-être considéré comme un sous-système du système hexagonal, avec le volume de 3 mailles rhomboédriques égal au volume d'une maille hexagonale.**

En pratique, la diffraction de rayons X peut être réalisée sur des échantillons sous forme de poudres ou de monocristaux, en utilisant des rayons X monochromatiques (une seule longueur d'onde) ou polychromatiques. Dans le cas de la diffraction de rayons X monochromatiques sur poudre, les cristallites étant orientés dans toutes les directions possibles, on obtient un signal diffracté sur l'ensemble des directions vérifiant l'équation A.1. Ce signal peut être recueilli sur un détecteur bidimensionnel et l'on observe alors un spectre du type de celui de la **figure A.3**, dit spectre de poudre.

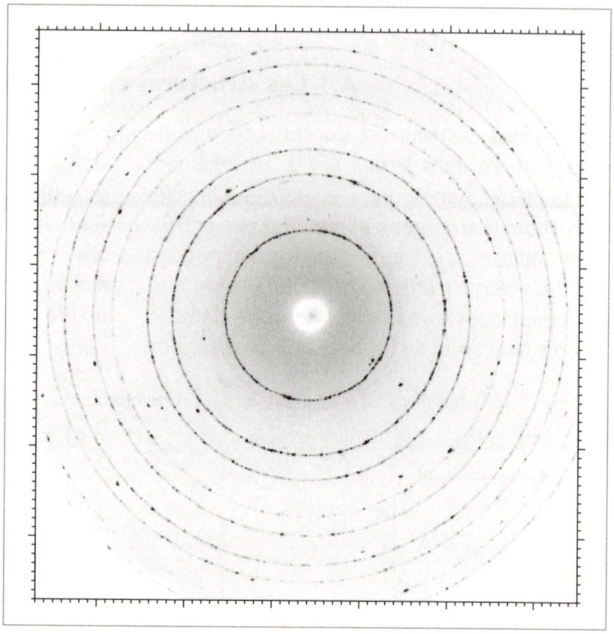

Fig. A.3. Exemple de spectre de diffraction de rayons X monochromatiques sur une poudre (silicium). **Le détecteur a une dimension d'environ 35 × 35 cm et est situé à environ 40 cm de l'échantillon. La longueur d'onde des rayons X est de 0,3738 Å.**

Pour réaliser ces expériences de diffraction de rayons X dans de bonnes conditions, il est important d'utiliser des sources très intenses de rayons X. C'est nécessaire pour la cellule à enclumes de diamant, parce que l'échantillon est très petit et ne présente donc qu'un faible pouvoir diffractant. C'est également nécessaire pour les presses gros volume, parce que l'assemblage expérimental autour de l'échantillon absorbe fortement les rayons X et diminue d'autant le signal recueilli. Les sources les plus intenses de rayons X sont les **synchrotrons**, fondés sur l'effet du même nom, c'est-à-dire l'émission d'ondes électromagnétiques par des particules chargées et accélérées à des vitesses voisines de celle de la lumière. Cet effet, découvert en 1947, a été mis a profit vers les années 1980 pour construire des sources de rayons X destinés à des analyses. Les machines les plus performantes sont celles de la troisième (et pour l'instant dernière) génération ; leur efficacité est améliorée par l'utilisation d'éléments d'insertion qui démultiplient l'intensité des rayons X utilisés. Parmi elles, l'*European Synchrotron Radiation Facility* à Grenoble (en fonctionnement depuis 1994, **figure A.4**) et Spring-8 près d'Osaka au Japon (en fonctionnement depuis 1997).

Fig. A.4. Photographie aérienne de l'*European Synchrotron Radiation Facility*, à Grenoble. La circonférence de l'anneau est de 800 m.

1.2 Diffraction de neutrons

Comme toute particule, les **neutrons** ont un caractère ondulatoire. S'ils ont une longueur d'onde adaptée (c'est-à-dire de l'ordre de 1 Å, distance interatomique typique dans la matière), ils donnent donc lieu, tout comme les rayons X, à des phénomènes de diffraction dans les solides cristallins. Néanmoins, le caractère très différent des interactions neutron-matière (interaction nucléaire principalement) et rayons X-matière (interaction électromagnétique) fait que la technique de diffraction de neutrons apporte des informations originales et complémentaires des rayons X. En particulier, les neutrons sont beaucoup plus sensibles aux éléments légers comparativement aux rayons X. La diffraction de neutrons est donc une méthode intéressante pour étudier la structure de composés riches en hydrogène comme les glaces et les clathrates. Par ailleurs, comme les neutrons interagissent avec le noyau des atomes, ils ne sont pas sensibles aux différents isotopes du même élément de la même manière : il peut donc être intéressant de remplacer un isotope par un autre dans le matériau, afin d'avoir plus de signal diffracté. Par exemple, on remplace en général l'hydrogène par le deutérium, dans les expériences de haute pression, car le deutérium diffracte environ 100 fois plus les neutrons que l'hydrogène. Les neutrons possèdent un moment magnétique et sont donc sensibles aux propriétés magnétiques des matériaux qu'ils traversent. Cela permet d'obtenir des informations sur l'ordre magnétique de certains matériaux, ce qui n'est pas possible en utilisant les rayons X.

Les neutrons sont des particules difficiles à produire. Ils peuvent être obtenus par une réaction nucléaire contrôlée, dans le cœur d'un réacteur contenant un matériau radioactif comme ^{235}U. Ces neutrons sont ensuite mis en équilibre thermique avec un matériau entourant le réacteur, par exemple de l'eau à température ambiante, ce qui leur permet d'avoir une longueur d'onde proche de celle adaptée à la diffraction. À la sortie de ce milieu « modérateur », on sélectionne les neutrons ayant la même direction de propagation (collimation) et la même longueur d'onde (monochromation), puis on les envoie sur l'échantillon à étudier. L'institut Laue-Langevin, à Grenoble, est une source de ce type. Une autre façon de générer un flux de neutrons est de projeter des protons accélérés sur une cible de métal lourd (plomb ou mercure par exemple). Certains de ces protons entrent en collision avec des noyaux de ce matériau et des neutrons sont alors éjectés, sans réaction nucléaire. On parle dans ce cas de sources à spallation, qui produisent des neutrons de caractéristiques proches de ceux obtenus par une réaction nucléaire. Ces sources sont continues ou pulsées et les flux de neutrons générés peuvent être plus intenses que ceux générés par un réacteur nucléaire. La source ISIS, près d'Oxford en Grande-Bretagne, est une source à spallation.

Un inconvénient majeur de la diffraction de neutrons par rapport à la diffraction de rayons X est que le signal de diffraction est d'intensité plus faible. Cela est dû au faible flux des sources de neutrons (qui est de plusieurs ordres de grandeur plus faible que celui des sources synchrotron de rayons X) d'une part, et à la faiblesse relative des interactions entre neutron et matière par rapport aux interactions rayons X-matière d'autre part. Quand 10^{-6} mm^3 d'échantillon suffisent pour obtenir un signal de diffraction suffisamment intense en diffraction de rayons X, il faut un volume de 10 mm^3 en diffraction de neutrons. Dans les conditions de haute pression, cette technique est donc utilisée surtout en presse gros volume (type Paris-Edimbourg, voir section 2.4 du chapitre 1).

2. Comment mesurer la masse volumique des matériaux ?

2.1 État solide : diffraction de rayons X et diffraction de neutrons

Si l'on mesure le volume V_e de la maille cristalline élémentaire d'un solide (voir les sections 1.1 et 1.2) et si l'on connaît les atomes X_i présents dans cette maille et leur nombre, la masse volumique du matériau est simplement :

$$\rho = \frac{\Sigma_i N_i M_i}{V_e}, \tag{A.2}$$

N_i étant le nombre d'atomes X_i dans la maille élémentaire et M_i leur masse en kg.

2.2 État liquide : radiographie X

Le diagnostic par radiographie X est fondé sur le contraste d'absorption des rayons X qui existe entre les différents éléments. En effet, pour un élément de numéro atomique Z donné, le coefficient d'absorption massique μ'_A (en $m^2 \cdot kg^{-1}$) est proportionnel à Z^2. Ce coefficient est défini par la loi de Beer-Lambert :

$$\frac{I}{I_0} = e^{-\mu'_A \rho e} = e^{-\mu_A e}, \tag{A.3}$$

e étant l'épaisseur de matériau traversé et ρ sa masse volumique. On utilise souvent le coefficient d'absorption volumique $\mu_A = \mu'_A \rho$, qui s'exprime en m^{-1}.

La radiographie X (dont un exemple est donné **figure A.5**) est particulièrement utile aux expériences réalisées en presses gros volume, où l'observation optique de l'échantillon est impossible. En utilisant la radiographie X, on peut mesurer *in situ* la masse volumique de l'échantillon ou repérer des séparations de phases sous pression.

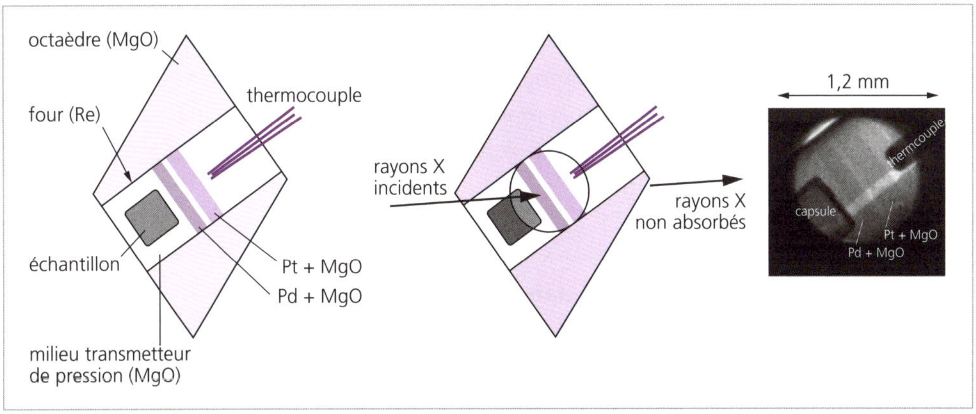

Fig. A.5. Exemple de radiographie X *in situ* en presse gros volume en rayonnement synchrotron (Spring-8, Japon). **a.** Schéma de l'assemblage expérimental (voir section 2.1 du chapitre 1). **b.** Image de radiographie X obtenue après passage du faisceau de rayons X incident à travers une « fenêtre » au sein de l'assemblage.

3. Comment observer une transition de phase ?

3.1 Diffraction de rayons X et diffraction de neutrons

Dans la mesure où elles permettent d'identifier la structure cristalline des solides et de mesurer précisément leur volume molaire, diffraction de rayons X et diffraction de neutrons constituent l'outil le plus performant pour mettre en évidence des transitions de phase (voir les sections 1.1 et 1.2). Mais leur difficulté de mise en œuvre et l'accès toujours limité des scientifiques aux sources synchrotron et aux réacteurs nucléaires font que ce ne sont pas toujours ces techniques qui ont permis de détecter ces transitions.

3.2 Spectroscopie Raman et infrarouge

Les spectroscopies Raman et infrarouge permettent toutes deux de sonder la force des liaisons interatomiques des matériaux, grâce à la mesure de la pulsation propre de vibration de ces atomes. La spectroscopie Raman est très souvent utilisée en cellule à enclumes de diamant, car facile à mettre en œuvre expérimentalement. Il est par contre impossible de mener ce type de mesures en presses gros volume, car elles ne permettent pas d'accès optique à l'échantillon.

En spectroscopie Raman, un rayonnement monochromatique sonde (laser dans le visible ou l'infrarouge) est envoyé sur l'échantillon. Une très faible partie de ce faisceau crée un quanta de vibration dans le cristal (appelé **phonon**, voir **encadré A.2**) et une autre partie en annihile un, à cause d'un effet physique découvert par le physicien C.V. Raman et qui porte maintenant son nom. Le type et l'énergie des phonons crées ou annihilés obéit à des règles précises, qui dépendent de la phase cristalline du matériau sondé. Le faisceau lumineux diffusé par l'échantillon n'est donc plus monochromatique : certains photons ont perdu l'énergie $\Delta E = \hbar\,\omega_V$ (pic Stokes), ce qui correspond à la création du phonon et d'autres l'ont gagnée (pic anti-Stokes), ce qui correspond à l'annihilation (disparition) d'un phonon. Ici, ω_V est la pulsation propre de la vibration excitée, c'est-à-dire la pulsation du phonon créé. Cette pulsation est comprise, pour l'ensemble des matériaux, entre 10^{11} et 10^{14} s^{-1}. Dans un même matériau, l'effet Raman peut se produire pour plusieurs vibrations de pulsations ω_V différentes.

Point de repère

A.2 Vibrations dans les solides : les phonons

Dans un solide cristallin, à température non nulle, les atomes vibrent autour de leur position d'équilibre. Ces vibrations peuvent être décrites comme la somme de vibrations particulières, de géométries fixées, qui sont appelées **modes propres**. Ces modes propres ont des caractéristiques qui sont les suivantes :

- une **pulsation propre** de vibration ω_V, reliée à la période de vibration T_V par $\omega_V = 2\pi/T_V$;
- un vecteur d'onde $\vec{k_V}$, relié à la longueur d'onde λ_V par $k_V = 2\pi/\lambda_V$,
- une relation entre ω_V et $\vec{k_V}$, appelée **relation de dispersion**, qui définit plusieurs « familles » de modes propres.

À chaque mode propre, on associe une pseudo-particule appelée **phonon**, d'énergie $E_V = \hbar\,\omega_V$ ($\hbar = h/2\pi$, avec h la constante de Planck) et de vecteur d'onde $\vec{k_V}$. Les phonons qui vérifient la même relation de dispersion sont dans la même « famille » et correspondent à une géométrie de vibration similaire. On distingue deux types de « familles » de phonons :

- les phonons **acoustiques**, qui correspondent à une géométrie où les atomes voisins vibrent en phase (vont dans le même sens en même temps, voir **figure A.6a**) ;
- les phonons **optiques**, qui correspondent à une géométrie où les atomes voisins vibrent en opposition de phase (se rapprochent l'un de l'autre puis s'éloignent, voir **figure A.6b**).

La pulsation des phonons optiques vaut entre 10^{11} et 10^{14} s^{-1}, ce qui correspond au domaine de la spectroscopie optique, d'où leur nom. La pulsation des phonons acoustiques varie entre 0 et 10^{12} s^{-1}. Ce sont les phonons acoustiques qui permettent la propagation des ondes acoustiques dans la matière, d'où leur nom. Dans la limite des grandes longueurs d'onde, c'est-à-dire $\lambda_V \gg 1$ Å (ce qui va des ondes ultrasonores aux ondes sismiques), pour ces phonons acoustiques, la relation de dispersion s'écrit, à une très bonne approximation près : $\omega_V = k_V \times v$, v étant la vitesse de propagation de l'onde acoustique. On a donc, par ailleurs : $\lambda_V = T_V \times v$. Les vitesses de propagation des ondes acoustiques sont différentes selon les directions de vibration des atomes : on définit les vitesses **longitudinales** et **transverses**, qui correspondent, pour un milieu isotrope, respectivement aux vitesses des ondes P et des ondes S.

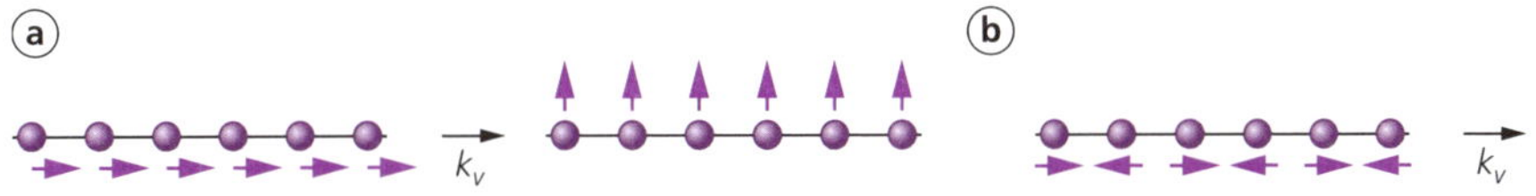

Fig. A.6. a. Géométrie de vibration de phonons acoustiques. **Mode longitudinal à gauche, transverse à droite. Les flèches sur ou sous les atomes représentent leur direction de vibration. b.** Géométrie de vibration de phonons optiques.

Il faut alors mesurer le **spectre** en énergie du faisceau lumineux diffusé par l'échantillon, c'est-à-dire la distribution de son intensité en fonction de la longueur d'onde (ou de l'énergie, voir **encadré A.3**).

Point de repère

A.3 Énergie des ondes électromagnétiques

Les ondes électromagnétiques (visibles ou non) transportent de l'énergie. Cette énergie est **quantifiée** et c'est pourquoi on décrit quelquefois la lumière en termes de **photons**. Un photon de pulsation ω est un corpuscule dont l'énergie est le quantum d'énergie d'une onde électromagnétique de longueur d'onde $\lambda = 2\pi c/\omega$ dans le vide, sinon $\lambda = 2\pi c/\omega n$ dans un milieu d'indice de réfraction n :

$$E = \hbar\omega.$$

Sa quantité de mouvement est :

$$p = \frac{h}{\lambda}.$$

Dans les équations qui précèdent, $\hbar = h/2\pi$, avec h la constante de Planck et c la vitesse de la lumière dans le vide. Cette description corpusculaire de la lumière permet, entre autres, de décrire des effets de diffusion inélastique dans la matière, comme la diffusion Brillouin, ainsi que les phénomènes d'absorption et d'émission : un photon peut être absorbé par la matière lorsque son énergie est égale à une différence de niveau d'énergie dans la matière (en termes classiques, il s'agit d'un phénomène de résonance). Dans le domaine infrarouge, ces différences d'énergie correspondent à des états de vibrations interatomiques (que l'on peut aussi décrire à l'aide de corpuscules, les phonons) et sont mesurées par les spectroscopies infrarouge et Raman. Dans le domaine des rayons X, ces différences d'énergie correspondent à des niveaux électroniques des atomes et sont sondées par les spectroscopies de rayons X.

Dans ce spectre, chaque pic observé à une longueur d'onde différente de celle du faisceau laser incident correspond à la création ou l'annihilation de phonons actifs en Raman. On utilise un dispositif ayant le pouvoir de **disperser** la lumière, c'est-à-dire d'en séparer spatialement toutes les longueurs d'ondes. Ensuite, il ne reste plus qu'à enregistrer le signal dispersé par un détecteur étendu, chaque position correspondant à une longueur d'onde que l'on a étalonnée. Le prisme est un dispositif dispersif bien connu, mais on utilise dans les spectromètres Raman des réseaux optiques, qui sont plus efficaces. Le principe de montage d'un spectromètre Raman est présenté **figure A.7**.

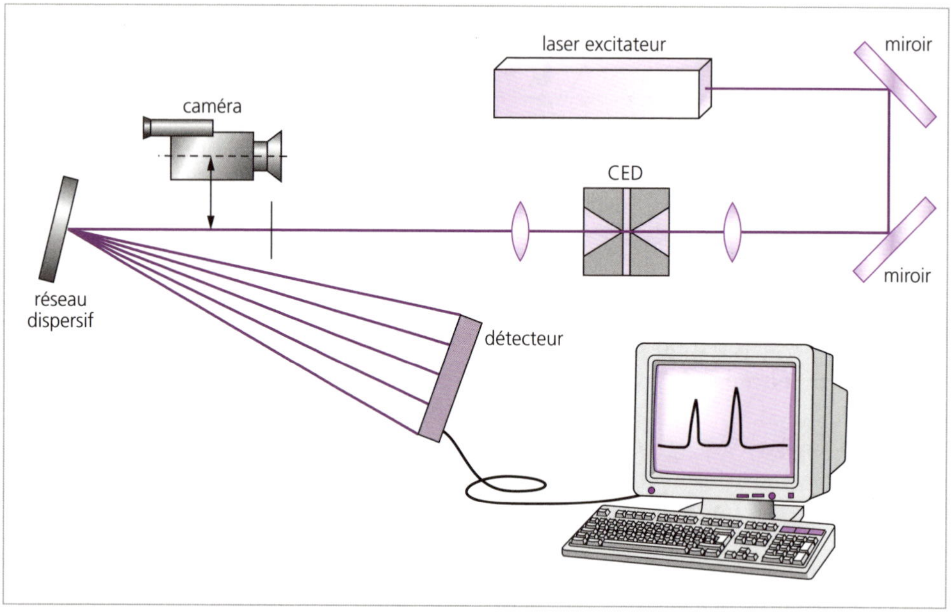

Fig. A.7. Schéma de principe d'un spectromètre Raman. **La caméra est placée derrière un diaphragme, ce qui permet de visualiser l'échantillon et de sélectionner la région analysée. La calibration du détecteur s'effectue à l'aide d'une lampe à émission de raies atomiques, dont la longueur d'onde est connue. CED : cellule à enclumes de diamant.**

La spectroscopie Raman est un moyen d'identifier les minéraux présents dans une roche, par exemple, en comparant le spectre mesuré à un endroit précis à des spectres de référence ; elle permet aussi de repérer des transitions de phase dans les minéraux sous pression, en cellule à enclumes de diamant, puisque ces transitions modifient leur spectre Raman (une photographie du montage expérimental est donnée sur la **figure A.8** du cahier couleur, p. VIII). Un exemple de spectre Raman d'un matériau qui intéresse les géophysiciens, la $MgSiO_3$-pérovskite, est présenté **figure A.9**. Traditionnellement, en spectroscopie Raman, on ne donne pas le spectre de la lumière diffusé en fonction de sa longueur d'onde λ, car ceci ne permet pas de visualiser directement les pulsations ω_V des phonons du matériau. On le représente en fonction de $\sigma_R = \sigma_0 - 1/\lambda$, σ_R étant en général donné en cm^{-1} et σ_0 étant le nombre d'onde du laser excitateur en cm^{-1}. Si l'on observe un pic d'intensité au nombre d'onde σ_R, la pulsation ω_V du phonon correspondant est : $\omega_V = 2\pi \times c \times \sigma_R$ (c vitesse de la lumière, 3×10^8 $m \cdot s^{-1}$ = 3×10^{10} $cm \cdot s^{-1}$). Les nombres d'onde σ_R des pics Raman mesurables par la plupart des spectromètres varient entre une dizaine et plusieurs milliers de cm^{-1}.

La spectroscopie infrarouge consiste en la mesure de l'énergie des pics d'absorption d'un rayonnement infrarouge polychromatique par l'échantillon. En effet, lorsque la pulsation des photons vaut celle des phonons du matériau, celui-ci les absorbe pour créer des phonons. On mesure donc l'énergie, ou encore la pulsation, de phonons du matériau. Les règles de sélection qui déterminent les modes actifs en spectroscopie infrarouge étant différentes de celles de la spectroscopie Raman, ces deux techniques se complètent.

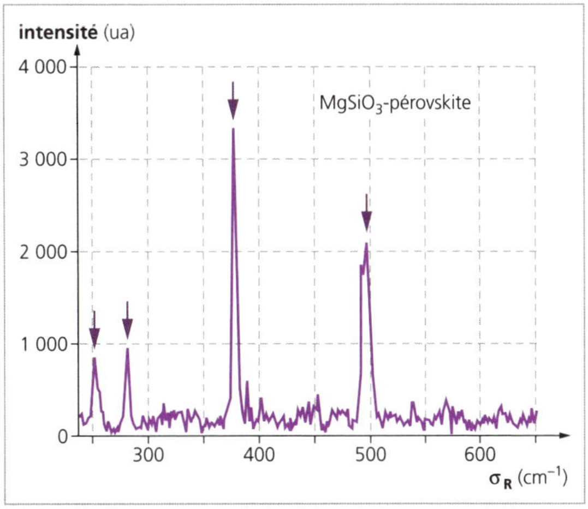

Fig. A.9. Pics Stokes observés par spectroscopie Raman dans la $MgSiO_3$-pérovskite, dans les conditions ambiantes. **On repère quatre pics caractéristiques intenses, indiqués par des flèches, à 250, 282, 380 et 498 cm^{-1}.**

En pratique, les spectroscopies Raman et infrarouge permettent de repérer des changements de phase, les pulsations propres de vibration étant évidemment sensibles à ces changements. Il est cependant difficile de déterminer la nouvelle phase avec les seules informations spectroscopiques. Par ailleurs, l'évolution des pulsations de vibration avec la pression permet d'extraire des paramètres thermodynamiques grâce auxquels on peut, en utilisant des modèles classiques de physique du solide, extrapoler les équations d'état mesurées par diffraction de rayons X dans de nouveaux domaines de pression et de température.

4. Comment mesurer la vitesse des ondes sismiques (acoustiques) dans les matériaux ?

Les ondes sismiques sont des **ondes acoustiques** (voir encadré A.2) et, par conséquent, toutes les techniques qui permettent de caractériser ces ondes acoustiques, dans différents domaines de fréquence, sont adaptées à l'étude de l'effet de la pression et de la température sur les ondes sismiques.

4.1 Mesure de la vitesse des ultrasons

La vitesse des ondes sonores peut être mesurée de manière directe en évaluant le temps de parcours d'une onde sonore à travers un échantillon de longueur connue. Selon ce principe, des mesures de vitesses acoustiques ont été réalisées dans des presses gros volume sous haute pression et haute température. Une pulsation est générée à une extrémité de l'échantillon et son écho est mesuré quelques millisecondes plus tard. On peut aussi utiliser une source périodique de fréquence variable et observer l'établissement d'interférences constructives entre les ondes générées et celles réfléchies à l'autre bout de l'échantillon. Pour pouvoir considérer que l'onde sonore est une onde plane et analyser de manière simple les mesures, les dimensions de l'échantillon doivent être grandes devant la longueur d'onde de l'onde sonore. En général, les échantillons mesurent quelques millimètres et les fréquences utilisées sont d'environ 20 MHz. On mesure les mêmes vitesses que dans le cas de la spectroscopie Brillouin, mais à une fréquence 50 fois inférieure (20 MHz au lieu de 1 000 MHz).

4.2 Spectroscopie Brillouin

La diffusion Brillouin est la diffusion inélastique (c'est-à-dire avec changement d'énergie) des photons par les phonons acoustiques présents dans le matériau étudié (les phonons acoustiques sont les quantas d'ondes sonores ou ondes acoustiques). Chaque photon diffusé inélastiquement échange l'énergie ΔE et la quantité de mouvement $\Delta\vec{p}$ avec le matériau (voir **encadré A.4**). S'il perd de l'énergie ($\Delta E < 0$), cette énergie a servi à créer un nouveau phonon dans le matériau. S'il gagne de l'énergie, ($\Delta E > 0$), c'est qu'un phonon du matériau a été « annihilé », ou encore a disparu.

En pratique, la source sonde est un rayon laser visible ; l'énergie ΔE est très faible devant l'énergie des photons incidents : elle vaut quelques 10^{-6} eV, ce qui correspond à des pulsations de l'ordre de 10^9 s^{-1}, ou encore 1 000 MHz ($\Delta E/E_0 \simeq 10^{-5}$). Ces différences d'énergie sont impossibles à résoudre pour des spectromètres classiques, comme les spectromètres à réseaux. On utilise donc un interféromètre sophistiqué. À partir de la mesure de ΔE et de $\Delta\vec{p}$ pour différentes géométries, on déduit les vitesses des ondes sonores dans le matériau.

Point de repère

A.4 Calcul de la vitesse acoustique à partir d'une mesure de spectroscopie Brillouin

Considérons le cas de la **figure A.10**, où le détecteur est en position dite de « rétro-diffusion ». Un photon, d'énergies initiale et finale E_0 et E, de quantités de mouvement initiale et finale $\vec{p}_0$ et $\vec{p}$, est capté par ce détecteur. Il a créé un phonon d'énergie $-\Delta E$ et de quantité de mouvement $-\Delta\vec{p}$ tels que :

$$-\Delta E = E_0 - E$$
$$-\Delta\vec{p} = \vec{p}_0 - \vec{p} \simeq 2\vec{p}_0,$$

car $\Delta E \ll E$ et donc $p \simeq p_0$. Or $p_0 = h/\lambda = nE_0/c$ (encadré A.3), avec h la constante de Planck, n l'indice de réfraction du matériau étudié et c la vitesse de la lumière dans le vide. La vitesse de l'onde acoustique v_{ac} associée au phonon est telle que :

$$-\Delta E = v_{ac}||\Delta\vec{p}|| \,.$$

Donc dans ce cas de figure,

$$v_{ac} = (-\Delta E/E_0) \times (c/2n).$$

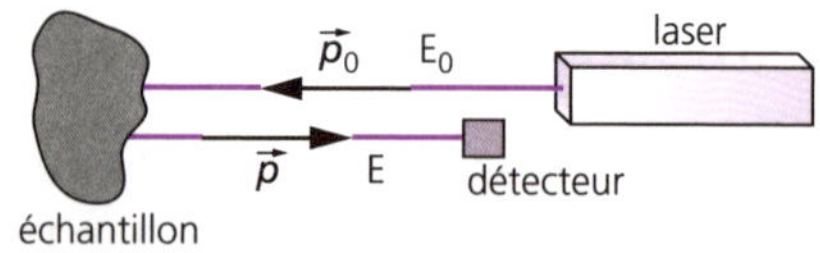

Fig. A.10. Géométrie de rétro-diffusion.

Notons que dans ce cas, il est nécessaire de connaître l'indice de réfraction du matériau étudié pour mesurer la vitesse de l'onde acoustique. On peut s'affranchir de cette contrainte en utilisant une géométrie particulière.

Les échantillons sont soit des monocristaux et, dans ce cas, on mesure la vitesse correspondant à l'orientation du monocristal[1], soit des poudres et, dans ce cas, on mesure directement les vitesses v_P et v_S des ondes acoustiques dans la poudre. Si l'on fait l'hypothèse que ces vitesses ne dépendent pas de la fréquence, c'est-à-dire que les ondes sonores ne sont pas dispersives, on peut comparer directement ces données aux mesures de sismologie. Un exemple de spectre obtenu en spectroscopie Brillouin est présenté **figure A.11**.

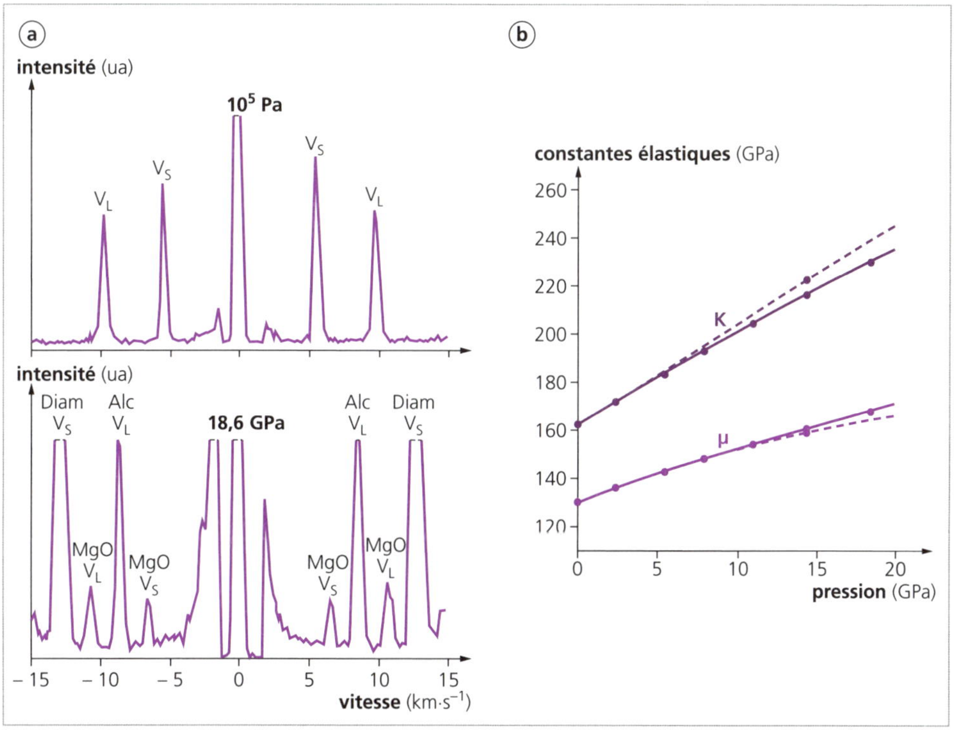

Fig. A.11. a. Spectres Brillouin mesurés à pression ambiante (en haut) et à 18,6 GPa dans une cellule à enclumes de diamant (en bas) sur un monocristal de MgO. **Il s'agit de l'intensité lumineuse recueillie par le spectromètre en fonction de la différence d'énergie ΔE, qui a été convertie ici en vitesse des ondes sonores v_S et v_L ($v \propto \Delta E$), respectivement transverse et longitudinale. Ces spectres sont symétriques par rapport à 0 car si un pic correspond à une création de phonon, son symétrique correspond à une absorption de phonon par le rayon laser. En bas, on observe plus de pics car deux pics proviennent de la diffusion Brillouin du diamant (« Diam ») et deux pics proviennent du milieu transmetteur de pression dans lequel est inclus le monocristal (« Alc »). b.** Évolution des constantes élastiques K (module d'incompressibilité adiabatique) et μ (module de cisaillement) avec la pression déduites des vitesses des phonons (voir formule 6). **D'après Sinogeikin et Bass, 1999.**

[1] Pour une analyse de la relation entre les vitesses des ondes acoustiques mesurées pour un monocristal et les vitesses mesurées dans une poudre du même matériau, voir Poirier, 1991b, p. 15.

4.3 Diffusion inélastique des rayons X

La diffusion inélastique des rayons X est fondée sur le même principe que la spectroscopie Brillouin, la différence étant que le faisceau sonde est un faisceau monochromatique de rayons X, et non un faisceau laser visible. L'énergie ΔE perdue ou gagnée par les photons de ce faisceau sonde lors de la création ou de l'annihilation de phonons est de quelques 10^{-3} eV, c'est-à-dire 1 000 fois plus que pour la spectroscopie Brillouin. On a donc $\Delta E/E \simeq 10^{-7}$. La quantité de mouvement de ces phonons est, elle aussi, environ 1 000 fois plus élevée que celle des phonons étudiés en spectroscopie Brillouin. On peut donc étudier les même familles de phonons, comme les phonons acoustiques, mais dans un domaine très différent d'énergie et donc à un endroit très différent de leur relation de dispersion (voir encadré A.2, et **figure A.12**). Ces deux techniques sont donc complémentaires. La diffusion inélastique de rayons X présente cependant un grand avantage : elle peut être réalisée sur des matériaux non transparents optiquement, tous les matériaux étant dans une certaine mesure transparents aux rayons X. Pour les géophysiciens, c'est donc une technique extrêmement intéressante, pour mesurer les propriétés élastiques du fer par exemple.

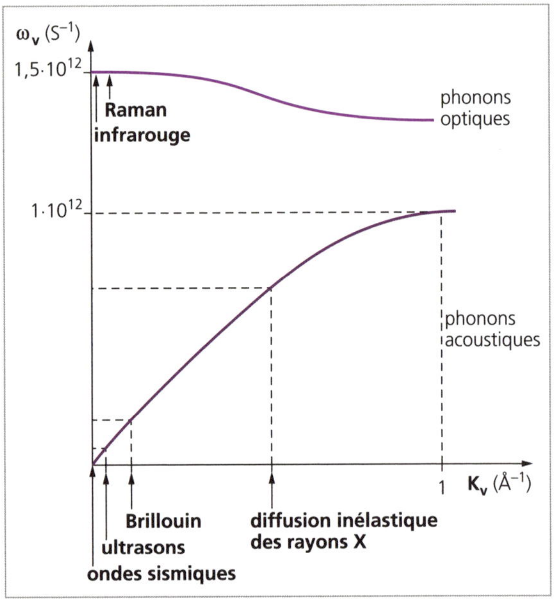

Fig. A.12. Relations de dispersions caractéristiques des phonons optiques et acoustiques, avec les domaines des différentes techniques d'analyse. **Échelles non respectées.**

4.4 Récapitulatif des domaines des différentes techniques

Le **tableau A.2** récapitule les ordres de grandeur de pulsation propre de vibration, de vecteur d'onde et de longueur d'onde des phonons sondés par les différentes techniques que nous venons de présenter (pour les définitions de ces termes, voir encadré A.2). La figure A.12 est une représentation schématique de la relation de dispersion que suivent ces ondes de vibration.

Technique	Nature des phonons	Pulsation ω_V (s^{-1})	Vecteur d'onde k_V ($Å^{-1}$)	Longueur d'onde λ_V (m)
Diffusion inél. RX	Acoustiques	10^{14}	1	10^{-10}
Raman	Optiques	10^{13}	large gamme	large gamme
Infrarouge	Optiques	10^{13}	large gamme	large gamme
Brillouin	Acoustiques	10^{10}	10^{-4}	10^{-6}
Ultrasons	Acoustiques	10^{8}	10^{-6}	10^{-4}
Séismes	Acoustiques	10^{-1}	10^{-15}	10^{5}

Tableau A.2. Ordres de grandeur des caractéristiques des ondes de vibration dans les solides étudiées par différentes techniques et mesurées par la sismologie.

5. Comment mesurer la viscosité d'un liquide ?

Des expériences de mécanique des fluides sous haute pression peuvent permettre de déterminer l'effet de la pression sur la viscosité des fluides. Par exemple, la vitesse de chute v d'une bille de masse volumique ρ_b dans un fluide de masse volumique ρ_f de viscosité dynamique η, en régime permanent, est donnée par la loi de Stokes :

$$v = \frac{2gr^2(\rho_b - \rho_f)}{9\eta}, \tag{A.4}$$

r étant le rayon de la bille et g l'accélération de la pesanteur.

La mesure de la vitesse de chute d'une bille dans le fluide sous pression peut donc permettre d'accéder à sa viscosité dynamique. Il faut pour cela pouvoir observer cette bille et deux techniques sont possibles selon le dispositif de mise sous pression :

- l'observation visuelle en cellule à enclumes de diamant ; dans ce cas, il faut aussi que le fluide soit transparent ;
- la radiographie X dans le cas des presses gros volume.

Notons que dans les deux cas, la petite taille des échantillons rend ces expériences délicates : il faut que le régime permanent soit établi et que la chute de la bille ne soit pas influencée par les bords de l'échantillon, qui sont proches.

6. Comment déterminer la composition chimique d'un échantillon ?

Deux outils largement utilisés pour analyser des échantillons de façon non destructive et à de très petites échelles (jusqu'au micron) sont la **microsonde électronique** et le **microscope électronique à balayage**. Leur fonctionnement repose sur l'émission d'électrons produits par une cathode et la détection de signaux provenant de l'interaction de ces électrons avec l'échantillon. Ces électrons qui irradient la surface de l'échantillon pénètrent dans le matériau et affectent un volume appelé « poire d'interaction ». Dans ce volume d'interaction, les électrons du faisceau vont perdre leur énergie par collisions multiples avec les atomes du matériau, générant ainsi de nombreux phénomènes secondaires (**figure A.13**) parmi lesquels :

- l'émission de photons X ;
- l'émission d'électrons secondaires.

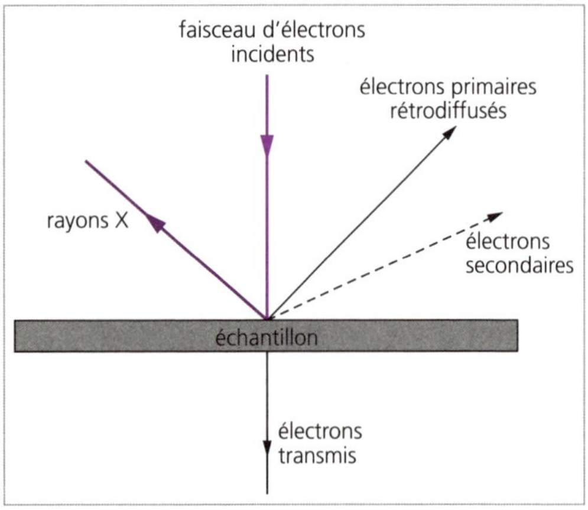

Fig. A.13. Radiations émises lors de l'interaction entre le faisceau d'électrons et l'échantillon.

La microsonde électronique est optimisée pour réaliser des analyses chimiques de grande précision sur de très petites quantités de matière (de l'ordre du μm^3), que ce soit l'analyse d'éléments majeurs ou d'éléments présents à l'état de trace. Son principe repose sur l'émission de rayons X par l'échantillon bombardé d'électrons. Cette émission permet à un atome ionisé sous l'impact du faisceau d'électrons de revenir à l'état fondamental. Quand un électron d'une couche interne d'un atome a été éjecté, un électron d'une couche plus externe va combler la lacune. La différence d'énergie entre ces deux couches va provoquer l'émission d'un photon X. Pour recueillir et analyser ces rayons X émis, on utilise une microsonde qui compte entre 4 et 6 spectromètres. Chaque spectromètre est constitué d'un cristal orienté de telle sorte que seuls les photons émis par un élément donné, ayant une longueur d'onde donnée, seront diffractés puis collectés par un détecteur. Le nombre de photons détectés est proportionnel à la quantité d'atomes de l'élément à analyser. Pour effectuer une analyse quantitative, il est donc nécessaire d'analyser systématiquement auparavant des standards de composition connue afin de calibrer les détecteurs. Pour la plupart des éléments (hormis des éléments légers comme N, C et O), la limite de détection sur une microsonde est d'environ 100 ppm.

7. Résumé

Le **tableau A.3** récapitule les propriétés des matériaux étudiées par les géophysiciens et donne le nom de la ou des techniques qui permettent d'y accéder.

Paramètre	**Technique**	**CED ou PGV ?**	**Section**
Diagramme de phases	Observation optique	CED	
	Diffraction de rayons X	CED, PGV	1.1
	Diffraction de neutrons	PGV	1.2
	Spectroscopie Raman	CED	3.2
	Spectroscopie infrarouge	CED	3.2
Masse volumique ρ	Diffraction de rayons X	CED, PGV	1.1
Vitesses v_P, v_S	Spectroscopie Brillouin	CED	4.2
	Ultrasons	PGV	4.1
	Diffusion inélastique de neutrons	PGV	
	Diffusion inélastique de rayons X	CED	4.3
Viscosité des liquides	Radiographie X	PGV	2.2, 5
	Observation optique	CED	
Viscosité des solides	Observations *ex situ*	PGV	
Réactivité chimique	Diffraction de rayons X	CED	1.1
	Observations *ex situ*	CED, PGV	6

Tableau A.3. Quelles techniques permettent d'obtenir quelles propriétés ? (CED = Cellule à Enclumes de Diamant, PGV = Presse Gros Volume).

Grandeurs physiques utilisées et données géophysiques

Symbole	Nom	Défini équation	Unité SI	Unité(s) usuelle(s)
P	Pression		Pa	1 GPa = 10 kbar = 10^9 Pa
T	Température		K	$T(°C) = T(K)-273{,}15$
m	Masse		kg	
R	Rayon		m	1 km = 10^3 m
ρ	Masse volumique	3	$kg \cdot m^{-3}$	$1\ kg \cdot L^{-1} = 10^3\ kg \cdot m^{-3}$
V	Volume massique ou spécifique	5	$m^3 \cdot kg^{-1}$	$1\ L \cdot kg^{-1} = 10^{-3}\ m^3 \cdot kg^{-1}$
d	Densité	4	Sans unité	
t	Temps		s	1 an = $3{,}1536 \times 10^7$ s
α	Coefficient de dilatation thermique volumique	2.11	K^{-1}	
k	Conductivité thermique	2.2	$W \cdot m^{-1} \cdot K^{-1}$	
κ	Diffusivité thermique	2.4	$m^2 \cdot s^{-1}$	
η	Viscosité dynamique	2.9	$Pa \cdot s$	
ν	Viscosité cinématique	2.10	$m^2 \cdot s^{-1}$	
C_P	Capacité calorifique massique	2.3	$J \cdot K^{-1} \cdot kg^{-1}$	
K_T	Module d'incompressibilité isotherme	2.21	Pa	1 GPa = 10 kbar = 10^9 Pa
K_S	Module d'incompressibilité adiabatique	2.22	Pa	1 GPa = 10 kbar = 10^9 Pa
μ	Module de cisaillement		Pa	1 GPa = 10^9 Pa = 10 kbar
v_P	Vitesse des ondes P	6	$m \cdot s^{-1}$	$1\ km \cdot s^{-1} = 10^3\ m \cdot s^{-1}$
v_S	Vitesse des ondes S	6	$m \cdot s^{-1}$	$1\ km \cdot s^{-1} = 10^3\ m \cdot s^{-1}$
$L_{1 \to 2}$	Chaleur latente de changement d'état $1 \to 2$	2.1	$J \cdot kg^{-1}$	$1\ cal \cdot kg^{-1} = 4{,}184\ J \cdot kg^{-1}$
τ	Temps de demi-vie	2.6	s	1 an = $3{,}1536 \times 10^7$ s
H	Puissance de production de chaleur par radioactivité		W	
Ra	Nombre de Rayleigh	2.12	Sans unité	
λ	Longueur d'onde	enc. **A.2**	m	1 μm = 10^{-6}m (lumière visible) 1 Å= 10^{-10}m (RX)
ω	Pulsation d'onde	enc. **A.2**	s^{-1}	
E	Énergie		J	1 eV = $1{,}60 \times 10^{-19}$ J
μ_A	Coefficient d'absorption	A.3	m^{-1}	$1\ cm^{-1} = 100\ m^{-1}$

Tableau B.1. Grandeurs physiques utilisées dans le livre. **Leur unité dans le système international (SI) est donnée, ainsi que quelques unités usuelles pour les géophysiciens ou les physiciens de matériaux.**

Symbole	Nom	Valeur	Unité
G	Constante de gravitation universelle	$6{,}6732 \times 10^{-11}$	$N \cdot m^2 \cdot kg^{-2}$
h	Constante de Planck	$6{,}6262 \times 10^{-34}$	$J \cdot s$
N	Nombre d'Avogadro	$6{,}0221 \times 10^{23}$	mol^{-1}
c	Vitesse de la lumière dans le vide	$2{,}9979 \times 10^{8}$	$m \cdot s^{-1}$
R	Constante des gaz parfaits	8,3144	$J \cdot mol^{-1} \cdot K^{-1}$
g	Accélération de la pesanteur à la surface terrestre	9,807	$m \cdot s^{-2}$

Tableau B.2. Constantes physiques utilisées dans l'ouvrage.

Réservoir	Masse $\times 10^{24}$ kg/ $\div M_{Terre}$	Volume $\times 10^{21}$ m^3/ $\div V_{Terre}$	Profondeur (km)	Masse volumique moyenne ($kg \cdot m^{-3}$)
Terre globale	5,974/1	1,083/1		$5{,}52 \times 10^3$
Croûte continentale	0,022/ 0,004	0,008/0,008	0-30	$2{,}70 \times 10^3$
Croûte océanique	0,006/ 0,001	0,002/0,002	0-10	$3{,}00 \times 10^3$
Manteau	4,002/0,670	0,906/0,84	30-2 891	$4{,}48 \times 10^3$
Manteau supérieur	1,062/0,178	0,292/0,27	30-670	$3{,}64 \times 10^3$
Manteau inférieur	2,938/0,492	0,614/0,57	670-2 891	$4{,}53 \times 10^3$
Noyau	1,939/0,325	0,177/0,16	2 891-6 371	$10{,}96 \times 10^3$
Noyau externe	1,841/0,308	0,169/0,156	2 891-5 150	
Noyau interne	0,098/0,016	0,008/0,007	5 150-6 371	

Tableau B.3. Principales caractéristiques des réservoirs terrestres majeurs.

Profondeur (km)	P (GPa)	ρ ($kg \cdot m^{-3}$)	v_P ($km \cdot s^{-1}$)	v_S ($km \cdot s^{-1}$)	g ($m \cdot s^{-2}$)
Manteau supérieur					
100	3,1	$3{,}36 \times 10^3$	8,05	4,48	9,86
200	6,5	$3{,}42 \times 10^3$	8,00	4,43	9,90
300	9,9	$3{,}48 \times 10^3$	8,69	4,70	9,93
400	13,3	$3{,}54 \times 10^3$	8,91	4,77	9,97
400	13,3	$3{,}74 \times 10^3$	9,13	4,93	9,97
500	17,1	$3{,}87 \times 10^3$	9,65	5,22	9,99
600	21,0	$3{,}98 \times 10^3$	10,16	5,51	10,00
670	23,8	$3{,}99 \times 10^3$	10,27	5,57	10,01
Manteau inférieur					
670	23,8	$4{,}38 \times 10^3$	10,75	5,95	10,01
800	29,5	$4{,}45 \times 10^3$	11,16	6,28	9,99
1 000	38,6	$4{,}57 \times 10^3$	11,50	6,41	9,97
1 500	62,1	$4{,}85 \times 10^3$	12,23	6,70	9,93
2 000	86,9	$5{,}12 \times 10^3$	12,84	6,95	10,00
2 500	113,4	$5{,}37 \times 10^3$	13,42	7,17	10,26
2 891	135,8	$5{,}57 \times 10^3$	13,72	7,26	10,68
Noyau externe					
2 891	135,8	$9{,}90 \times 10^3$	8,06	0	10,68
3 000	149,5	$10{,}10 \times 10^3$	8,28	0	10,39
3 500	200,7	$10{,}79 \times 10^3$	8,99	0	9,17
4 000	243,3	$11{,}34 \times 10^3$	9,53	0	7,80
4 500	288,5	$11{,}77 \times 10^3$	9,95	0	6,32
5 000	321,6	$12{,}10 \times 10^3$	10,28	0	4,79
5 150	328,9	$12{,}17 \times 10^3$	10,36	0	4,40
Noyau interne					
5 150	328,9	$12{,}76 \times 10^3$	11,02	3,50	4,40
5 500	346,7	$12{,}93 \times 10^3$	11,15	3,59	2,73
6 000	360,9	$13{,}06 \times 10^3$	11,24	3,65	1,28
6 371	363,9	$13{,}09 \times 10^3$	11,26	3,67	0

Tableau B.4. Extraits du modèle PREM. **D'après Dziewonski et Anderson, 1981 ; ondes sismiques de période 1 s.**

Références bibliographiques

1. Ouvrages

ALBARÈDE, F., *La Géochimie*, Gordon and Breach, 2001 (**abordable**).

BEATTY, J. K., PETERSEN, C. C. et CHAIKIN, A., *The new solar system*, Cambridge University Press, 1999 (**plus spécialisé**).

JACKSON, I., *The Earth's Mantle*, Cambrige University Press, 1998 (**plus spécialisé**).

JOLIVET, L. et NATAF, H.-C., *Géodynamique*, Dunod, 1998 (**abordable**).

LARROQUE, C. et VIRIEUX, J., *La Physique de la Terre solide*, Gordon and Breach, 2001 (**abordable**).

MACKENZIE, W. S. et GUILFORD, C., *Atlas de pétrographie*, Masson, 1992 (**plus spécialisé**).

NATAF, H.-C. et SOMMERIA, J., *La Physique de la Terre*, Belin – CNRS, 2000 (**abordable**).

POIRIER, J.-P., *Les profondeurs de la Terre*, Masson, 1991a (**très abordable**).

POIRIER, J.-P., *Introduction to the physics of the Earth's interior*, Cambridge University Press, 1991b (**plus spécialisé**).

ROUBAULT, M., *Détermination des minéraux des roches au microscope polarisant*, Lamarre-Poinat, 1963 (**plus spécialisé**).

TURCOTTE, D. L. and SCHUBERT, G., *Geodynamics, 2nd edition*, Cambridge University Press, 2002 (**plus spécialisé**).

2. Articles de vulgarisation

CARDIN, P. et ZELVELDER, M., « Le secret de la dynamo terrestre bientôt dévoilé ? », *La Recherche*, n°251, pp. 212-214, 1993.

GILLET, P., « L'eau du manteau terrestre », *La Recherche*, n°255, pp. 676-681, 1993.

GUILLOT, T., « Interiors of giant planets inside and outside the solar system », *Science*, n°286, pp. 72-76, 1999.

LE MEUR, H., « Les profondes métamorphoses de la Terre », *La Recherche*, n°382, pp. 46-51, 2005.

POIRIER, J.-P., « Le centre de la Terre », *La Recherche*, n°282, pp. 108-111, 1995.

SAUTTER, V. et GILLET, P., « Les diamants, messagers des profondeurs de la Terre », *La Recherche*, n°271, pp. 1238-1246, 1994.

SCANDOLO, S. et JEANLOZ, R., « The center of planets », *American Scientist*, n°91, pp. 516-525, 2003.

3. Articles dans des revues scientifiques et ouvrages spécialisés

ALLÈGRE, C. J. *et coll.*, « The chemical composition of the Earth », *Earth Planet. Sci. Lett.*, n°134, pp. 515-526, 1995.

ANDERS, E. et GREVESSE N., « Abundances of the elements : meteoritic and solar », *Geochim. Cosmochim. Acta*, n°53, pp. 197–214, 1989.

BALLENTINE, C. J. *et coll.*, « Neon isotopes constrain convection and volatile origin in the Earth's mantle », *Nature*, n°433, pp. 33-38, 2005.

BIRCH, F., « Elasticity and constitution of the Earth's interior », J. Geophys. Res., n°57, p. 227-286, 1952.

BIRCH, F., « Velocity of compressional waves in rocks to 10 kbars », *J. Geophys. Res.*, n°66, pp. 2199-2224, 1961.

BOEHLER, R., « Melting of the Fe-FeO and the Fe-FeS systems at high pressure : constraints on core temperature », *Earth Plan. Sci. Lett.*, n°111, pp. 217-227, 1992.

BOEHLER, R., « Temperature in the Earth's core from melting point measurements of iron at high static pressures », *Nature*, n°363, pp. 534-536, 1993.

BOSS, A., « Temperatures in Protoplanetary Disks », *Annual Review of Earth Sciences*, n°. 26, pp. 53-80, 1998.

BROWN, J. M. et MCQUEEN, R. J., « Phase transitions, Grüneisen parameter, and elasticity for shocked iron between 77 GPa and 400 GPa », *J. Geophys. Res.*, n°91, pp. 7485-7494, 1986.

CAVAZZONI, C. *et coll.*, « Superionic and metallic states of water and ammonia at giant planet conditions », *Science*, n°283, pp. 44-46, 1999.

CHAMORRO PEREZ, E. M. *et coll.*, « Argon solubility in silicate melts at very high pressures. Experimental set-up and preliminary results for silica and anorthite melts », *Earth Planet. Sci. Lett.*, n°145, pp. 97-105, 1996.

CHAMORRO PEREZ, E. M. *et coll.*, « Low argon solubility in silicate melts at high pressure », *Nature*, n°393, pp. 352-354, 1998.

CHERVIN, J. C. *et coll.*, « A diamond anvil cell for IR microspectroscopy », *Rev. Sci. Instrum.*, n°66, pp. 2595-2598, 1995.

CHOPELAS, A., « Estimates of mantle relevant Clapeyron slopes in the MgSiO3 system from high-pressure spectroscopic data », *Am. Min.*, n°84, pp. 233-244, 1999.

DATCHI, F. *et coll.*, « Extended and accurate determination of the melting curves of argon, helium, ice (H_2O), and hydrogen (H_2) », *Phys. Rev. B*, n°61, pp. 6535-6546, 2000.

DZIEWONSKI, A. M. et ANDERSON, D. L., « Preliminary Reference Earth Model », *Phys. Earth. Planet. Inter.*, vol. 25, p. 297-356, 1981.

FEI, Y. *et coll.*, « Structure type and bulk modulus of Fe_3S, a new iron-sulfur compound », *Am. Mineral.*, n° 85, pp. 1830-1833, 2000.

FORTE, A. M. et MITROVICA J. X., « Deep-mantle high-viscosity flow and thermochemical structure inferred from seismic and geodynamic data », *Nature*, n°410, pp. 1049-1056, 2001.

GASPARIK T., *Phase Diagrams for Geoscientists : An Atlas of the Earth's Interior*, Springer Verlag, 2003.

GORBATOV, A. et KENNETT, B. L. N., « Joint bulk-sound and shear tomography for Western Pacific subduction zones », *Earth. Planet. Sci. Lett.*, n°210, pp. 527-543, 2003.

GRASSET, O. *et coll.*, « On the internal structure and dynamics of Titan », *Planet. Space Science*, n°48, pp. 617-636, 2000.

GREGORYANZ, E. *et coll.*, « Raman Spectroscopy of Hot Dense Hydrogen », *Phys. Rev. Lett.*, n°90, pp. 175701, 2003.

HARPER, C. L. et JACOBSEN S. B., « Noble gases and Earth's accretion », *Science*, n°273, pp. 1814-1818, 1996.

HELFFRICH, G. R. et WOOD B. J., « The Earth's mantle », *Nature*, n°412, pp. 501-505, 2001.

HOFMEISTER, A. M. et CRISS, R. E., « Earth's heat flux revised and linked to chemistry », *Tectnophysics*, n° 395, pp. 159-177, 2005.

HULOT, G. *et coll.*, « Small-scale structure of the geodynamo inferred from Oersted and Magsat satellite data », *Nature*, n°416, pp. 620-623, 2002.

INOUE, T. *et coll.*, « Effect of water on melting phase-relations and melt composition in the system Mg_2SiO_4-$MgSiO_3$-H_2O up to 15 GPa », *Phys. Earth Planet Inter.*, n°85, pp. 237, 1994.

JAGOUTZ, E. *et coll.*, « The abundances of major, minor and trace elements in the earth's mantle as derived from primitive ultramafic nodules », *Proc. Lunar Planet. Sci. Conf.*, n°2, pp. 20311-2050, 1979.

JAVOY, M., « The integral enstatite chondrite model of the Earth », *Geophys. Res. Lett.*, n°22, pp. 2219-2222, 1995.

KARATO, S. et KARKI, S. B., « Origin of lateral variation of seismic wave velocities and density in the deep mantle », *J. Geophys. Res.*, n°106, pp. 21771-21783, 2001.

KHURANA, K. K. *et coll.*, « Induced magnetic fields as evidence for subsurface oceans in Europa and Callisto », *Nature*, n°395, pp. 777-780, 1998.

KIVELSON, M. G. *et coll.*, « Discovery of Ganymede's magnetic field by the Galileo spacecraft », *Nature*, n°384, pp. 537-541, 1996.

KLEINE, T. *et coll.*, « Rapid accretion and early core formation on asteroids and the terrestrial planets from Hf-W chronometry », *Nature*, n°418, pp. 952-956, 2002.

KNITTLE, E. et JEANLOZ, R., « Earth's core-mantle boundary : results of experiments at high pressures and temperatures », *Science*, n°251, pp. 1438-1443, 1991.

KOHLSTEDT, D. L. *et coll.*, « Solubility of water in the α, β and γ phases of (Mg, Fe)$_2$SiO4 », *Contrib. Mineral. Petrol.*, n°123, pp. 345-357, 1996.
LI, J. et AGEE, C., « Geochemistry of mantle-core differentiation at high pressure », *Nature*, n°381, pp. 686-689, 1996.
LIU, L. G., « Silicate perovskite from phase transformations of pyrope garnet at high pressure and temperature », *Geophys. Res. Lett.*, n°1, pp. 277, 1974.
LOVEDAY ,J. S. et NELMES, R. J., « High-pressure neutron diffraction and models of Titan », *High Pressure Research*, n°23, pp .41-48, 2003.
LOVEDAY, J. S. *et coll.*, « Stable methane hydrate above 2 GPa and the source of Titan's atmospheric methane », *Nature*, n°410, pp. 661-663, 2001.
LOUBEYRE, P. *et coll.*, « Optical studies of solid hydrogen to 320 GPa and evidence for black hydrogen », *Nature*, n°416, pp. 613-617, 2002.
MASTERS, G. *et coll.*, « The Relative Behavior of Shear Velocity, Bulk Sound Speed, and Compressional Velocity in the Mantle : Implications for Chemical and Thermal Structure » dans : S. Karato *et coll.* (eds.), *Earth's Deep Interior*, AGU Monograph 117, AGU, Washington D.C, 2000.
MERKEL, S. , « The mantle deformed », *Nature*, n°428, pp. 812-813, 2004.
MURAKAMI, M. *et coll.*, « Water in the Earth's lower mantle », *Science*, n°295, pp. 1885-1887, 2002.
NISBET, E. G. *et coll.*, « Constraining the potential temperature of the archaean mantle - a review of the evidence from komatiites », *Lithos*, n°30, pp. 291-307, 1993.
OHTANI, E. *et coll.*, « Composition of the core : II. Effect of high pressures on the solubility of FeO in molten iron », *Earth Planet. Sci. Lett.*, n°71, pp.94-103, 1989.
PAUL, W et WARSCHAUER, D. M., *Solids under Pressure*, McGraw-Hill, 1963.
POLLACK, H. N. *et coll.*, « Heat loss from the Earth's interior : analysis of global data set », *Rev. Geophys*, n° 31, pp. 267-280, 1993.
PRENTICE, A., *Origin of the Solar Planets*, John Wiley, pp. 111-161, 1978.
RAGHAVAN, V., *Phase diagrams of ternary iron alloys. Part 2 : Ternary systems containing iron and sulphur*, Indian Institute of Metals, 1988.
RAMA MURTHY, V. *et coll.*, « Experimental evidence that potassium is a substantial radioactive heat source in planetary cores », *Nature*, n°423, pp. 163-167, 2003.
RAPAPORT, D. C., *The art of molecular dynamics simulation*, Cambridge University Press, 1995.
RINGWOOD, A. E., « The olivine-spinel transition in the Earth's mantle », *Nature*, vol. 178, p.1303-1304, 1956.
ROUBAULT, M., *Détermination des minéraux des roches au microscope polarisant*, Lamare-Poinat, 1963.
RUTTER, M. D. *et coll.*, « Viscosity of liquid Fe at high pressure », *Phys. Rev. B*, n°66, pp. 060102-060105, 2002.

SANLOUP, C. *et coll.*, « High-pressure transformations in xenon hydrates », *Proc. Nat. Acad. Sci.*, n° 99, pp. 25-28, 2002.

SANLOUP, C. *et coll.*, « Effect of Si on liquid Fe compressibility : Implications for sound velocity in core materials », *Geophys. Res. Lett.*, n° 31, p. L07604-L07607, 2004a.

SANLOUP, C. *et coll.*, « Closure of the Fe-S-Si liquid miscibility gap at high pressure », *Phys. Earth Planet. Int.*, n° 147, pp. 57-74, 2004b.

SHIM, S.-H. et coll., « The post-spinel transformation in Mg_2SiO_4 and its relation to the 660-km seismic discontinuity », *Nature*, n° 411, pp. 571-574, 2001.

SINOGEIKIN, S. V. et BASS, J. D., « Single-crystal elasticity of MgO at high pressure », *Phys. Rev. B*, n° 59, pp. 14141, 1999.

STANLEY, S. et BLOXHAM, J., « Convective-region geometry as the cause of Uranus' and Neptune's unusual magnetic fields », *Nature*, n° 428, pp. 151-155, 2004.

STEVENSON, D., « Interiors of the giant planets », *Annual Review of Earth Sciences*, no 10, pp. 257-295, 1982.

SU, W. et DZIEWONSKI, A. M., « Simultaneous inversion for 3-D variations in shear and bulk velocity in the mantle », *Phys. Earth. Planet. Inter.*, n° 100, pp. 135-156, 1997.

VAN DER HILST, R. D. *et coll.*, « Evidence for deep mantle circulation from global tomography », *Nature*, n° 386, pp. 578-584, 1997.

VINNIK, L. *et coll.*, « Search for seismic discontinuities in the lower mantle », *Geophys. J. Int.*, n° 147, pp. 41-56, 2001.

WEIR, S. T. *et coll.*, « Metallization of fluid molecular hydrogen at 140 GPa », *Phys. Rev. Lett.*, n° 76, pp. 1860-1863, 1996.

YIN, Q. *et coll.*, « A short timescale for terrestrial planet formation from Hf-W chronometry of meteorites », *Nature*, n° 418, pp. 949-952, 2002.

YOSHINO, T. *et coll.*, « Core formation in planetesimals triggered by permeable flow », *Nature*, n° 422, pp. 154-158, 2003.

Index

Imprimé en France par Chirat - 42540 Saint-Just-La-Pendue
N° d'impression : 6732 - N° d'édition : 004160-01
Dépôt légal : août 2005